GEOGRAPHICA BERNENSIA

P20

Markus Furger, Heinz Wanner, Jürg Engel,
Franz Xaver Troxler und Antonio Valsangiacomo

Zur Durchlüftung der Täler und Vorlandsenken der Schweiz

Resultate des Nationalen Forschungsprogrammes 14

Geographisches Institut der Universität Bern 1989

Die vorliegende Arbeit entstand mit Unterstützung
der folgenden Institutionen:

- Schweizerischer Nationalfonds zur Förderung der
  wissenschaftlichen Forschung

- Arbeitsgemeinschaft Geographica Bernensia

Inhalt

	Vorwort	1
1.	Einleitung und Zielsetzung	3
1.1.	Zu den Zielsetzungen des Nationalen Forschungsprogrammes 14 (NFP 14)	3
1.2.	Kurzer Überblick über das meteorologisch-lufthygienische Teilprogramm des NFP 14	3
1.3.	Idee und Zielsetzung des Projektes "Zur Durchlüftung der Täler und Vorlandsenken der Schweiz"	4
2.	Zur Aufstellung ausbreitungsbezogener Wetterlagensysteme	7
2.1.	Gegenstand und Grundproblem	7
2.2.	Zielsetzung	8
2.3.	Zur Auswahl der zu verwendenden Parameter (Wetterelemente)	8
2.3.1.	Eine einfache Modellvorstellung	8
2.3.2.	Emissionsrate Q	9
2.3.3.	Mischungsschichthöhe h^*	10
2.3.4.	Mittlere Windgeschwindigkeit $\bar{u}$	11
2.3.5.	Breite des Luftvolumens b	11
2.3.6.	Einschränkungen des Box-Modells	11
2.4.	Entwurf ausbreitungsbezogener Wetterlagensysteme: Mögliche Lösungen	12
2.4.1.	Systeme ohne Kalibrierung	12
2.4.2.	Systeme mit Kalibrierung	13
2.5.	Einfache Voruntersuchungen zu einzelnen Parametern	13
2.5.1.	Temperatur	13
2.5.2.	Inversionshöhen	13
2.5.3.	Häufigkeit der Inversionsgrenzen und -typen	15
2.5.4.	Schichtmächtigkeit und Temperaturintervalle der Inversionen	16
2.5.5.	Dauer von Inversionslagen	17
2.5.6.	Analysen zu dd/ff 850	20

	2.6. Ein ausbreitungsbezogenes Wetterlagensystem im regionalen Skalenbereich (Region Biel)	22
	2.6.1. Allgemeines	22
	2.6.2. Klassifikation der Strömungslagen	22
	2.6.3. Kombination mit Schichtungslagen	24
	2.6.4. Darstellung und Beschreibung der einzelnen Ausbreitungswetterlagen	24
	2.6.5. Bedeutung des beschriebenen Klassifikationssystems	26
3.	Zur Klimatologie des bodennahen Windfeldes	29
	3.1. Idee und Zielsetzung	29
	3.2. Daten und Methoden	30
	3.2.1. Die Untersuchungsperiode September/Oktober 1981	30
	3.2.2. Messnetze und Beobachtungen	31
	3.2.3. Auswertungsmethoden	33
	3.3. Ergebnisse	37
	3.3.1. Klimatologie des Windfeldes	37
	3.3.2. Ansätze für die regionale Typisierung	57
	3.3.3. Augenbeobachtungen	60
	3.3.4. Zusammenfassung und Wertung	64
	3.4. Zukünftige Ansätze	64
4.	Fallstudien zur Dynamik ausgewählter Wetterlagen	67
	4.1. Einleitung und Zielsetzung	67
	4.2. Datengrundlage	68
	4.3. Vorgehen und Methoden	69
	4.3.1. Druck	69
	4.3.2. Temperatur	71
	4.3.3. Strömungsmuster	72
	4.4. Fallstudien	73
	4.4.1. Bise (Winter)	73
	4.4.2. Kaltfrontdurchgang	87
	4.4.3. Föhn	102
	4.4.4. Westlage	112
	4.4.5. Windschwache Hochdrucklage	121
	4.5. Kommentar, Schlussbemerkungen	128

5.	Nebel	131
	5.1. Einleitung und Zielsetzung	131
	5.2. Datengrundlage	133
	5.2.1. Stationsdaten	133
	5.2.2. Satellitendaten	134
	5.3. Verbindung von Stations- und Satellitendaten	135
	5.4. Ergebnis	138
	5.5. Kartierung der Nebelstruktur und Nebelhäufigkeit im Gebiet der Schweiz	139
	5.6. Nebelverteilung in Abhängigkeit verschiedener Wetterlagen und ihre Auswirkungen auf die Durchlüftung	145
6.	Zusammenfassung	151
	Summary	153
	Anhang 1	155

Vorwort

Die Gruppe für angewandte Klimatologie des Geographischen Instituts der Universität Bern (GRUFAK) hat sich in dreierlei Hinsicht am nationalen Forschungsprogramm 14 ("Lufthaushalt und Luftverschmutzung in der Schweiz") beteiligt:

Zum ersten hat sie die Leitung des Teilprogrammes "Meteorologie-Lufthygiene" übernommen. Zum zweiten hat sie das regionale Forschungsprojekt über Klima und Lufthygiene im Raum Biel geleitet und mit verschiedenen Beiträgen zu dieser kleinräumigen Fallstudie beigetragen. Zum dritten schliesslich hat sie sich mit mehreren Arbeiten an den gesamtschweizerischen Untersuchungen beteiligt.

Das vorliegende Heft berichtet über die wichtigsten Ergebnisse dieses dritten Beitragsteils, der sich schwerpunktmässig mit grösserskaligen Studien (im Vordergrund stehen Meso-Scale α und β) befasst hat. Es ist in die vier Kapitel Wetterlagenklassifikation, Windklimatologie, meteorologische Fallstudien und Nebelkartierung gegliedert.

Die Verfasser möchten sich bei folgenden Personen und Institutionen ganz herzlich bedanken:

- Dem Schweizerischen Nationalfonds zur Förderung der wissenschaftlichen Forschung für die finanzielle Unterstützung;
- der Schweizerischen Meteorologischen Anstalt (SMA), den zahlreichen Betreibern von zusätzlichen Messgeräten und den über 1000 Beobachtern für ihre Mühe und die zur Verfügung gestellten Daten;
- Herrn Dr. R. Dössegger (SMA) für die Auskünfte bei zahlreichen Rückfragen;
- dem Geographischen Institut Bern für die zur Verfügung gestellte Infrastruktur;
- Frau M. Leibundgut und Herrn A. Brodbeck für kartographische und Zeichnungsarbeiten;
- Herrn W. Eugster für die Textaufbereitung und Gestaltung.

Bern, im März 1989   Die Verfasser

1. Einleitung und Zielsetzung

Heinz Wanner

1.1. Zu den Zielsetzungen des Nationalen Forschungsprogrammes 14 (NFP 14)

Die Zielsetzungen des Nationalen Forschungsprogrammes 14 ("Lufthaushalt und Luftverschmutzung in der Schweiz") lassen sich in drei Teile gliedern:

1) Zur Erfassung von Emissionen und Immissionen, insbesondere aber zur Bestimmung der anorganischen und organischen Komponenten der Deposition sind geeignete Geräte zu entwickeln bzw. zu evaluieren. Miteinzubeziehen ist dabei auch die Methode der Bioindikation.

2) Die durch die Quellenlage, aber auch durch die vielfältige Topographie beeinflussten Zusammenhänge zwischen Emissionen und Immissionen sind in Testregionen unterschiedlicher Grösse zu studieren (meteorologisch-lufthygienischer Programmteil). Neben der Gesamtschweiz werden eine ländliche (Broyetal) und eine städtische (Biel) Testregion detailliert untersucht.

3) Die Wirkung der Luftverunreinigungen auf Pflanzen und Materialien ist an Fallbeispielen zu untersuchen. Die Wirkung auf den Menschen wurde nur in einer kleinen Pilotstudie in Biel studiert und bleibt der Erforschung durch ein anderes, umfangreiches Projekt vorbehalten.

In Anlehnung an diese drei Hauptzielsetzungen war auch der Ausführungsplan in drei Teilprogramme gegliedert. Die in diesem Heft beschriebenen Resultate sind dem zweiten, meteorologisch-luftchemischen oder -lufthygienischen Programmteil zuzuordnen.

1.2. Kurzer Überblick über das meteorologisch-lufthygienische Teilprogramm des NFP 14

Das meteorologisch-lufthygienische Teilprogramm des NFP 14 beschränkte sich auf ausgewählte Arbeiten zur Ausbreitung von Luftfremdstoffen über der komplexen schweizerischen Topographie. Dabei wurde die komplette Wirkungskette "Emission - Ausbreitung/Umwandlung/Entfernung - Immission/Deposition" (von Luftfremdstoffen) nur in den Regionalstudien Biel und Broyetal untersucht. Bei den gesamtschweizerischen Arbeiten, welche hier zur Diskussion stehen, musste man sich aus finanziellen Gründen auf zwei Schwerpunkte konzentrieren:

4 Einleitung und Zielsetzung

1) Studium der wichtigsten ausbreitungsmeteorologischen Strukturen und Prozesse (inkl. Einsatz einfacher Modelle).
2) Einfache Untersuchung der Zusammenhänge zwischen Meteorologie und Immissionen.

Tabelle 1.1 gibt einen Überblick über die durchgeführten Projekte.

Nr.	Projektleitung	Projektbezeichnung
1.	Prof. M. Winiger Geographisches Institut Universität Bern	Analyse durchlüftungsarmer Wetterlagen mit Hilfe von Wettersatellitendaten
2.	Prof. H. Wanner Geographisches Institut Universität Bern	Experimentelle Studien zur Durchlüftung von Tälern und Vorlandsenken der Schweiz
3.	P. Jeannet Institut suisse de météorologie Payerne	Korrelation zwischen Meteorologie und Schadstoffmessungen anhand der Schweizer Messnetze ANETZ und NABEL
4.	Prof. H. C. Davies LAPETH Zürich-Hönggerberg	Modellierung der Dynamik von Kaltluftseen im Schweizerischen Mittelland

Tab. 1.1: NFP 14 ("Lufthaushalt und Luftverschmutzung in der Schweiz"): Liste der im gesamtschweizerischen Skalenbereich durchgeführten Projekte.

1.3. Idee und Zielsetzung des Projektes "Zur Durchlüftung der Täler und Vorlandsenken der Schweiz"

Wie oben erwähnt wurde, ging es darum, räumliche Strukturen und dynamische Grundlagen der Ausbreitungsklimatologie und -meteorologie regional und gesamtschweizerisch zu untersuchen. Dabei sollte der Schwerpunkt auf die ausbreitungsarmen und/oder belastenden Wetterlagen des Winterhalbjahres gelegt werden (die Sommersmoglagen werden im Zusatzprogramm "Waldschäden und Luftverschmutzung" eingehender studiert).

Auf der Seite der meteorologischen Faktoren musste auf die komplexe Struktur der Oberflächenform und -bedeckung eingegangen werden: Der gesamte Untersuchungsraum ist topographisch reich gegliedert, und überall - auch im Schweizer Mittelland - treten topographisch induzierte Phänomene wie Kanalisierung, tagesperiodische Windsysteme oder Kaltluftlagerung und Nebelbildung auf.

Im Bereich der meteorologischen Elemente musste man sich von deren Bedeutung für die Ausbreitung oder Durchlüftung innerhalb der atmosphärischen Grenzschicht oder der unteren Troposphäre leiten lassen. Vor allem im gesamtschweizerischen Massstab spielte auch das Problem der räumlichen Erfassbarkeit oder der vorhandenen Netzdichte eine wichtige Rolle.

Im Vordergrund standen die folgenden meteorologischen Elemente oder Messgrössen:

1. Temperatur- und Feuchtefeld
2. Druckfeld
3. Strömungsfeld (Windrichtung, Windgeschwindigkeit, Persistenz- und Turbulenzverhalten)
4. Mischungsschichthöhe
5. Nebelstruktur und Nebelhäufigkeit

Sowohl bei der regionalen Fallstudie Biel als auch im gesamtschweizerischen Bereich wurde versucht, durch Feldexperimente und Beobachtungskampagnen (z.B. Durchführung von indirekten Windbeobachtungen mit Windfahnen, an Rauchkaminen usw.) zusätzliche Informationen zu beschaffen.

Das Projekt stellt damit auch den Abschluss der Anstrengungen dar, welche in den vergangenen zehn Jahren im Hinblick auf die Untersuchung der Durchlüftung des schweizerischen Alpenvorlandes unternommen worden sind.

2. Zur Aufstellung ausbreitungsbezogener Wetterlagensysteme

Antonio Valsangiacomo und Heinz Wanner

2.1. Gegenstand und Grundproblem

Mit dem Begriff *Wetterlage* bezeichnet man den Wetterzustand in bezug auf die wichtigen meteorologischen Elemente oder Wetterelemente wie Boden- und Höhenwinde, Bewölkung bzw. Sonnenscheindauer, Niederschlag, Lufttemperatur und Feuchtigkeit über einem begrenzten Gebiet während eines kurzen, höchstens eintägigen Zeitintervalles (SCHÜEPP, 1968). Das Gesamtkollektiv der gemessenen Tagesmittel der oben erwähnten Wetterelemente wird im Rahmen der Witterungsklimatologie oder Wetterlagenanalyse nach dem Ordnungsprinzip der Wetterlagen in Teilkollektive grösserer Signifikanz zerlegt (FLIRI, 1965). Die Wetterlagenanalyse spielt auch dann eine wichtige Rolle, wenn nichtmeteorologische Messungen oder Beobachtungen in ihrer Abhängigkeit vom Wetter interpretiert werden sollen. Ein besonders aktuelles Beispiel bilden dabei die luftchemischen Messungen (Immission, Deposition). Sehr oft geht es nur darum, die Messungen bestimmter Stationen in Abhängigkeit der Wetterlagen zu ordnen und zu interpretieren. In diesem Fall spielt die Streuung der Messwerte innerhalb der einzelnen Wetterlage nicht eine entscheidende Rolle. Dies ändert jedoch rasch, wenn die kurzfristigen Stichprobenmessungen einer Einzelstation mit Hilfe einer kontinuierlich registrierenden Referenzstation auf eine längere Zeitperiode (z.B. 1 Jahr) extrapoliert werden sollen.

Noch wichtiger wird die Frage der Stichprobenstreuung dann, wenn die wetterlagenabhängigen Immissionsdaten einer Station prognostisch verwendet werden sollen. In diesem Fall ist von grösster Bedeutung, dass das verwendete Wetterlagensystem auch wirklich befähigt ist, sensitiv auf Schwankungen der Immissionen zu reagieren. Leider sind die bisher verwendeten Systeme vor allem aus vier Gründen nicht in der Lage, gemessene Gesamtkollektive aus dem Immissionsbereich in wesentlich signifikantere Teilkollektive mit einer stark reduzierten Streuung zu zerlegen:

(1) Das Definitionsgebiet ist viel zu gross. Das System ist damit kaum in der Lage, eine Punktmessung zu charakterisieren (z.B. HESS und BREZOWSKY, 1969).

(2) Die Auswahl der Definitionsparameter erfolgt nicht nach den Kriterien der Ausbreitungsklimatologie. Dies hat zur Folge, dass das entstandene System im Hinblick auf den Transport und die turbulente Diffusion von Luftfremdstoffen allzu verwässert wird.

(3) Es kann nur bedingt auf die komplexe Topographie des Untersuchungsraumes und die damit verbundenen meteorologischen Phänomene wie Luv- und Lee-Effekte oder Lokalwinde Rücksicht genommen werden (z.B. SCHÜEPP, 1979; PERRET, 1981).

(4) Aufgrund der gröberen zeitlichen Auflösung kann nicht auf Tagesgangeffekte eingegangen werden. Diese spielen jedoch im Hinblick auf strahlungsabhängige Prozesse (z.B. Bildung von Photooxidantien) eine entscheidende Rolle.

2.2. Zielsetzung

Im Rahmen dieser Studie wurde zuerst versucht, ein ausbreitungsbezogenes Klassifikationssystem für die Schweiz aufzustellen, das dann an Daten des Nationalen Beobachtungsnetzes Luft (NABEL) getestet werden sollte. Dieses Ziel wurde unter anderem deshalb nicht ganz erreicht, weil im Untersuchungszeitraum (frühe 80er Jahre) nicht genügend feinaufgelöste Immissionsdaten zur Verfügung standen.

Schliesslich einigte man sich auf die folgenden drei Zielsetzungen:

1. Es sollen geeignete Parameter ausgewählt und im Hinblick auf eine mögliche Verwendung in einem ausbreitungsbezogenen Wetterlagensystem getestet werden (Anwendungsgebiet: Schweizer Mittelland; Winterhalbjahr; betrachteter Schadstoff: SO_2).

2. Es sollen erste Vorschläge für die weitere Ausarbeitung eines ausbreitungsbezogenen Systems für das Schweizer Mittelland gemacht werden.

3. In einer beschränkten Region (in diesem Fall handelte es sich um Biel) soll ein ausbreitungsbezogenes Wetterlagensystem erarbeitet und kurz dargestellt werden.

2.3. Zur Auswahl der zu verwendenden Parameter (Wetterelemente)

2.3.1. Eine einfache Modellvorstellung

Wird davon ausgegangen, dass ein Wetterlagensystem möglichst überall eingesetzt werden kann, so können darin nur konventionell gemessene Parameter oder Wetterelemente eingebaut werden. Soll es zudem für lufthygienische Fragestellungen sensitiv sein, so eignen sich nur jene Grössen, welche die Ausbreitung im Raum in geeigneter Weise beschreiben. Im meteorologischen Bereich sind dies Parameter, welche auf die Strömung, die Turbulenz und die vertikale Temperaturschichtung ansprechen.

Eine objektive Parameterauswahl kann zum Beispiel von den Annahmen in einem einfachen Box-Modell ausgehen (WANNER, 1983).

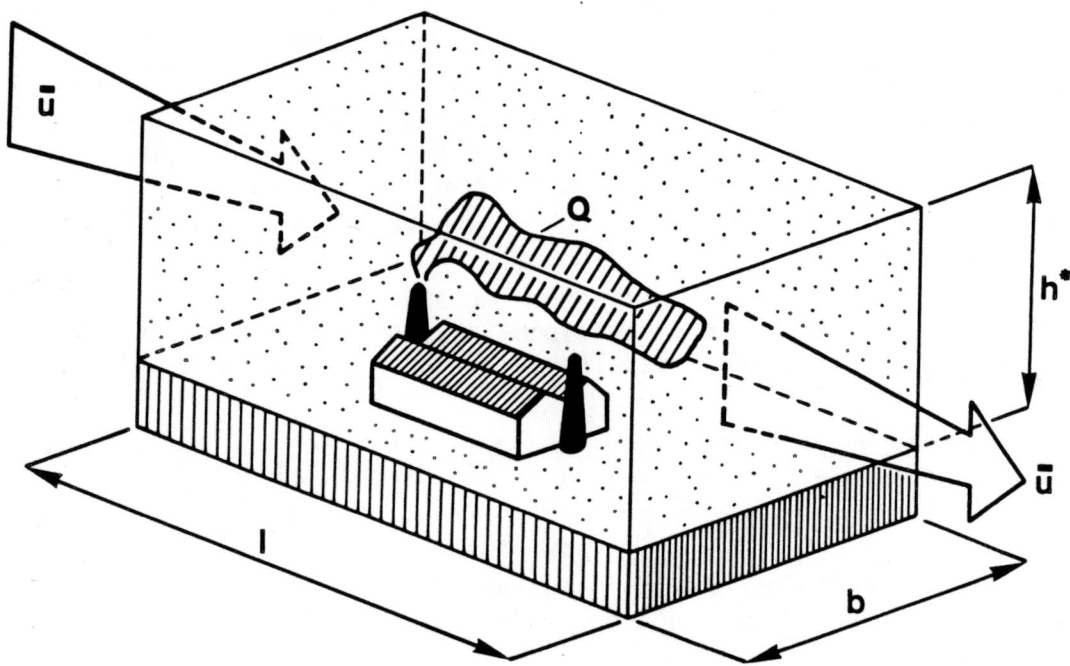

Fig. 2.1:   Box-Modell zur Berechnung der mittleren Immissionskonzentration χ (Wanner, 1983)

$$\chi = \frac{Q}{b \cdot h^* \cdot \bar{u}} \qquad (2.1)$$

χ = Mittlere Immissionskonzentration [gm^{-3}]
Q = Emissionsrate [gs^{-1}]
b = Breite des Luftvolumens [m]
h^* = Mischungsschichthöhe [m] (nach HOLZWORTH, 1972)
$\bar{u}$ = Mittlere Windgeschwindigkeit parallel zur Achse l, gemittelt über h^* [ms^{-1}]
l = Länge des Luftvolumens [m]

Dieser einfache Ansatz gilt unter Annahme folgender Bedingungen:
Bezüglich des betrachteten Schadstoffes gibt es keine Vorbelastung, keine Umwandlung, keinen Abbau, und zudem wird eine homogene Verteilung angenommen.

Die mittleren Immissionskonzentrationen sind also nur von vier Parametern abhängig.

Im nächsten Abschnitt soll versucht werden, sowohl die Parameter als auch die vorausgesetzten Randbedingungen mit den realen Gegebenheiten und Möglichkeiten zu vergleichen.

2.3.2.   Emissionsrate Q

Eine genauere Angabe der tatsächlich im Mittelland emittierten Menge an SO_2 ist nicht möglich, denn es liegen keine Emissionskataster mit der nötigen zeitlichen und räumlichen Auflösung vor. Die Bestimmung von Q kann also nur indirekt mittels Hilfsgrössen gelingen.

Woher stammt das SO_2?

a) Je nach Gebiet wird ein grösserer oder kleinerer Teil des SO_2 von der Industrie (Produktionsprozesse) emittiert.

b) Der durch den Verkehr verursachte Anteil ist relativ gering und kann der Einfachheit halber als konstant angesehen werden.

c) Eine gewichtige Menge an SO_2 wird durch die privaten, industriellen und öffentlichen Heizungsanlagen ausgestossen. Diese Menge ist logischerweise stark von der Aussentemperatur abhängig. Bezüglich dieser Abhängigkeit gilt es, folgende Erfahrungswerte (vgl. Definition Heizgradtagzahl) zu berücksichtigen:

> Nach einer mehrtägigen Periode mit einem Tagesmittel unter 10 bis 15°C werden die Heizungsanlagen im Herbst in Betrieb genommen, bzw. im Frühling nach Überschreiten dieses Temperaturintervalles ausgeschaltet.

> Ab einer gewissen Negativtemperatur (ab ca. -15 bis -20°C) laufen die Heizungsanlagen auf Maximalleistung, und ihr Ausstoss bleibt mehr oder weniger konstant.

Aus dem Gesagten folgt, dass die Temperatur als Hilfsgrösse für die Emissionsrate Q beigezogen werden kann. Diese Hilfsgrösse hat auch den Vorteil, dass sie vielerorts laufend gemessen wird und nötigenfalls recht gut prognostizierbar ist.

2.3.3. Mischungsschichthöhe h^*

Die Mischungsschichthöhe h^* ist abhängig von:

a) der thermisch induzierten Turbulenzproduktion (infolge statischer Instabilität).

b) der mechanisch induzierten Turbulenzproduktion (infolge von Scherung).

Eine Bestimmung von h^* mit der nötigen zeitlichen Auflösung ist zur Zeit nur über Satellitendaten möglich (HEEB, 1989). Satellitendaten sind jedoch auch weiterhin nur mit starker zeitlicher Beschränkung verfügbar.

Die Payerne-Sondierung liefert zweimal täglich die Temperaturschichtung über Payerne bis in eine Höhe von ca. 30 km. Die Anzahl Messpunkte in der Vertikalen (Messintervall ca. 180 m) ist vor allem in der für uns relevanten Schicht (0 bis 2000 m über Grund) sehr klein; zudem stellt diese Sondierung die einzige Vertikalmessung für die ganze Schweiz dar. Da die Analyse von Bodenstationspaaren oder Reihen entlang eines realen Höhenprofils (Ebene - Berge) zwar räumlich besser aufgelöste, jedoch stark vom Boden beeinflusste Daten ergibt, muss häufig von einer Verwendung derselben abgesehen werden.

2.3.4. Mittlere Windgeschwindigkeit $\bar{u}$

Eine für h^* gültige *mittlere* Windgeschwindigkeit $\bar{u}$, die zudem für das ganze Mittelland zutreffend ist, ist nicht zu ermitteln. Als Hilfsgrössen stehen uns nachstehende Daten zur Verfügung:

a) ANETZ-Stationen (Bodenstationen!). Im für uns wichtigen Gebiet gibt es zirka 35 Stationen, die auch über eine für die Kalibrierung nötige längere Datenreihe verfügen.

b) Sondierung Payerne: Pro zirka 360 m wird die Windrichtung und Windgeschwindigkeit gemessen. Dies bedeutet maximal fünf Messpunkte innerhalb der uns interessierenden Schicht.

Die Daten dieser beiden Messsysteme können als Hilfsgrössen für die Quantifizierung sowohl der mittleren Windgeschwindigkeit $\bar{u}$ als auch der Mischungsschichthöhe h^* beigezogen werden.

2.3.5. Breite des Luftvolumens b

Die mittlere Breite des Luftvolumens unseres Untersuchungsraumes schwankt je nach der Richtung von $\bar{u}$ und der Mächtigkeit von h^*. Da eine Berechnung von b äusserst aufwendig ist, muss uns eine Schätzung genügen.

2.3.6. Einschränkungen des Box-Modells

Die anfänglich für das Box-Modell aufgeführten einschränkenden Annahmen sollten wenn möglich den realen Bedingungen angepasst werden:

Keine Vorbelastung

Diese Annahme ist im Schweizer Mittelland kaum je erfüllt. Einerseits ist das zum Zeitpunkt 0 über dem Untersuchungsraum liegende Luftpaket schon vom Vortag her belastet, andererseits sind die während des Tages "herantransportierten" Luftmassen immer mehr oder weniger stark vorbelastet (grossräumiger Transport).

Dieser Tatsache könnte durch folgende einfache Massnahme Rechnung getragen werden:

- Der Wert χ des Vortages muss in das Modell einfliessen.
- Studien haben gezeigt, dass für das Schweizerische Mittelland (z.T. für Basel nicht gültig!) ganz bestimmte Bedingungen erfüllt sein müssen, damit von einem relevanten Anteil an grossräumigem Transport gesprochen werden kann:

    a) Windrichtung Mittelland: 20 - 110°;

    b) Windgeschwindigkeit Mittelland: >3 ms^{-1};

    c) Windrichtung und -geschwindigkeit müssen über mehrere Tage mehr oder weniger konstant sein;

    d) der vertikale Luftaustausch muss behindert sein: mehrere Tage mit Inversionslage mittlerer Höhe (ca. 1000 m ü. M.);

    e) eingeschränkte Umwandlung und Deposition.

Sind diese Bedingungen erfüllt, so muss ein Korrekturwert ins Modell eingeführt werden. Dieser Wert könnte anhand von typischen Situationen (Fallstudien) eruiert werden. Man vergleiche hierzu die Arbeit von NEU (1987).

Keine Umwandlung und kein Abbau

Es ist eindeutig, dass diese Annahme *nie* erfüllt ist, obschon bei SO_2 im Vergleich zu anderen Schadstoffen die Umwandlungsraten zum Teil geringer sind.

In der nachstehenden Liste ist eine Auswahl an Parametern aufgeführt, welche die Umwandlung und Deposition beeinflussen. In Klammern sind einige Stichworte zu den entsprechenden beeinflussten Prozessen gegeben:

- Temperatur (Reaktionsgeschwindigkeit, thermische Turbulenz);
- Luftfeuchtigkeit (chemisch-physikalische Prozesse);
- Nebelhäufigkeit (Prozesse in wässriger und gasförmiger Phase, heterogene Chemie);
- Niederschlag (rain-out/wash-out);
- Windgeschwindigkeit (Durchmischung, mechanische Turbulenz);
- Bodenrauhigkeit (mechanische Turbulenz);
- Vegetation (Pflanzenatmung);
- Andere Schadstoffe (katalytische Prozesse).

Homogene Verteilung

Die Annahme einer homogenen Verteilung der Schadstoffe für das Schweizerische Mittelland ist sicher nicht erfüllt, insbesondere nicht bei den kritischen Stagnationssituationen.

In der vorgeschlagenen Klassifikation soll dieser Tatsache Rechnung getragen werden, indem sie für verschiedene Teilregionen mit ähnlichen meteorologischen Bedingungen gerechnet und insbesondere kalibriert wird.

2.4. Entwurf ausbreitungsbezogener Wetterlagensysteme: Mögliche Lösungen

Im ersten Teil dieses Kapitels wurden zahlreiche Einschränkungen aufgelistet, welche beim Entwurf eines ausbreitungsbezogenen Wetterlagensystems in Kauf genommen werden müssen. Soll dennoch für ein grösseres Gebiet wie das Schweizer Mittelland eine Klassifikation vorgenommen werden, so stellt sich zunächst die Frage, ob dieses System an lufthygienischen Messungen kalibriert werden soll oder nicht. Je nachdem, wie diese Frage beantwortet wird, bieten sich etwas unterschiedliche Verfahren an.

2.4.1. Systeme ohne Kalibrierung

Soll keine Kalibrierung der einzelnen Wetterlagen anhand von Immissionsmessdaten vorgenommen werden, so stellt sich lediglich das Problem der sinnvollen Gruppierung der ausgewählten (in unserem Fall der ausbreitungsbezogenen) meteorologischen Parameter (Variablen).

Sehr anschaulich wird ein solches System meistens dann, wenn diese Parameter nach synoptischen Gesichtspunkten rein empirisch gegliedert werden (z.B. Einteilung in Strömungslagen und weitere Untergliederung nach Schichtungstypen innerhalb derselben; siehe Kapitel 2.6.). Allerdings stellt sich dann die Frage nach der Objektivität einer solchen Klassifikation. Obschon dies weniger anschaulich ist, bietet sich deshalb oft das Vorgehen über ein objektiv-statistisches Klassifikations- oder Gruppierungsverfahren (z.B. Clusteranalyse) an. In diesem Fall ist der bekannte Nachteil in Kauf zu nehmen, dass sehr oft ungleich grosse, synoptisch wenig anschauliche Teilkollektive definiert werden müssen.

2.4.2. Systeme mit Kalibrierung

An sich hat die Idee, die einzelnen Wetterlagen anhand von Immissionsmessungen zu kalibrieren, etwas Bestechendes an sich. Versuche haben jedoch belegt, dass auch ein solches Verfahren schwierig anzuwenden ist. Wird so vorgegangen, dass für ein bestehendes Wetterlagensystem stations- und lageweise statistische Masszahlen der Immissionsbelastung (z.B. Mittelwerte und 95%-Quantile) berechnet werden, so zeigt sich bald, dass innerhalb der gleichen Wetterlage erhebliche Streuungen auftreten können. Wird das umgekehrte Vorgehen gewählt und von Situationen mit unterschiedlichen Schadstoff-Verteilungsmustern ausgegangen, so ergibt sich die Schwierigkeit, dass sehr verschiedene Wetterlagen für ähnliche Verteilungsmuster verantwortlich zeichnen. Wird stationsweise vorgegangen und werden beispielsweise die meteorologischen Parameter (Variablen) mit Hilfe verschieden hoher Immissionswerte gruppiert (z.B. mit einer Diskriminanzanalyse), so ergibt sich der Nachteil, dass sich die Variablenräume stark überschneiden, und dass die Gruppierung für jede Einzelstation anders ausfällt.

Aufgrund der erwähnten Schwierigkeiten wird oft der Weg über ein gemischt objektiv-subjektives Verfahren gewählt, das einigermassen anschaulich bleibt und doch in der Lage ist, eine Aufteilung in signifikante Teilkollektive vorzunehmen (vgl. WANNER und KUNZ, 1977).

2.5. Einfache Voruntersuchungen zu einzelnen Parametern

2.5.1. Temperatur

Versuche zum SO_2 haben gezeigt, dass sich die mittlere Immissionskonzentration χ mit folgender Funktion beschreiben lässt (SAVI, 1987):

$$\log(SO_2) = \beta_0 + \beta_1 \cdot \log(T)$$

Da eine tageweise Klassifikation vorgenommen werden soll, ist es ebenso sinnvoll, als Temperaturwerte Tagesmittel einzusetzen. Interessant wäre wohl auch ein Versuch mit Tagesminima.

Die nötigen Temperaturwerte liegen in der Schweiz für zahlreiche ANETZ- und Klimastationen vor. Leider wird an diesen Stationen nicht SO_2 gemessen, sodass Messungen aus "benachbarten" Stationen (NABEL, kantonale, kommunale und private Netze) beigezogen werden müssen.

2.5.2. Inversionshöhen

Die einzige Datenquelle stellt die Sondierung von Payerne dar, die jeweils um 00 UTC und 12 UTC gestartet wird. Anhand der feinaufgelösten Daten lässt sich eine Inversionsuntergrenze relativ genau bestimmen.

Theor. Messniveaus (interpoliert)	Höhe über Grund	m ü.M.
1. Messung	ca. 0	ca. 500
2. Messung	150	650
3. Messung	300	800
.	.	.
.	.	.
15. Messung	2100	2600

Grundsätzlich sind folgende Fälle möglich:

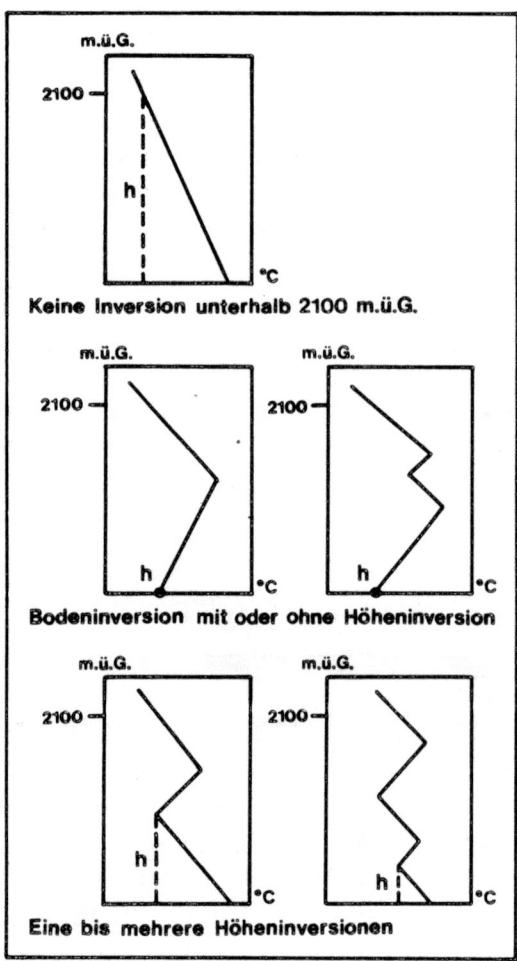

Fig. 2.2: Mögliche Typen von Inversionslagen.

Die obere Limite von 2100 m ü.G. wurde aus empirischen Gründen gewählt. Je höher eine Sperrschicht liegt, desto geringer wird ihr Einfluss auf die Durchmischung bzw. die Konzentration der Schadstoffe.

In den nun folgenden Abbildungen sind einige Auswertungen der feinaufgelösten Payerne-Sondierungsdaten dargestellt. Es standen die Daten der Jahre 1981-1985 zur Verfügung. Da uns primär das Winterhalbjahr interessierte, wurden nur die Monate September bis April untersucht, was total 2420 Sondierungen entspricht. Fig. 2.3 zeigt die Häufigkeit der Unter- bzw. Obergrenze einer bestimmten Inversion. Man beachte, dass die Analyse beim 15. Messintervall (2100 m ü.G.) abgebrochen und jeweils nur die unterste Inversion berücksichtigt wurde!

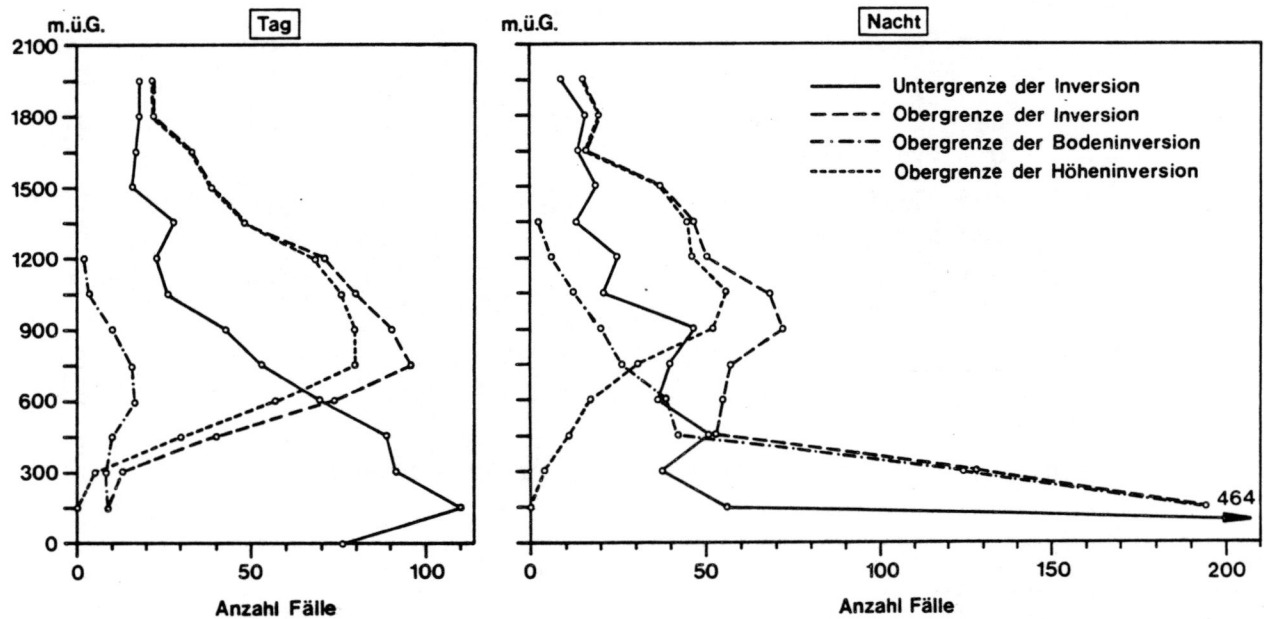

Fig. 2.3: Inversionsgrenzen der Sondierung Payerne, Sept.-April 1981-85, getrennt nach Mittags- und Nachttermin (12 bzw. 00 UTC).

2.5.3. Häufigkeit der Inversionsgrenzen und -typen

Inversionsuntergrenzen:

Wie zu erwarten war, liegen in der Nacht sehr oft Bodeninversionen vor. Nach oben nimmt die Inversionshäufigkeit stark ab, ohne dass ein bestimmtes Niveau noch besonders bevorzugt würde.

Auch am Mittag liegen die Untergrenzen häufig im Bereich der tiefsten Niveaus.

Inversionsobergrenzen:

Während die Mittagssondierungen ein gut ausgebildetes Häufigkeitsmaximum der Inversionsobergrenzen um 750 m ü.G. aufweisen, zeigen die Mitternachtswerte ein absolutes Maximum bei 150 m ü.G. und ein relatives Maximum im Bereich 900 - 1050 m ü.G.

Bodeninversionen:

Die Kurven der Obergrenze der Bodeninversionen zeigen deutlich, dass hauptsächlich nachts sehr dünne Inversionsschichten dominieren und dass die Anzahl der Bodeninversionen für den Mittagstermin äusserst gering ist. Keine der untersuchten Bodeninversionen reicht höher als 1350 m ü.G.

Höheninversionen:

Zum Mittagstermin sind Höheninversionen häufiger als nachts; man beachte aber, dass nur die tiefstgelegene Inversionsschicht einbezogen wurde. Dies bedeutet, dass nächtliche Höheninversionen, die über einer kleinen Bodeninversion liegen, nicht erfasst wurden.

Einige quantitative Angaben:

(1. Wert: 00 und 12 UTC / 2. Wert: 00 UTC / 3. Wert: 12 UTC):

63/70/56 %	der Sondierungen weisen bis auf 2100 m ü.G. mindestens eine Inversionsgrenze auf
22/38/06 %	der Sondierungen haben ihre Inversionsuntergrenze auf 0 m ü.G., sind also Bodeninversionen
14/26/02 %	der Sondierungen haben ihre Inversionsobergrenze bereits bei 300 m ü.G.
62/68/22 %	der Bodeninversionen (100 % = alle Bodeninversionen!) haben ihre Obergrenze bei oder unterhalb 300 m ü.G.

Die Hälfte der Sondierungen haben bis 1300/1000/1700 m ü.G. eine erste Inversionsobergrenze.

2.5.4. Schichtmächtigkeit und Temperaturintervalle der Inversionen

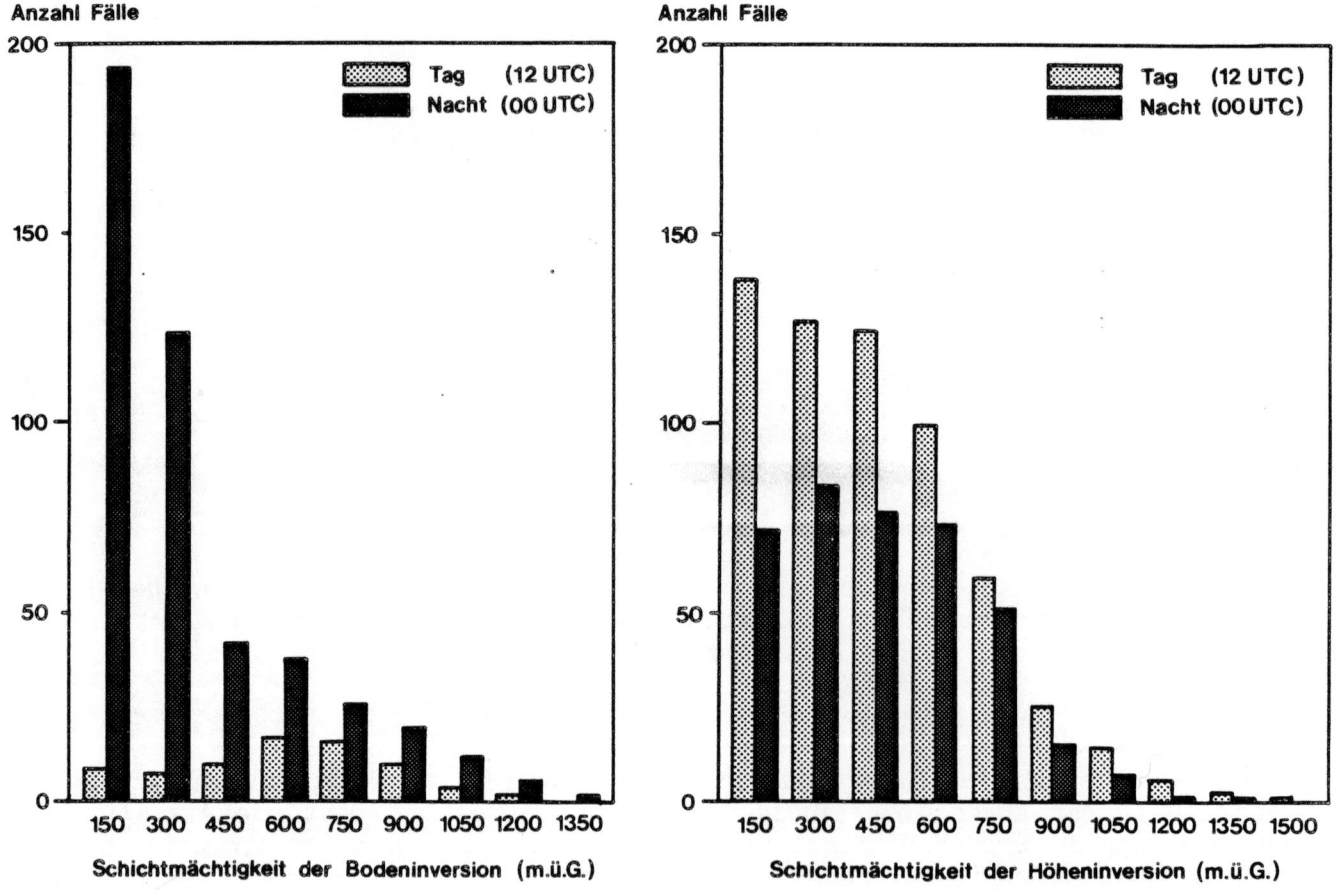

Fig. 2.4: *Häufigkeitsverteilung der Schichtmächtigkeit von Boden- und Höheninversionen (Sept.-April 1981-1985) anhand der Payerne-Sondierungen.*

Die auffällige Häufung der beiden ersten Schichtmächtigkeiten (150 m und 300 m der Mitternachtssondierungen) ist primär durch die Topographie im Raum der Sondierstation bedingt. Die Übertragbarkeit der genauen Meterzahl auf andere Gebiete ist nicht zu empfehlen, hingegen dürfte ihre Interpretation als nächtliche Strahlungsinversion meist zutreffen. Entsprechend wären also auch in anderen Regionen solche Strahlungsinversionen mit den für die betreffende Region typischen Mächtigkeiten zu erwarten. Für Situationen mit hohen Schadstoffbelastungen entscheidender sind die Fälle, an denen auch noch die Mittagssondierung eine Bodeninversion aufweist, denn für diese Fälle ist das Ausbreitungsvolumen für die Schadstoffe theoretisch gleich Null.

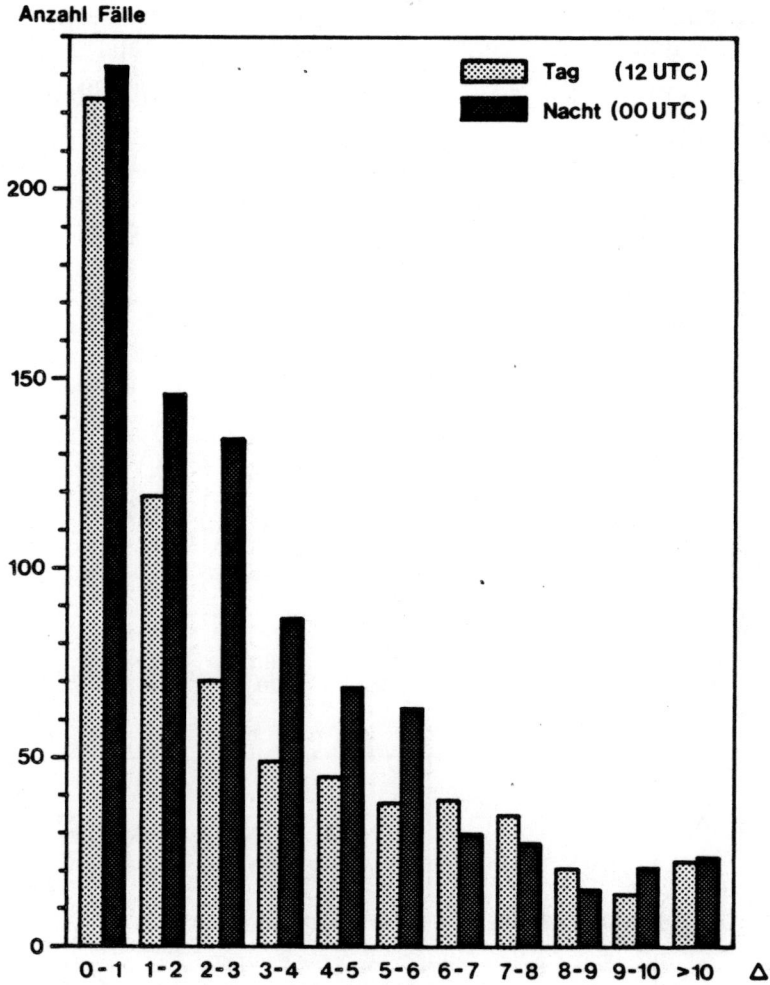

Fig. 2.5:   Häufigkeitsverteilung des Temperaturintervalles in Inversionsschichten (Sept.-April 1981-1985).

Fig. 2.5 zeigt die Häufigkeitsverteilung der Temperaturdifferenzen zwischen Inversionsobergrenze und -untergrenze. Je grösser der Temperatursprung, um so seltener tritt er auf.

2.5.5.   Dauer von Inversionslagen

Neben der Höhe der Inversionsuntergrenze und der Inversionsstärke dürfte insbesondere auch die Dauer von ununterbrochen anhaltenden Inversionslagen entscheidend sein. Je länger eine solche Sperrschicht andauert, umso grösser dürfte - zumindest theoretisch - die Schadstoffkonzentration sein, da von Tag zu Tag zusätzliche Emissionsprodukte eingemischt werden. Dies gilt natürlich nur unter der Annahme, dass die restlichen Parameter konstant bleiben.

18 Ausbreitungsbezogene Wetterlagensysteme

Es ging nun darum, aus den Sondierungsdaten die entscheidenden Situationen herauszuarbeiten. Folgende Kriterien zeigten sich als günstig:

(1) Inversionsuntergrenze (der tiefstgelegenen Inversion) $\leq$ 1550 m ü.M. (8. Messniveau);

(2) nur Inversionen mit einer Temperaturdifferenz $\geq$ 1.95°C zwischen der Temperatur an der Inversionsobergrenze und an der -untergrenze wurden gezählt;

(3) Situationen mit nur dünnschichtiger ($\leq$ 150 m) Bodeninversion ohne darüberliegende Inversion wurden ausgeschlossen;

(4) Ausgangspunkt für die Bestimmung der Dauer war stets die Mittagssondierung.

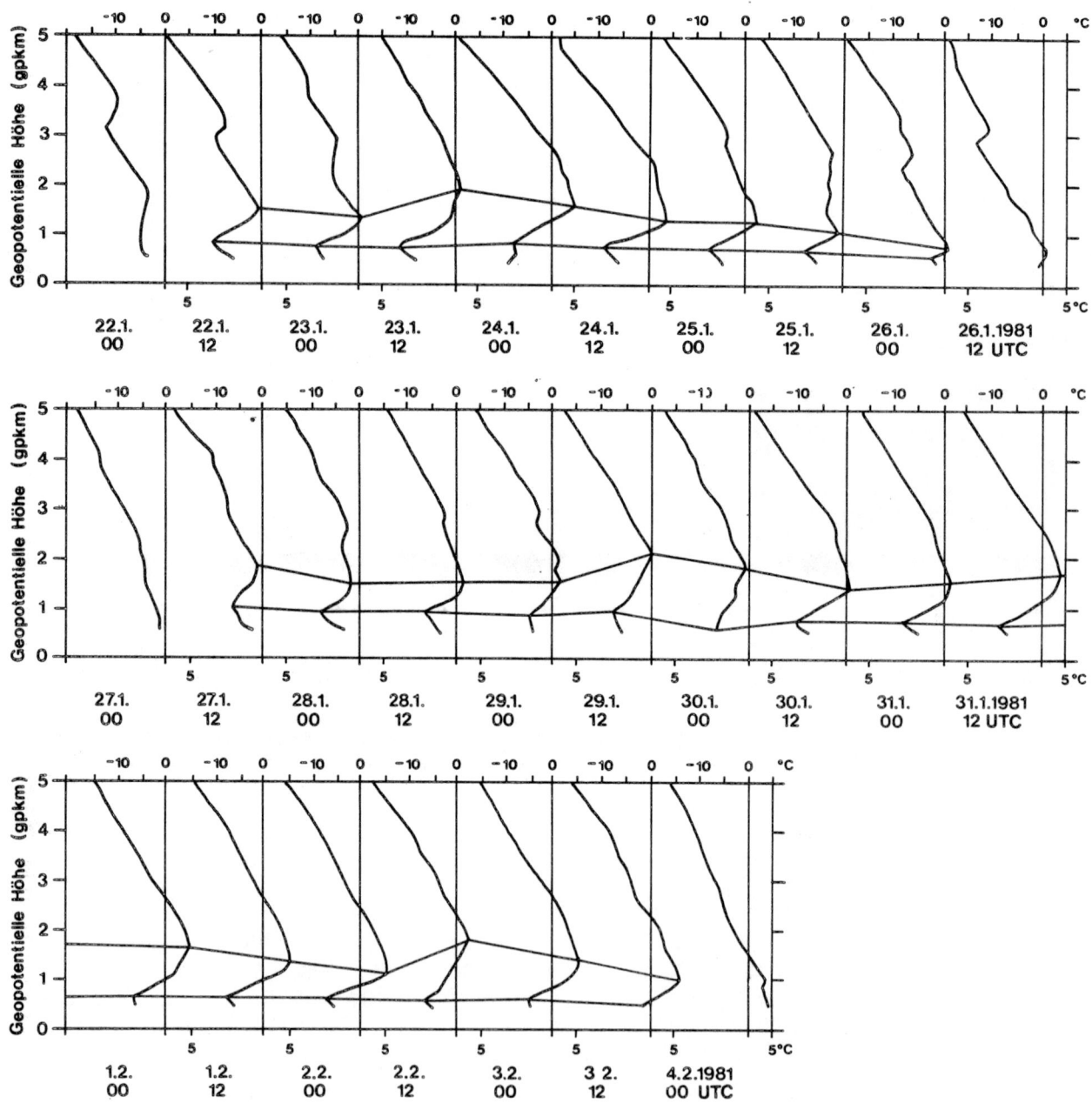

Fig. 2.6:   Temperaturprofile von zwei Perioden mit ausgeprägter Inversion.

Fig. 2.6 zeigt zwei mehrtägige Inversionslagen, die am 26./27.1.81 kurz unterbrochen wurden. Am 22., 00 UTC ist ΔT noch kleiner als 1.95°C, erst am 22., 12 UTC sind alle Bedingungen erfüllt, während am 26., 12 UTC nur eine kleine Bodeninversion (unterhalb 1550 m ü.M.) vorliegt. Am nächsten Tag baut sich eine neue, relativ lang andauernde Inversionslage auf, die bis zum 3.2.81 12 UTC anhält.

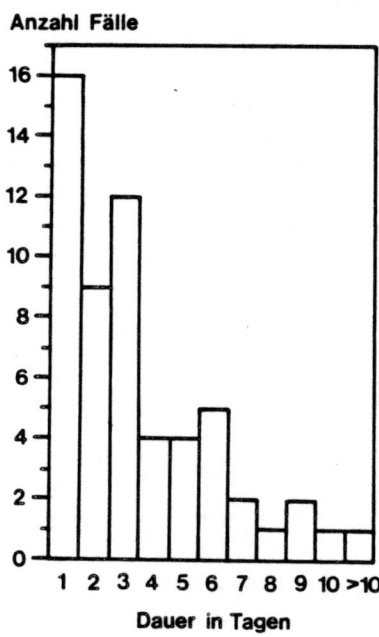

Fig. 2.7:   Häufigkeitsverteilung der Dauer von Inversionslagen (Sept.-April 1981-1985).

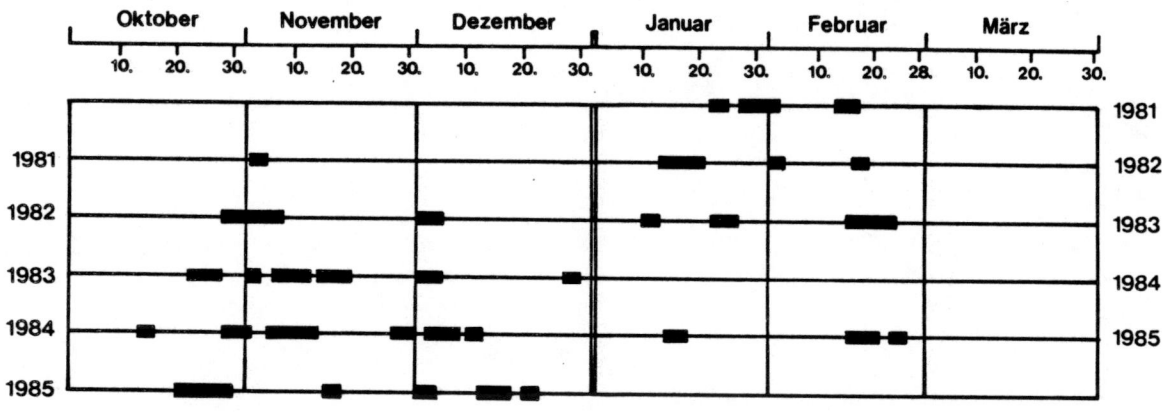

Fig. 2.8:   Darstellung der ausgeprägten Inversionslagen (Sept.-April 1981-1985).

Die Grafiken auf Fig. 2.7 und Fig. 2.8 verdeutlichen die Dauer und zeitliche Verteilung der nach obigen Kriterien definierten Inversionslagen in den fünf Untersuchungsjahren.

20 Ausbreitungsbezogene Wetterlagensysteme

2.5.6. Analysen zu dd/ff 850

Im Rahmen unserer Vorstudie standen uns zwar für die Periode 1981-85 die feinaufgelösten Winddaten der Payerne-Sondierung zur Verfügung, aus Gründen der Handlichkeit einer Wetterlagenklassifikation erscheint eine Beschränkung auf das Standardniveau 850 hPa aber sinnvoller. Dieser Parameter charakterisiert das Windgeschehen an der Obergrenze der atmosphärischen Grenzschicht über dem Schweizer Mittelland sehr gut. Er ist einesteils losgelöst von den Auswirkungen des Kleinreliefs, andernteils zeigt er die Kanalisierungswirkung der Alpen und des Juras noch sehr gut (Fig. 2.9).

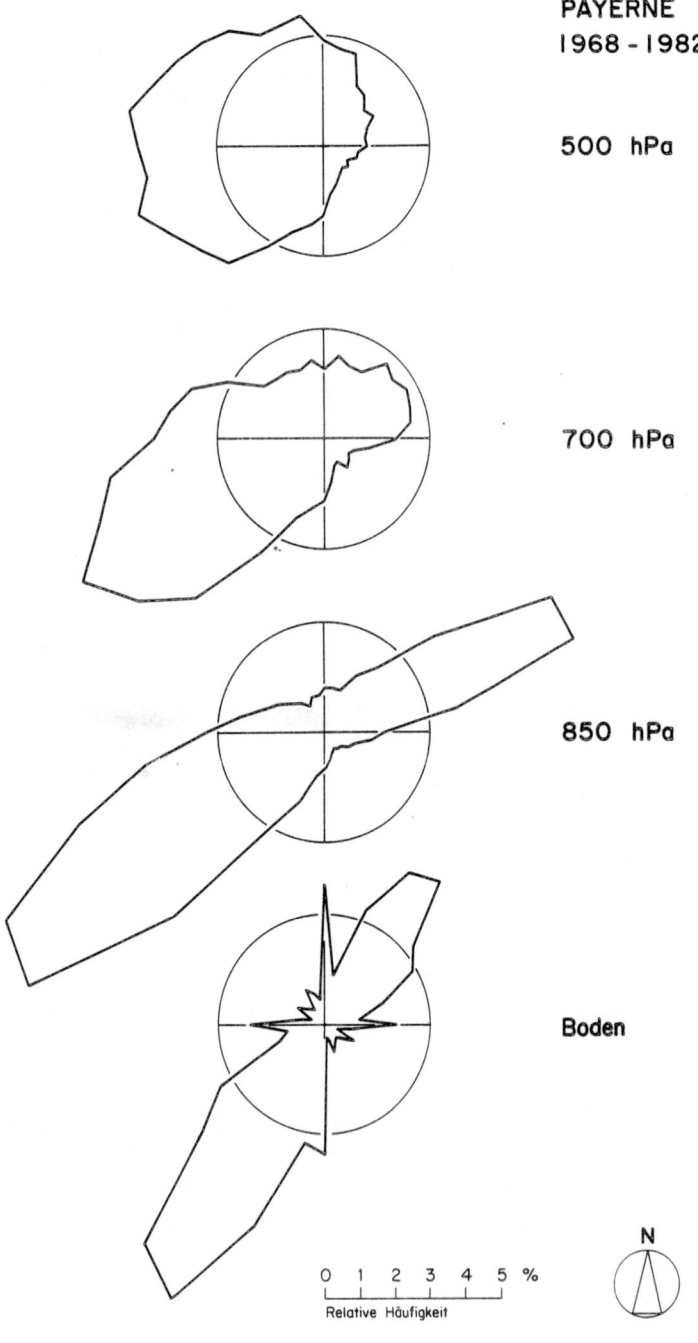

Fig. 2.9: Windrosen der Payerne-Sondierungen 1968-1982 auf Bodenniveau und den drei Standardniveaus 850/700/500 hPa.

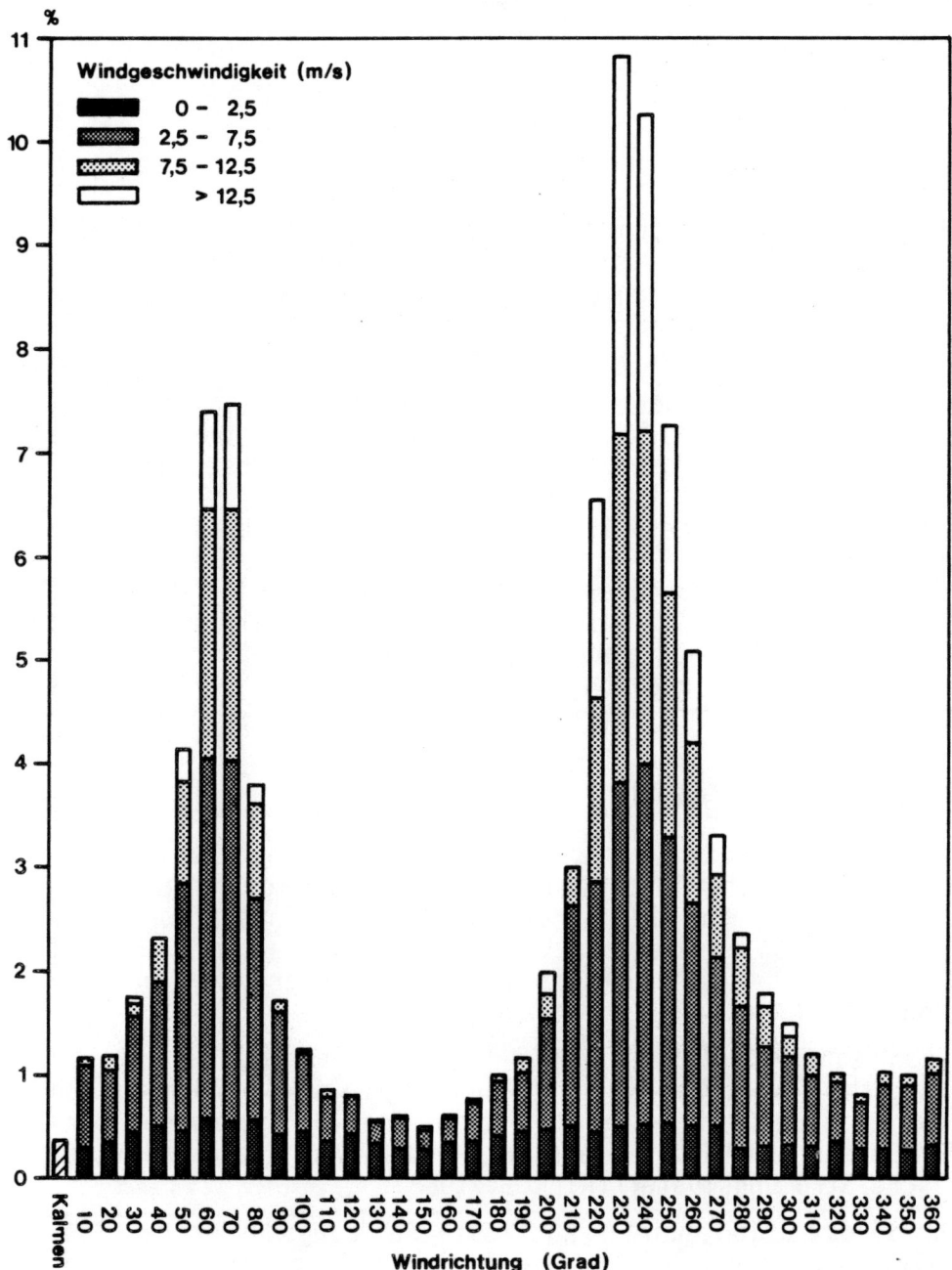

Fig. 2.10: Prozentuale Verteilung der Windgeschwindigkeiten pro 10°-Sektor im Standardniveau 850 hPa (1968-1982).

Eine Analyse der Verteilung der Windgeschwindigkeit (ff850) bezüglich bestimmter Sektoren von dd850 zeigt Fig. 2.10. Nur in den Hauptwindrichtungen SW und NE sind hohe Geschwindigkeiten > 12.5 ms^{-1} gut vertreten, wohingegen die äusserst windschwachen Situationen im Bereich SE und NW einen hohen Anteil aufweisen.

2.6. Ein ausbreitungsbezogenes Wetterlagensystem im regionalen Skalenbereich (Region Biel)

2.6.1. Allgemeines

Am Schluss der Ausführungen zur Wetterlagenklassifikation soll das Beispiel eines ausbreitungsbezogenen Klassifikationssystems vorgestellt werden. Es betrifft die Region Biel und handelt sich um ein regional- oder mesoskaliges System, das folglich nur in der Lage ist, Ausbreitungsvorgänge in einem beschränkten Definitionsgebiet richtig zu beschreiben oder zu klassieren.

Methodisch wurde der Weg einer empirischen Klassifikation ohne Kalibrierung anhand von Immissionsmessungen gewählt (RICKLI, 1988). Dafür stand eine grössere Zahl von Stationsmessungen und Sondierungen zur Verfügung. Zunächst wurde so vorgegangen, dass je die Strömung und die Temperaturschichtung für die drei Hauptabschnitte des Tagesgangs (Tag, Abend/1. Nachthälfte, 2. Nachthälfte/Morgen) in sinnvolle, dynamisch begründete Klassen eingeteilt wurden. Diese Strömungs- und Temperaturklassen wurden anschliessend zu Strömungs-Schichtungslagen kombiniert. Für jede dieser Strömungs-Schichtungslagen konnten schliesslich die wichtigsten Ausbreitungsparameter im Tagesgang graphisch dargestellt werden. Für einzelne, wichtige Lagen war es zudem möglich, die dynamischen Ausbreitungsvorgänge in dreidimensionalen Schaubildern zu verdeutlichen.

2.6.2. Klassifikation der Strömungslagen

Von grosser Bedeutung erwies sich zunächst die Auswahl einer kleinen Zahl aussagekräftiger Stationen, welche erlaubt, die regionalen Strömungsmuster zu beurteilen und zu klassieren. Im Falle von Biel wurde je eine Hangwindstation (beim Spital Vogelsang) und eine Station am Ausfluss der nächtlichen Kaltluft aus dem Taubenloch ausgewählt. Fig. 2.11 zeigt entsprechend die Topographie und die Standorte der Messstationen im Raum Biel.

Wie oben erwähnt, wurden zunächst für die drei Tagesabschnitte Tag, Abend/ 1. Nachthälfte und 2. Nachthälfte/Morgen vektorielle Mittel des Windes an den beiden Schlüsselstationen gebildet. Diese Muster von je drei Windvektoren konnten anschliessend je für Sommer und Winter klassiert werden. Aus dieser Klassierung entstanden 17 typische Strömungsmuster (RICKLI, 1988).

An dieser Stelle sei zur Illustration nur das häufigste Strömungsmuster des Sommerhalbjahres vorgestellt (Tab. 2.1). Es ist die Hochdrucklage mit westlicher Höhenströmung und gut ausgeprägten thermotopographischen Lokalwindsystemen.

	Station Vogelsang (Hangwindstation)	Station Taubenloch (Ausgang Schlucht)
2. Nachthälfte/Morgen	NW (katabatischer Wind)	NW (katabatischer Wind)
Tag	SW (anabatischer Wind)	SW (anabatischer Wind)
Abend/1. Nachthälfte	NW (katabatischer Wind)	NW (katabatischer Wind)

Tab. 2.1: *Region Biel: Häufigste Strömungslage des Sommerhalbjahres.*

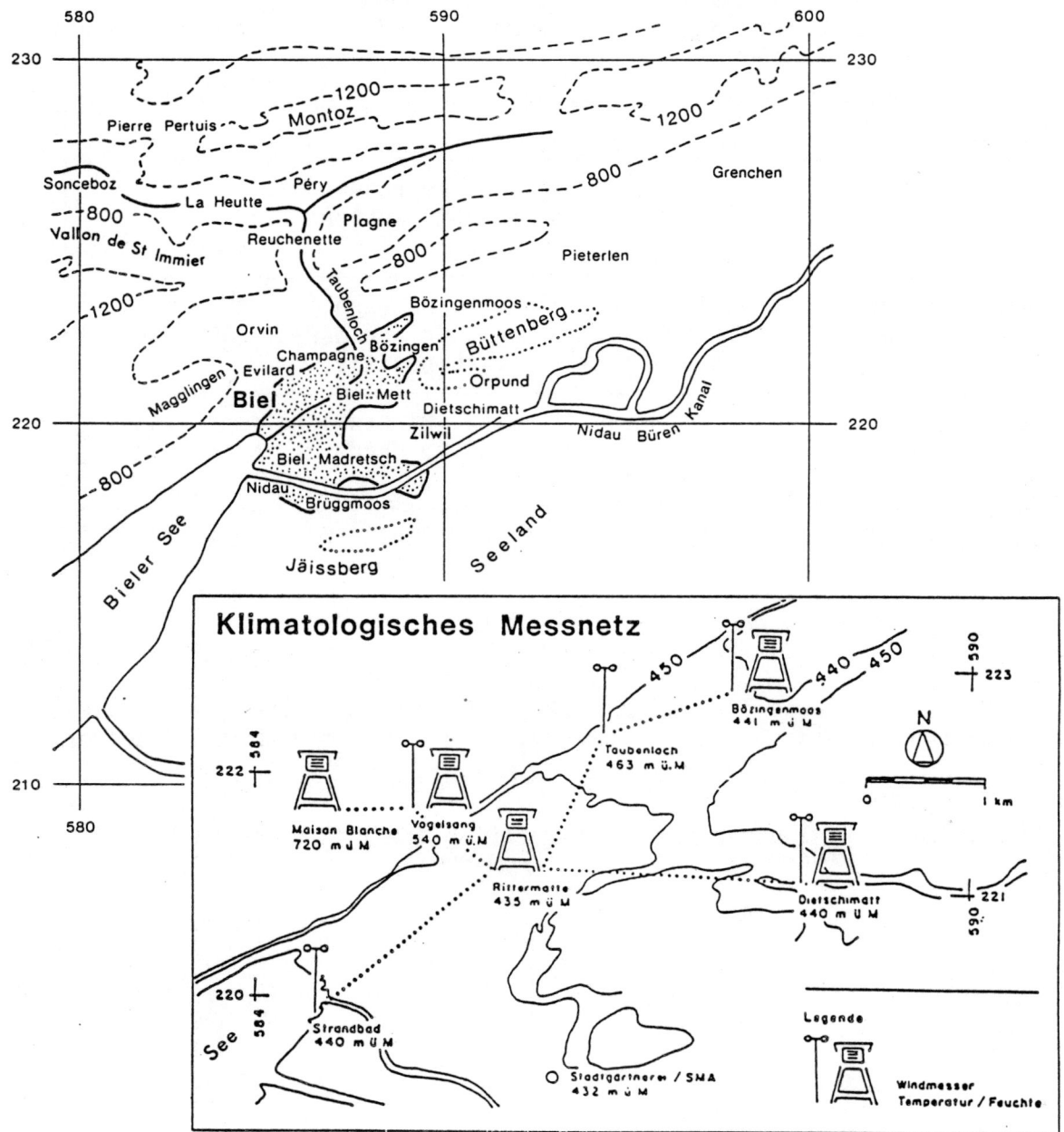

Fig. 2.11:   Klimatologisches Messnetz in der Region Biel (1980-1982).

2.6.3. Kombination mit Schichtungslagen

Im Hinblick auf deren Verwendung als Ausbreitungswetterlagen mussten nun die einzelnen Strömungslagen mit typischen Schichtungsmustern kombiniert werden. Zu diesem Zwecke wurden für die bodennächste Schicht (unterste 100 m) mittlere stündliche Gradienten der potentiellen Temperatur ($d\theta/100$ m) berechnet und gemäss Tab. 2.2 in vier Klassen eingeteilt.

Schichtungstyp		Beschreibung
(1)	Guter Vertikalaustausch	Schichtung ganztags mehr oder weniger konstant mit Temperaturwerten, welche höchstens isotherm werden.
(2)	Teilweise guter Vertikalaustausch	Schichtung in der 2. Nachthälfte und tagsüber höchstens isotherm, in der darauffolgenden 1. Nachthälfte stark positiv.
(3)	relativ geringer Vertikalaustausch	Schichtung in der 2. Nachthälfte sehr stabil, tagsüber und in der foldenden 1. Nachthälfte unter +1.2 K.
(4)	Starker Tagesgang	Stabil in der Nacht, isotherm bis neutral am Tag.

Tab. 2.2: *Verwendete Schichtungstypen.*

Die in Kap. 2.6.2. vorgestellte sommerliche Strömungslage (Schönwetterlage) lässt sich erwartungsgemäss dem Schichtungstyp 4 mit einem starken Tagesgang zuordnen.

2.6.4. Darstellung und Beschreibung der einzelnen Ausbreitungswetterlagen

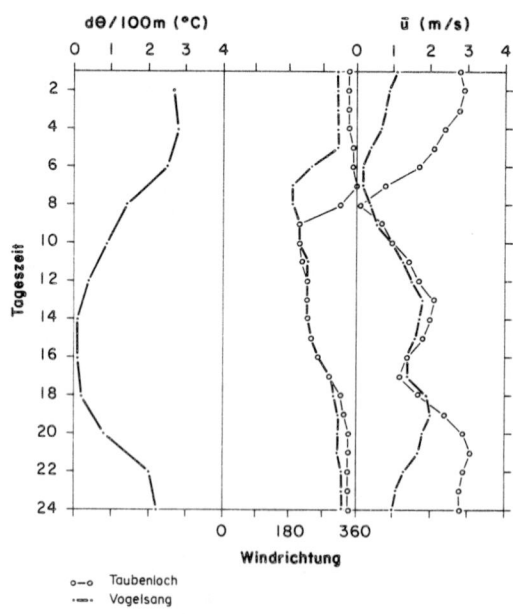

Fig. 2.12: *Region Biel: Tagesgang der Temperaturschichtung (bodennahe 100 m, links), der Windrichtung (Mitte) und der Windgeschwindigkeit (rechts).*

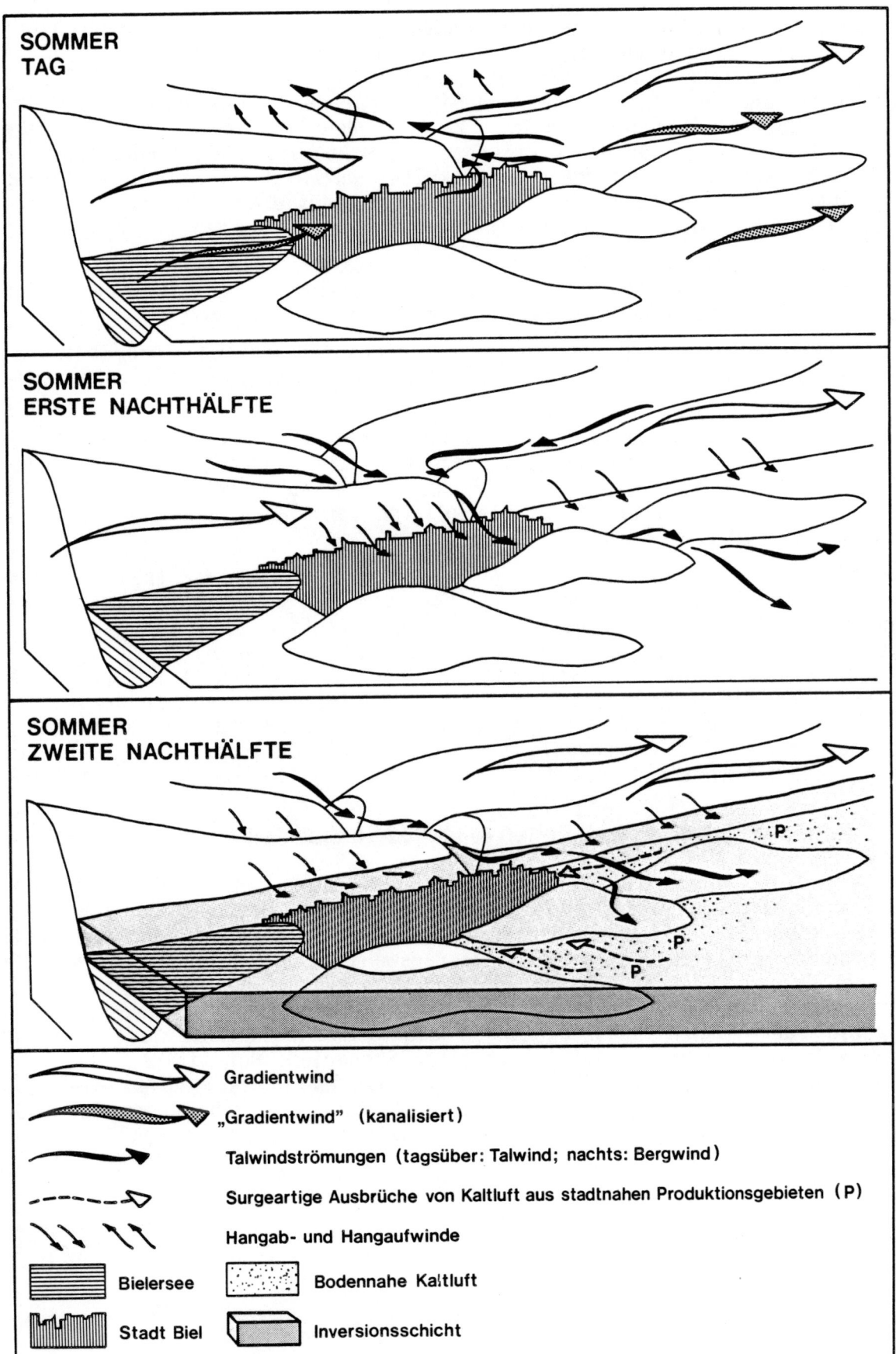

Fig. 2.13: Region Biel: Strömungs- und Schichtungsdynamik bei sommerlicher Hochdrucklage mit westlicher bis südwestlicher Höhenströmung.

Es ist an dieser Stelle aus Platzgründen nicht möglich, alle siebzehn Ausbreitungswetterlagen (oder Strömungs-Schichtungslagen) der Region Biel graphisch und in Form eines dreidimensionalen Schaubildes vorzustellen. Rein exemplarisch sei wiederum die sommerliche Schönwetterlage herausgegriffen. Fig. 2.12 zeigt graphisch den Tagesgang der wichtigsten Ausbreitungsparameter der Region Biel. Dabei treten die Unterschiede zwischen Tag und Nacht deutlich hervor. Insbesondere beim Wind wird sichtbar, dass die Station am Schluchtausgang des Taubenlochs in der Nacht nicht nur höhere Windgeschwindigkeiten aufweist als die Hangstation Vogelsang, sondern in den Morgenstunden infolge des grösseren Kaltluftreservoirs auch wesentlich länger eine Berg- oder Talabwindkomponente aufweist.

Fig. 2.13 zeigt das entsprechende Schaubild der sommerlichen Hochdrucklage mit westlicher bis südlicher Höhenströmung. Dabei wird wiederum gezeigt, dass sich die Tagesdynamik in diesem Raum in drei Abschnitte gliedern lässt:

Tagsüber wird der innerhalb des "mixed layer" leicht kanalisierte "Gradientwind" in Bodennähe von thermotopographisch induzierten Hangauf- und Talwinden abgelöst.

In der ersten Nachthälfte setzen seichte Hangabwinde mit maximal einigen 10 m Mächtigkeit ein. Im Nordostteil der Stadt schiesst die in den Juratälern gebildete Kaltluft jetartig aus dem Schluchteinschnitt des Taubenlochs heraus und hat damit genügend kinetische Energie, um die südlich vorgelagerten Hügel übersteigen zu können.

Ganz wesentlich ändert sich nun die Dynamik in der zweiten Nachthälfte, wenn sich über dem Vorland ein stabiles "Kaltluftkissen" aufgebaut hat. Die Hangabwinde und der Kaltluftabfluss aus dem Taubenloch treffen dann auf spezifisch kältere Luft, schichten sich auf einer bestimmten Höhe in diese ein oder gleiten wie der Taubenlochwind auf die kalte Vorlandluft auf. Ein höchst interessanter Prozess setzt dann gegen Ende der Nacht ein, wenn die kälteste Luft der Ebenen und Flussniederungen (in Fig. 2.13 mit P bezeichnet), welche nun auch einige 10 m Mächtigkeit aufweist, surgeartig gegen den warmen Stadtraum ausbricht, gegen den Jurahang schwappt und dort deutlich sichtbare Wellenbewegungen auslöst.

2.6.5. Bedeutung des beschriebenen Klassifikationssystems

Wie oben bereits erwähnt wurde, können lufthygienische Daten nur dann sinnvoll beurteilt, klassiert und allenfalls räumlich oder zeitlich extrapoliert werden, wenn auf die soeben beschriebenen Prozesse ausreichend Rücksicht genommen wird. Auch ein Standortvergleich oder eine Standortauswahl für neue Messstationen kann nur dann mit Erfolg durchgeführt werden, wenn die dynamischen Ausbreitungsprozesse mit genügender Genauigkeit bekannt sind. Zudem bildet die Messung und Klassifikation der Ausbreitungsbedingungen auch eine notwendige Voraussetzung für die Modellierung wichtiger lufthygienischer Szenarien. Nur mit detaillierten Sondierungen bei austauscharmen Hochdrucklagen war es in der Region Biel zum Beispiel möglich, die durch die beschriebenen Kaltluftausbrüche gegen Ende der Nacht auftretenden hohen Immissionsspitzen am tieferen Jurahang zu erklären.

Literatur

Fliri F., 1965: Über Signifikanzen synoptisch-klimatologischer Mittelwerte in verschiedenen alpinen Wetterlagensystemen. Carinthia II/24: 36-48.

Heeb M., 1989: Die Analyse von Strömungen im Nebel mit Satellitenbildern. Diss. Univ. Bern, 131 p.

Hess P. und H. Brezowsky, 1969: Katalog der Grosswetterlagen Europas. Ber. DWD 15/113.

Holzworth G.C., 1972: Mixing heights, wind speeds and potential for urban air pollution throughout the contiguous United States. U.S. Envir. Prot. Agency, 118 p.

Neu U., 1987: Meteorologische und lufthygienische Charakterisierung der Smogperiode im Januar und Februar 1985 im Grossraum Zürich. Zweitarbeit GIUB, 30 p.

Perret R., 1981: Manuel des situations météorologiques I+II. Institut Suisse de Météorologie.

Rickli R., 1988: Untersuchungen zum Ausbreitungsklima der Region Biel. Geographica Bernensia G32, 144 p.

Savi C., 1987: Eine statistische Analyse von Luftschadstoffen. Diplomarbeit Seminar für Statistik, ETH Zürich, 56 p.

Schüepp M., 1968: Kalender der Wetter- und Witterungslagen von 1955 bis 1967 im zentralen Alpengebiet. Veröffentl. der Schweiz. Met. Zentralanstalt 11, 43 S.

Schüepp M., 1979: Witterungsklimatologie. Beiheft Annalen SMA, 93 p.

Wanner H. und S. Kunz, 1977: Die Lokalwettertypen der Region Bern. Beitr. z. Klima d. Region Bern 9, 96 p.

Wanner H., 1979: Zur Bildung, Verteilung und Vorhersage winterlicher Nebel im Querschnitt Jura - Alpen. Geographica Bernensia, G7, Bern, 240 p. + Anhang.

Wanner H., 1983: Das Projekt "Durchlüftungskarte der Schweiz" - Methodik und erste Ergebnisse. Informationen und Beiträge zur Klimaforschung, Nr. 18, Bern, 66 p.

3. Zur Klimatologie des bodennahen Windfeldes

Jürg Engel und Markus Furger

3.1. Idee und Zielsetzung

Die topographischen Gegebenheiten der Schweiz beeinflussen die bodennahen Windverhältnisse in unterschiedlichem Masse. Sowohl thermische als auch mechanische Effekte bewirken, dass die Winde lokal ein ganz anderes Verhalten aufweisen, als aufgrund der synoptischen Lage zu erwarten wäre. So bewirkt beispielsweise die unterschiedliche Erwärmung des Schatten- und Sonnenhangs eines Tales, dass mit einer Zirkulation quer zum Tal mit Aufsteigen am Sonnenhang und Absinken am

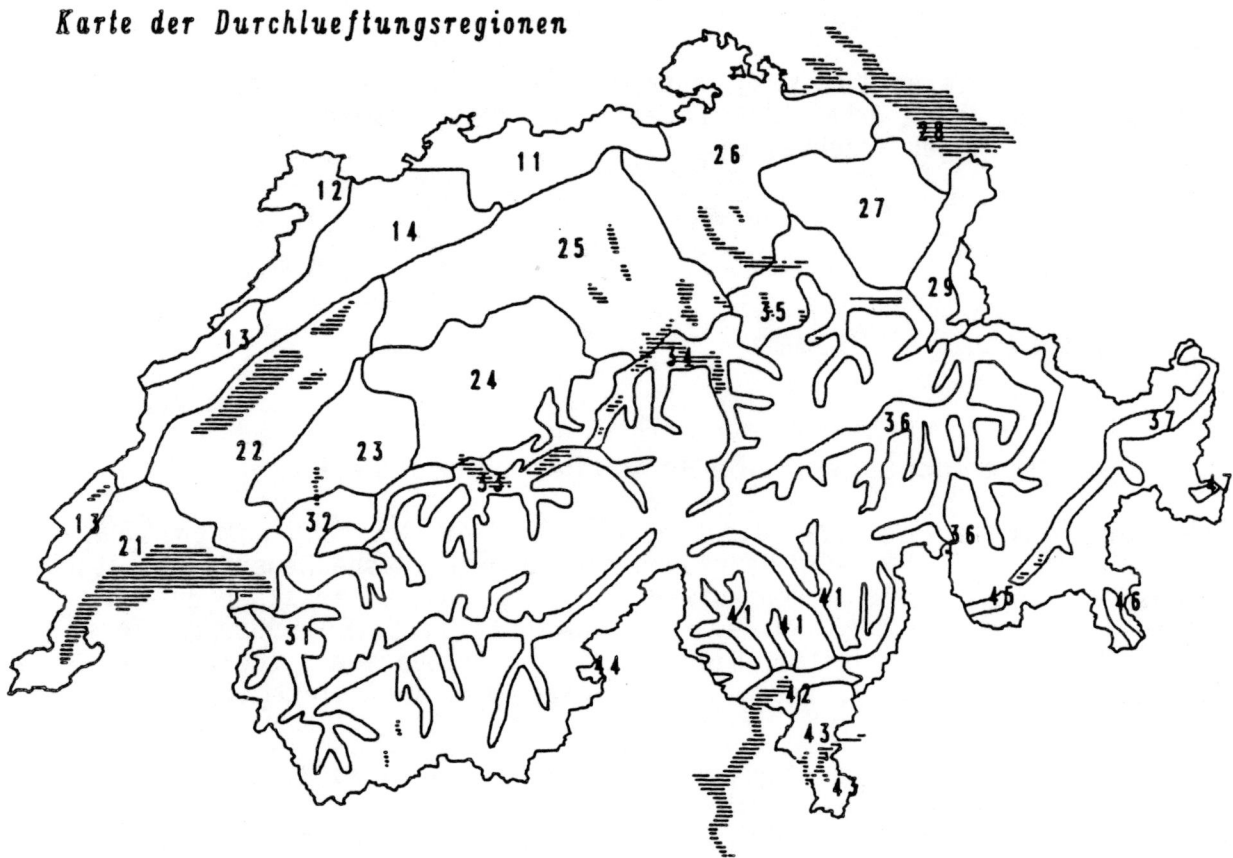

Fig. 3.1: Karte der Durchlüftungsregionen der Schweiz. Die erste Ziffer gibt jeweils die Grossregion an: 1 = Jura, 2 = Mittelland, 3 = Inneralpine Täler, 4 = Täler und Ebenen der Alpensüdseite (nach AUBERT, 1980).

Schattenhang beträchtliche Abweichungen der Windrichtung vom "geostrophischen" Wind zu erwarten sind. Die so induzierten Druckgradienten können sich unter günstigen Umständen um bis zu 180° vom synoptischen Gradienten unterscheiden. Auch die mechanischen Effekte treten deutlich hervor: Kanalisierung und Düseneffekte führen neben Ablenkungen auch zu Änderungen der Windgeschwindigkeit. Eine saubere Trennung der beiden Einflüsse ist sehr schwierig, wenn nicht gar unmöglich.

Die Windmessungen an einer Station zeigen immer die Gesamtheit der verschiedenen Einflüsse. Es ist deshalb zu erwarten, dass Stationen in ähnlichem Gelände ähnliche Eigenheiten aufweisen. So sollte denn auch eine Typisierung der Stationen aufgrund ihrer Windmessungen möglich sein. Im nächsten Schritt wären dann Regionen zu bilden, in welchen bis zu einem gewissen Grad Homogenität vorherrscht. Innerhalb dieser Regionen sollten Interpolationen des Windfeldes möglich sein, was als Voraussetzung zur Berechnung von Trajektorien betrachtet werden muss. Schliesslich können aus den Trajektorien Rückschlüsse über den Transport von Schadstoffen gemacht werden - eine Anwendung, welche heute von grosser Bedeutung für die Luftreinhaltepolitik ist. Bereits Ende der 70er-Jahre wurden Versuche unternommen, solche Regionen zu bilden. AUBERT (1980) hat die Schweiz dabei in 27 Durchlüftungsregionen eingeteilt (Fig. 3.1). Die Abgrenzung der Regionen erfolgte einerseits aus der Kenntnis der Windverhältnisse, andererseits - wo genaue Messungen fehlten - aus Erfahrungswerten ähnlicher Gebiete. Detaillierte Untersuchungen und Vergleiche der Regionen liegen bisher jedoch nicht vor.

Dieses Kapitel kann unmöglich Antworten auf alle diese Fragen geben, das wäre zu ambitiös. Hingegen sollen einzelne Aspekte in diesem Umfeld näher untersucht werden. Insbesondere soll abgeklärt werden,

1. wie sich eine Verdichtung des Messnetzes auf die Qualität der Beschreibung des Windfeldes auswirkt;
2. wie weit eine Typisierung des Windfeldes aufgrund der Topographie möglich ist;
3. ob die erarbeiteten Verfahren gegenüber den bisherigen Methoden Vorteile erbringen. Späteren Arbeiten wird es vorbehalten bleiben, hier detailliertere Untersuchungen anzustellen.

3.2. Daten und Methoden

3.2.1. Die Untersuchungsperiode September/Oktober 1981

Die oben angedeutete Messnetzverdichtung kann nur verwirklicht werden, wenn ein ungeheurer finanzieller Aufwand betrieben oder die zeitliche Dauer eines solchen Vorhabens beschränkt wird. Um den Aufwand für eine Intensivmesskampagne in einem tragbaren Rahmen zu halten, wurde eine zweimonatige Untersuchungsperiode auf September/Oktober 1981 angesetzt. Dieses Vorgehen erlaubte es, freiwillige Beobachter soweit zu begeistern, dass sie in dieser Zeit dreimal täglich ihre Beobachtungen notierten.

Neben diesen eher praktischen Aspekten gibt es natürlich auch wissenschaftliche Argumente für die Wahl dieser Periode. In einem zweimonatigen Zeitraum im Frühherbst ist mit guter Wahrscheinlichkeit mit dem Auftreten der wichtigsten Wetterlagen zu rechnen. Zudem lagen die beiden Monate gerade am Beginn der ALPEX-AOP (ALPEX Observing Period), sodass von dieser grossräumigen Perspektive her Material für verbesserte Analysen zu erwarten war.

Trotzdem hat sich gezeigt, dass die Untersuchungsperiode zu kurz war, um detaillierte klimatologische Untersuchungen zuzulassen (zu kleine Datenkollektive!).

Um diese Schwierigkeiten wenigstens teilweise zu umgehen, wurde von einer Auswahl von 15 ANETZ-Stationen, dem sogenannten "Musterset", zu Referenzzwecken das ganze Jahr 1981 statistisch ausgewertet. Dieses Vorgehen ermöglichte eine bessere Einbettung der Untersuchungsperiode im Sinne einer gefestigteren klimatologischen Aussage.

Wie repräsentativ ist denn nun die ausgewählte Periode in bezug auf die aufgetretenen Wetterlagen? Zur Beantwortung dieser Frage wird die Schüepp-Klassifikation (WANNER und KUNZ, 1977) herangezogen. In Tab. 3.1 sind die Auftretenshäufigkeiten der Hauptwetterlagen H, F, L, W, N, E, S und X während September/Oktober 1981 jenen des ganzen Jahres gegenübergestellt. Daraus ist ersichtlich, dass die Häufigkeiten von Hochdruck- (H) und Südlagen (S) in dieser Jahreszeit erwartungsgemäss stark vom Jahresgang abweichen.

Wetterlage	Sept./Okt. Häufigkeit		1981 Häufigkeit	
	abs[Tage]	rel [%]	abs[Tage]	rel. [%]
H Hoch	5	8.2	55	15.1
F Flachdruck	19	31.1	102	27.9
L Tief	3	4.9	29	7.9
W West	9	14.7	43	11.8
N Nord	8	13.1	69	18.9
E Ost	2	3.3	16	4.4
S Süd	11	18.0	30	8.2
X Mischlagen	4	6.5	21	5.8
Total	61	100.0	365	100.0

Tab. 3.1: *Wetterlagenhäufigkeiten nach WANNER und KUNZ (1977).*

3.2.2. Messnetze und Beobachtungen

In erster Linie wird für eine genauere Untersuchung der Windverhältnisse am Boden ein dichtes Netz von Daten benötigt. Die zeitliche Einschränkung der Untersuchungsperiode (Kap. 3.2.1) ermöglichte nun, zusätzlich zu den routinemässig betriebenen Stationen der SMA (ANETZ, konventionelles Netz) noch weitere 97 "private" Anemometer in die Studie einzubeziehen. Die Beobachtungen von 1050 Freiwilligen halfen ebenfalls, gewisse Lücken im Netz zu schliessen. Im folgenden werden nun die einzelnen Messnetze kurz erläutert. Die Stationen sind in Fig. 3.2 eingezeichnet.

a) SMA-Netz

Die SMA hat Mitte der 70er-Jahre angefangen, die meteorologische Datenerfassung soweit als möglich zu automatisieren. Dieses *automatische Messnetz (ANETZ)* umfasste 1981 bereits 50 Stationen, welche alle 10 Minuten abgefragt werden. Für unsere Zwecke wurden jedoch nicht die 10-Minuten-Daten, sondern die Stundenmittelwerte als geeignet empfunden, da auf diese Weise bereits ein wichtiger Anteil der Windfluktuationen herausgemittelt wurde. Die Datenhomogenität ist zu einem guten Teil gewährleistet, weil im ANETZ nur drei Typen von Windgebern verwendet werden (DEFILA, 1985). Trotzdem müssen gewisse Besonderheiten bei einer allfälligen Interpretation berücksichtigt werden, beispielsweise die Station Altdorf, bei welcher der Windmesser 51 m über dem Talboden auf einem Dach steht, oder Chasseral, wo der Windgeber auf einem Sendeturm angebracht ist.

32   Bodennahes Windfeld

Daneben betreibt die SMA noch das *konventionelle Netz ("Klimanetz")*, von welchem täglich drei Terminbeobachtungen (06, 12, 18 UTC) zur Verfügung stehen. Dies ergab in unserem Fall weitere 83 Stationen (zum ANETZ parallele Klimastationen wurden weggelassen). Bei den Terminbeobachtungen handelt es sich nicht um Stundenmittel, sondern um Momentanwerte. Die Ablesezeiten sind nicht überall exakt gleich, sondern können sich um bis zu 3/4 Stunden unterscheiden. Da aber das Schwergewicht der Auswertungen sowieso auf die Stundendaten des ANETZ gelegt wurde, fallen diese Abweichungen nicht so sehr ins Gewicht.

Messnetze Wind 1981

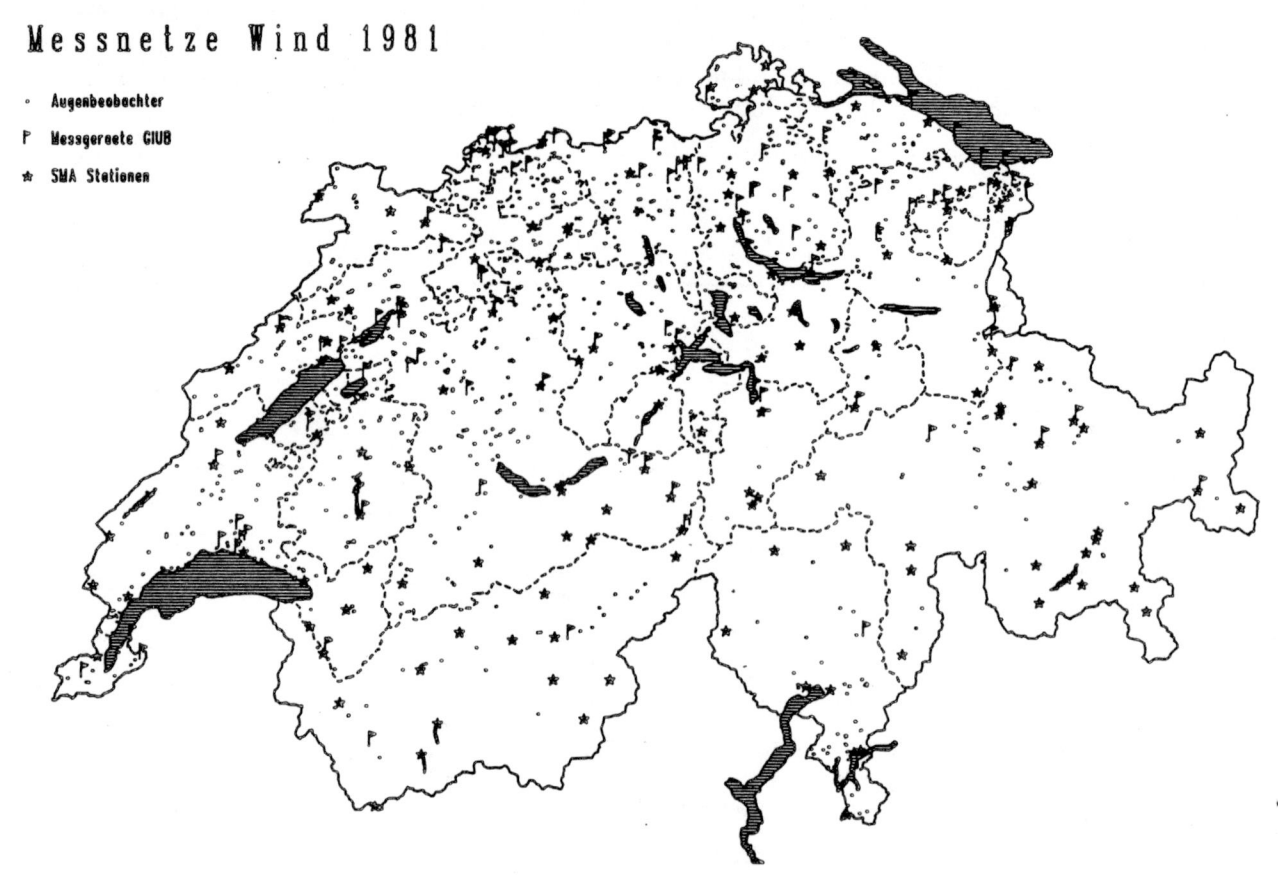

- Augenbeobachter
- P Messgeraete GIUB
- ★ SMA Stationen

Fig. 3.2:   Windmessnetz 1981.

b) "GIUB-Messnetz"

Als weitere Netzverdichtung wurden uns auf eine Umfrage hin noch Daten von 97 weiteren Anemometern zur Verfügung gestellt. Diese zusätzlichen Messgeräte werden von verschiedenen Betreibern (Kraftwerke, Amtsstellen, Firmen, Privatpersonen) gewartet. Der Einfachheit halber werden diese Stationen im folgenden als *"GIUB-Messnetz"* bezeichnet. Obwohl diese Stationen an einzelnen Orten gute Zusatzinformationen liefern und grössere räumliche Lücken zu schliessen vermögen, dürfen einige Nachteile nicht übersehen werden:

- Die Stationen sind nicht regelmässig über die Schweiz verteilt, sondern treten häufig in der Nähe anderer Stationen (auch SMA-Stationen) auf.

- Die Vielfalt der eingesetzten Windgeber ist wesentlich grösser als beim ANETZ. Häufig fehlen uns Angaben über Messgenauigkeiten, Ansprechschwellen usw. Wir wissen auch nichts über die Wartung und Eichung der Geräte. Bei der Auswertung musste davon ausgegangen werden, dass falsche Messungen als Ausreisser sichtbar und dadurch eliminierbar werden.

Bei den Daten handelt es sich teils um kontinuierliche Messungen über den ganzen Tag (Stundendaten), teils um Ablesungen zu bestimmten Zeiten (Termindaten).

c) Augenbeobachtungen

Auf eine Umfrage an sämtliche Gemeindekanzleien der Schweiz meldeten sich 1050 Beobachter zur Mitarbeit. Deren Aufgabe war es, während der zwei Monate dreimal täglich (um 06, 12 und 18 UTC) Windbeobachtungen durchzuführen. Die Beobachter erhielten eine Anleitung, wie sie aufgrund von aufsteigendem Rauch aus Kaminen, fallenden Papierschnipseln und ähnlichem die Windrichtung und die Geschwindigkeit schätzen sollten. Dabei war die Richtung nach einer 8-teiligen Windrose, die Stärke nach einer modifizierten Beaufort-Skala mit vier Klassen zu erfassen.

Da die Mitarbeit freiwillig war, darf man eine gute Motivation der Beobachter voraussetzen. Trotzdem sind die Fehler bzw. Ungenauigkeiten dieser Daten recht gross, allein schon wegen der groben Richtungs- und Stärkeklassierung. Unsicherheiten treten ebenfalls wegen der Umstellung von der Sommer- auf die Winterzeit auf. Deshalb ist zu erwarten, dass sich die Beobachtungszeiten relativ zur UTC am 26. September 1981 um eine Stunde verschieben. Da die zeitliche Auflösung zu gering ist, bzw. die Wetterlagenkollektive für statistische Untersuchungen zu klein ausfallen, wurden die Beobachterdaten vorwiegend als Zusatzinformation in Fallstudien verwendet. Ein weiterer Nachteil dieser Daten war, dass sie extrem windschwache Lagen zu ungenau erfassten (die Klasse 0 reichte von 0 bis etwa 1.5 ms^{-1}).

Neben diesen Nachteilen sollen nun aber auch die Vorteile erwähnt werden. Die grosse Beobachterdichte erlaubte qualitative Aussagen in Gebieten, wo keine Messgeräte stehen, zu einem kleinen finanziellen Aufwand. Interessante Regionen konnten näher untersucht werden.

Eine Übersicht über die grobe Höhenverteilung ist in Tab. 3.2 gegeben.

Daten- herkunft	Höhe ü. Meer	Anzahl Stationen	Grossregionen 1 2 3 4
SMA ANETZ und Klimanetz	Gesamthaft unter 700 m 700 bis 1500 m über 1500 m	133 61 34 28	12 47 49 13 (keine Auf- schlüsselung)
GIUB Zusatz- Messungen	Gesamthaft unter 700 m 700 bis 1500 m über 1500 m	97 72 21 4	18 59 15 2 (keine Auf- schlüsselung)
GIUB Augen- beobachtungen	Gesamthaft unter 700 m 700 bis 1500 m über 1500 m	1050 797 234 19	174 661 158 52 (keine Auf- schlüsselung)

Tab. 3.2: Höhenverteilung der Stationen.

3.2.3. Auswertungsmethoden

Nach der zeitlichen Auswahl der Untersuchungsperiode und der Beschreibung der Mess- und Beobachtungsnetze gilt es nun, das Vorgehen bei der Auswertung zu beschreiben. Nach einer kurzen Übersicht über die Datenvereinheitlichung werden die einzelnen Methoden der Windauswertungen und der Stationstypisierung erläutert.

a) Vereinheitlichung der Daten

Als erster Schritt und Voraussetzung für die weiteren Arbeiten musste eine Vereinheitlichung der verschiedenen Daten vorgenommen werden. Die Messreihen wurden auf SI-Einheiten umgerechnet. Die Windrichtungswerte wurden in 10°-Klassen zusammengefasst. Die Geschwindigkeiten liegen in 0.1 ms^{-1}-Klassen vor. Bei den Beobachterdaten wurden den Geschwindigkeitsklassen folgende Werte zugeordnet:

Klasse	1	2	3	4
ms^{-1}	0	1.5	5.5	9.4

Die so bearbeiteten Daten wurden dann in eine Datenbank eingefügt, welche die Grundlage für die weiteren Untersuchungen bildete. Da die beobachteten Winde (Beobachter-Daten), insbesondere was die Windgeschwindigkeiten betrifft, eine stark subjektive Komponente enthalten, wurde für diese eine separate Datei erstellt.

b) Musterset

Im Laufe der Arbeiten erwies es sich als sinnvoll, für einzelne Stationen das ganze Jahr 1981 auszuwerten, um klimatologisch sicherere Aussagen machen zu können. Es wurde eine Auswahl von 15 ANETZ-Stationen in verschiedenen topographischen Lagen getroffen (Tab. 3.3) und konventionelle klimatologische Verfahren angewendet. Dieses Musterset wurde als Repräsentativkollektiv verwendet.

		ANETZ-Nr.
Jura und Juranordseite	La Chaux-de-Fonds	38
	Basel-Binningen	48
Mittelland	Genève-Cointrin	31
	Payerne	02
	Wynau	04
	Kloten	32
Gipfellagen	La Dôle	01
	Napf	20
	Säntis	05
Föhntäler	Altdorf	14
	Vaduz	06
Inneralpine Täler	Sion	21
	Ulrichen	15
	Disentis	26
	Chur-Ems	19

Tab. 3.3: Musterset der automatischen Stationen.

c) Wetterlagenkollektive

Da der Schwerpunkt der Studie auf einer wetterlagenbezogenen Auswertung lag, mussten Kollektive gebildet werden, die diesen Anforderungen entsprachen. Die Häufigkeit der Wetterlagen in den zwei Monaten machte dabei die Verwendung der Stundendaten vordringlich, da mit den Termindaten keine statistisch brauchbaren Kollektive zusammengestellt werden konnten.

Für die Bildung der Wetterlagenkollektive wurden die Daten unter Einbezug der Sondierungen von Payerne und der Wettersituation auf dem Jungfraujoch etwas verändert zu Haupt-Wetterlagentypen zusammengefasst (Tab. 3.4).

Die direkte Vergleichbarkeit der verwendeten Wetterlagentypen ist kaum möglich. Bei der Bisenlage sind etwas andere Zuordnungskriterien angewendet worden. Bei der Methode WANNER/KUNZ ist für die Wetterlagenzuordnung vor allem die Strömungsrichtung in der Höhe massgebend; sie ist auf den recht engen Sektor NE bis SE (45° bis 135°) eingeschränkt. Im bodennahen Bereich können aber Strömungen im Sektor 10° bis 110° als Bise bezeichnet werden.

Aus diesen Ausführungen darf geschlossen werden, dass Aussagen über die wetterlagenbezogene Ausprägung des Windfeldes zulässig sind, obwohl die Datenkollektive klein sind.

Bisenlage

vergleichbare Wetterlage: E
8 Tage: 3./4./5./6.9.; 27./28./29./30.9.
13.1 % aller Tage der Messkampagne

Föhnlage

vergleichbare Wetterlage: S
6 Tage: 20./21./22.9.; 26.9.; 5./6./10.10.
9.8 % aller Tage der Messkampagne

Hochdrucklage, schwache Höhenwinde

vergleichbare Wetterlage: H
14 Tage: 5./6./7.9.; 17./18.9.; 30.9./1.10.; 6./7./8./9.10;
20./21.10.; 29.10.
22.9 % aller Tage der Messkampagne

Westlage mit Jet

vergleichbare Wetterlage: W
11 Tage: 18.9.; 4./5./6./7.10.; 10./11./12.10.;
29./30./31.10.
18.0 % aller Tage der Messkampagne

Tab. 3.4:   Verwendete Wetterlagenkollektive.

d) Klimatologische Windauswertungen

Die Auswertung der Daten wurde nach klassischen Methoden vorgenommen.

Das Untersuchungsgebiet umfasst den gesamten Raum Schweiz mit besonderer Berücksichtigung der inneralpinen Täler und Vorlandsenken.

Für die Untersuchung der Ausprägung und Beeinflussung des Strömungsmusters des Windfeldes bei unterschiedlichen Wetterlagen und Änderungen im Druckfeld werden Zeitschnitte, die das Windfeld in einer räumlichen Gesamtschau dokumentieren, benötigt.

Die Typisierung des regionalen Windgeschehens erfolgt über die Mittelwertdarstellung des Windfeldes in Form von Windrosen. Hieraus sind Gesetzmässigkeiten ablesbar, etwa das unterschiedliche Verhalten bei Tag und Nacht und bei verschiedenen Wetterlagen.

Ein weiteres Mittelwertsmass, das für die Typisierung herangezogen werden kann, ist der Windwechselindex. Dies ist ein Mass für die Persistenz bzw. Fluktuation der Windrichtung unter Einbezug der Geschwindigkeit. Es lassen sich damit auch Aussagen zur Durchlüftung machen.

Windfeld und Windrosen

Der erste Schritt der Auswertung bestand darin, Übersichtskarten zum Windfeld in Form von Vektoren und Windrosen herzustellen.

Das **Windfeld** kann für einen beliebigen Tag und Zeitpunkt in Vektorform dargestellt werden. Weitere Auswahlkriterien sind die Höhenlage der Stationen, Geschwindigkeitsbereiche und Richtungsbereiche. Diese Karten bilden die Grundlage für Auswertungen des Strömungsfeldes für verschiedene Wetterlagen, dessen Beeinflussung durch Frontdurchgänge usw. (vgl. Kap. 4).

Für die **Windrosen** wurden die gemessenen Daten einer Gruppierung in 18 Klassen unterzogen; die beobachteten Daten wurden in 8 Klassen eingeteilt. Das Daten-Kollektiv wurde dabei nach drei Kriterien bearbeitet:

Zeitraum	Stundendaten	Termindaten
ganzer Tag	00 .. 23 UTC	00/06/12/18 UTC
Tag-Werte / Morgen	10 .. 16 UTC	06 UTC
Nacht-Werte / Abend	22 .. 05 UTC	18 UTC

Aus den Stundendaten sind 79 Stationen ausgewählt und die Windrosen in die Schweizerkarte gezeichnet worden. Verschiedene Kollektive (vgl. Kasten) dienen der differenzierten Betrachtung der Windverhältnisse.

Windrosen für	
September 1981	(30 Tage)
Oktober 1981	(31 Tage)
September/Oktober 1981	(61 Tage)
Wetterlage Bise	(8 Tage)
Wetterlage Föhn	(6 Tage)
Wetterlage Hoch	(14 Tage)
Wetterlage West	(11 Tage)

Die Untergliederung in Tag- und Nachtanteile erlaubt die Differenzierung der Windsysteme, die einem tageszeitlichen Wechsel unterliegen. Dazu gehören insbesondere die Berg/Talwind-Systeme und die See/Landwind-Systeme.

Windwechselindex

Der Index für den Windwechsel berechnet sich als Quotient des vektoriellen und des skalaren Mittels der Windrichtungen und Windgeschwindigkeiten über einen bestimmten Zeitraum, ausgedrückt in Prozent, nach der Formel:

$$R(d,f) = 100\% \cdot \frac{\left| \sum_{t=1}^{n} V_s(d_t, f_t) \right|}{\sum_{t=1}^{n} |V_s(d_t, f_t)|} \quad (1)$$

t: Termine
d_t: Richtung
f_t: Geschwindigkeit
n : Anzahl Werte

Der Index R ist für den gesamten Zeitraum der Messkampagne für die Stundendaten berechnet worden; maximal fliessen somit 61 · 24 = 1464 Wertepaare in die Berechnung ein, wobei fehlende Werte natürlich übersprungen werden.

R wird so interpretiert, dass hohe %-Werte geringe Richtungsvariationen und tiefe %-Werte starke Variationen bedeuten.

e) Topographische Stationstypisierung

Die Messgerätestationen wurden nach einer einfachen Methode mit Hilfe der Landeskarte 1:100'000 typisiert. Im Umkreis von 5 km um die Station wurden die im Kasten dargestellten Merkmale erhoben:

```
Merkmale der Lage              Merkmale der Umgebung

g  Gipfellage                  f  freies Feld
h  Hanglage                    s  Siedlung
e  Ebene                       w  Waldrand
t  Tallage
p  Passlage

Topographische Parameter

generelle Talrichtung in Grad (1 .. 360°)
maximale Höhendifferenz zur Station (m)
Hangneigung (%)
Exposition in Grad (1 .. 360°)
```

Ein Liste der Stationen mit den Typisierungsmerkmalen ist im Anhang 1 aufgeführt.

3.3. Ergebnisse

3.3.1. Klimatologie des Windfeldes

Anhand stichprobenartiger und punktueller Beispiele werden im folgenden einige interessante Phänomene beschrieben.

a) Besonderheiten des Wallis

Nebst anderen inneralpinen Tälern wie dem Urner Reusstal oder den Rheintälern zeigt das Wallis ein für das Berg/Talwind-System typisches Erscheinungsbild mit einer bemerkenswerten Abweichung.

Betrachtet man die Windrosen in Fig. 3.3a-c, stellt man als erstes fest, dass die Richtungen der eingezeichneten Stationen (Aigle, Sion, Visp, Ulrichen) talparallel verlaufen. Die Windrosen im Unter- und Mittelwallis sind etwa symmetrisch ausgebildet, d.h. der Tal- und der Bergwindanteil sind ähnlich gross. Hingegen fällt auf, dass die Station Ulrichen im Goms einen deutlich grösseren Bergwindanteil aufweist. Die Windrosendarstellungen für Tag und Nacht verdeutlichen, dass im Gegensatz zu den anderen drei Stationen hier der thermische Windwechsel nicht spielt: auch tagsüber herrscht oft Bergwind (NEININGER und LIECHTI, 1984).

Prinzipiell gelten diese Aussagen auch, wenn die Wetterlagenkollektive untersucht werden. Der Berg/Talwind-Wechsel ist in den unteren Stationen ablesbar, Ulrichen registriert immer Bergwind (Fig. 3.4 a-h). Nur bei der Wetterlage Föhn stellen sich die Verhältnisse etwas um. Tagsüber ist in Ulrichen leichter Bergwind feststellbar, nachts tritt Talwind auf! Die Station Visp zeigt im ganzen Tagesverlauf Bergwindverhältnisse, die nächste Station talabwärts (Sion) weist tagsüber keine eindeutigen Strömungsrichtungen aus, nachts herrscht Bergwind, und die Station Aigle im Unterwallis unterliegt wieder dem 'normalen' thermischen Einfluss.

Die Interpretation dieser Verhältnisse lässt vermuten, dass im Wallis vor allem die Wetterlage Föhn Änderungen im Strömungsbild hervorruft. Der Föhn überprägt nachts im Goms die sonst vorherrschende Bergwindkomponente sehr stark. Talabwärts verliert er zwischen Visp und Sion an Kraft und ist gegen den Talausgang bei Aigle nicht mehr feststellbar. BOUET (1985) weist darauf hin, dass bei Bise im oberen Genferseebecken gegen das Wallis hin häufig ein NNW-Wind weht, sodass zumindest das Rhonetal unterhalb Martigny ein modifiziertes Windfeld bei dieser Wetterlage aufweist. In "günstigen" Fällen kann sich die Bise bis hinauf nach Brig durchsetzen. Trotzdem erscheint das Wallis in mehr als 50 % der Bisenfälle vom Windfeld im Mittelland unbeeinflusst. Die anderen Wetterlagen beeinflussen die Durchlüftungsverhältnisse im Wallis nicht sonderlich, ausser dass die Wetterlage West beim Ausfliessen leicht stauend zu wirken scheint, was sich in der gering ausgeprägten Windrose der Station Aigle zeigt.

b) See/Landwind-Systeme der Schweizer Seen

Ein schön ausgeprägtes Beispiel für ein solches System scheint auf den ersten Blick an der Station Lausanne vorzuliegen. Die Windrose des Gesamtkollektivs ist - grob gesehen - stark geblättert mit ähnlich grossen Richtungsanteilen. Mit der Aufteilung in die Tag- und Nachtwindrosen zeigt sich aber deutlich, dass nachts Wind vom Land in das Seebecken abfliesst und tags der Wind vom See her weht.

Ein ähnliches, aber stärker kanalisiertes Windsystem ist am Luganersee bei der Station Lugano zu beobachten.

Bei den übrigen Schweizerseen treten diese Windsysteme nicht deutlich oder nur wenig ausgeprägt in Erscheinung. Es muss deshalb geschlossen werden, dass für die beiden erwähnten Stationen nicht nur der See/Landgegensatz betrachtet werden darf, sondern dass die Lage der Städte am Hang die wesentliche Einflussgrösse für das bodennahe Windfeld ist.

Insgesamt kann die geringe Ausprägung damit im Zusammenhang stehen, dass sich die thermischen Unterschiede zwischen See und Land wegen der fortgeschrittenen Jahreszeit bei den kleineren Seen bereits ziemlich ausgeglichen haben, oder dass die Seen zu klein sind, um eine deutlich erkennbare Zirkulation entstehen zu lassen.

Bodennahes Windfeld 39

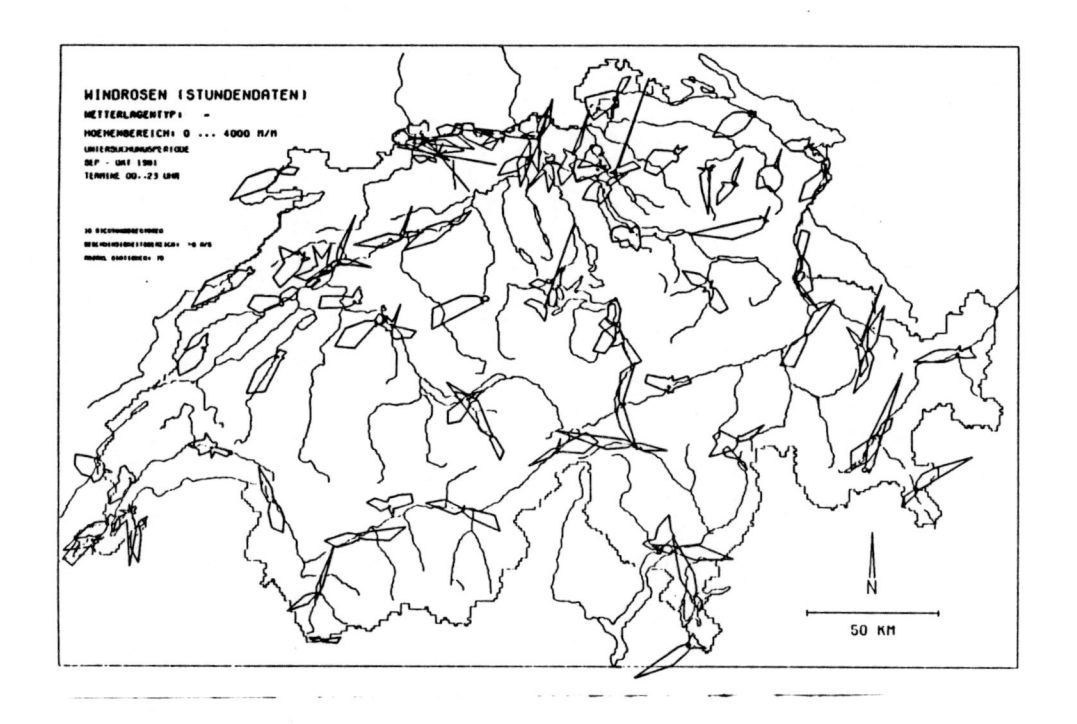

Fig. 3.3a: Windrosen für 79 ausgewählte Stationen. Gesamtkollektiv.

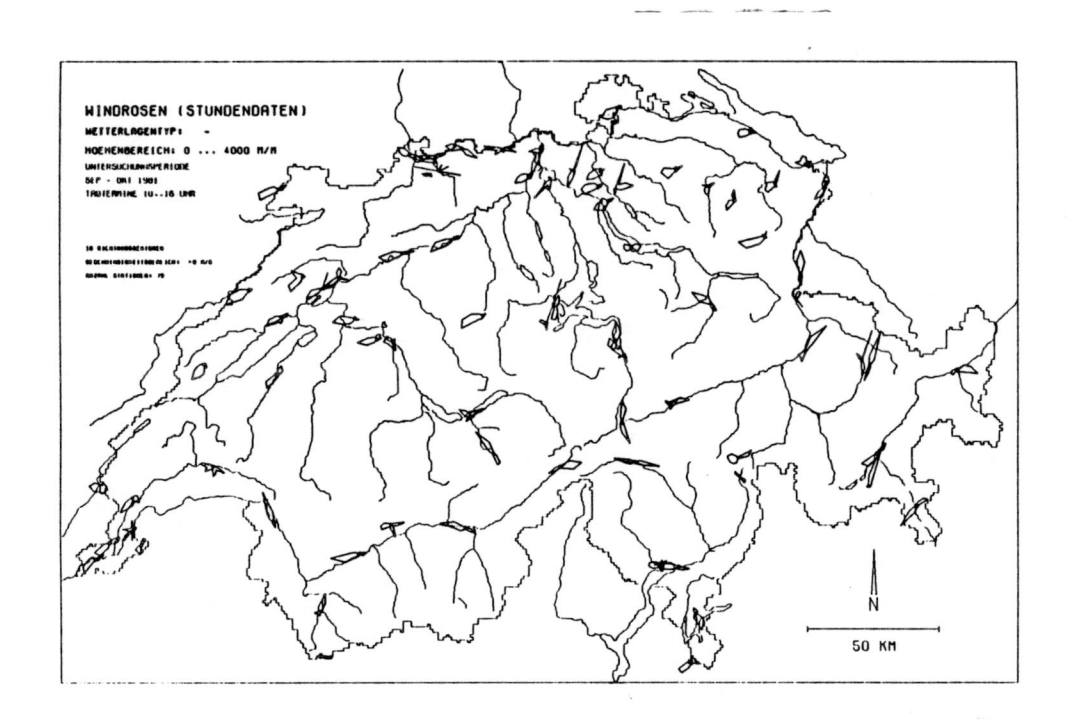

Fig. 3.3b: Windrosen für 79 ausgewählte Stationen. Tag.

40 Bodennahes Windfeld

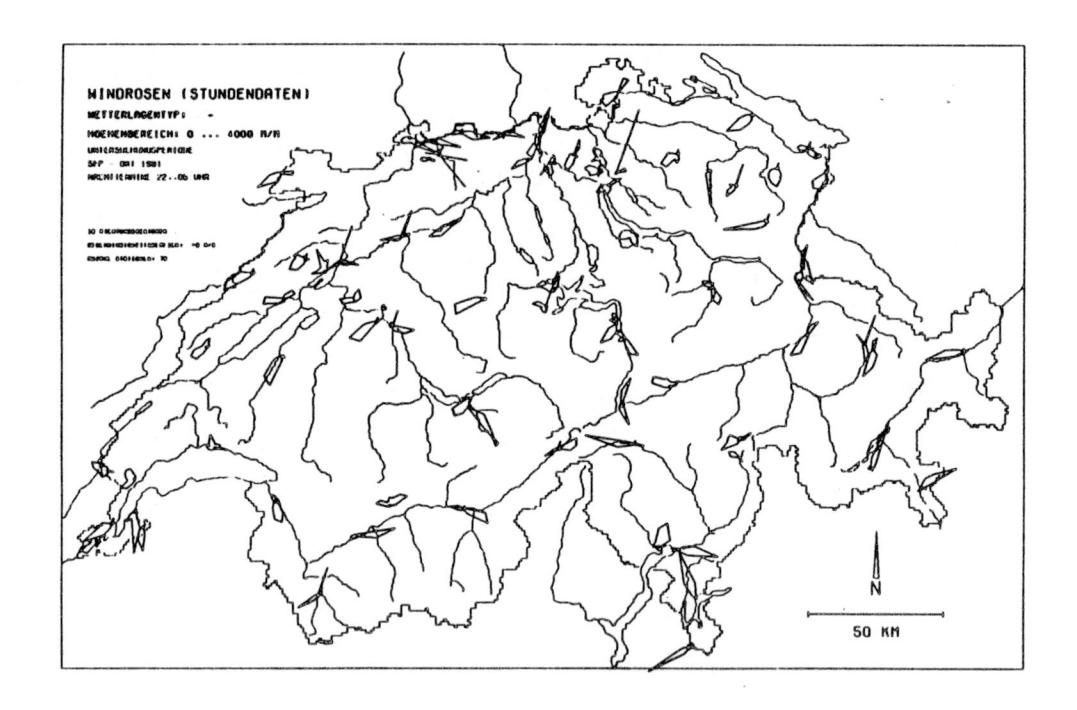

Fig. 3.3c: Windrosen für 79 ausgewählte Stationen. Nacht.

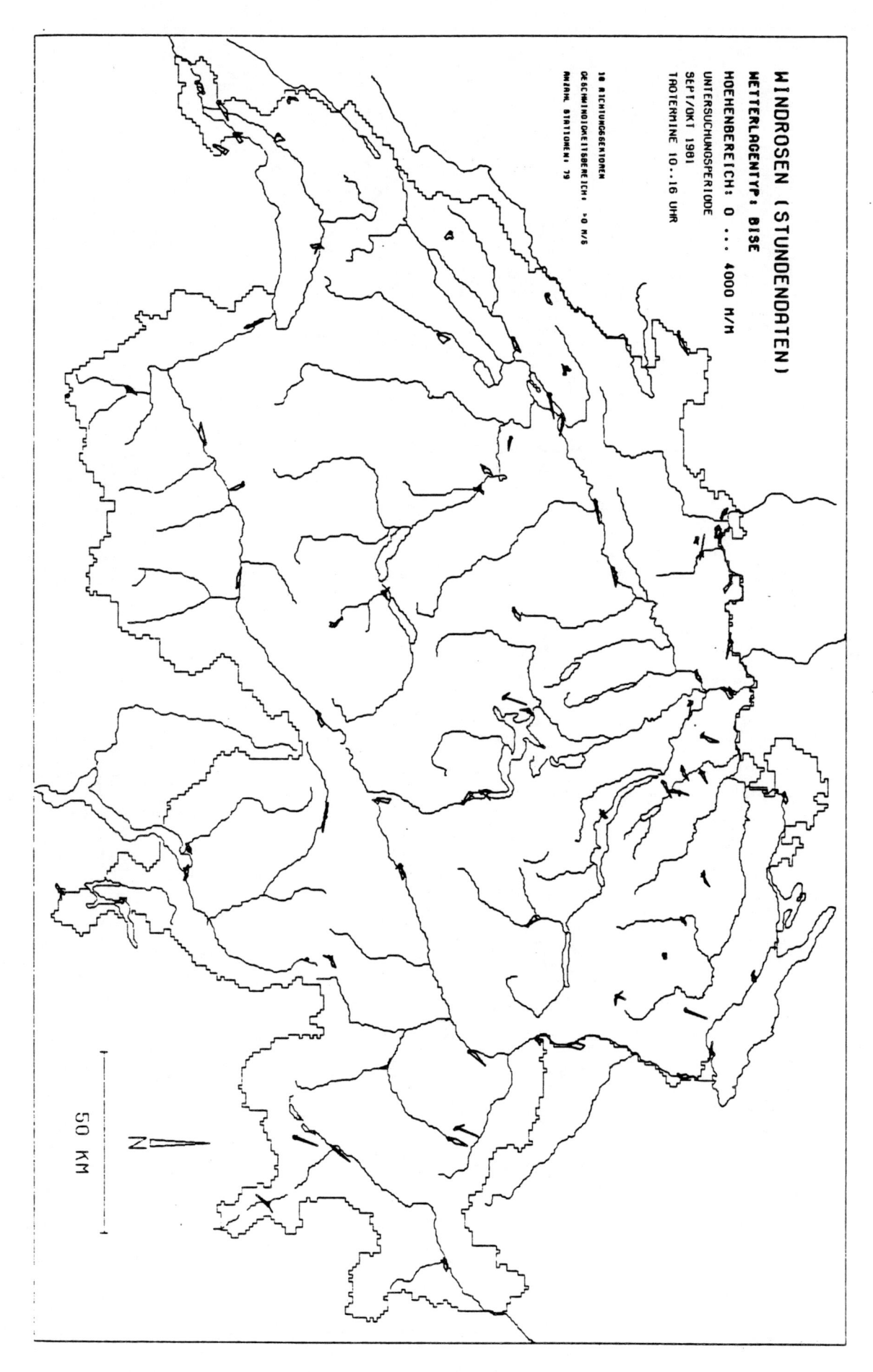

WINDROSEN (STUNDENDATEN)
WETTERLAGENTYP: BISE
HOEHENBEREICH: 0 ... 4000 M/M
UNTERSUCHUNGSPERIODE
SEPT/OKT 1981
TAGTERMINE 10..16 UHR

16 RICHTUNGSSEKTOREN
GESCHWINDIGKEITSBEREICH: >0 M/S
MAXIM. STATIONEN: 79

Fig. 3.4a: Windrosen für Bise. Tag.

42   Bodennahes Windfeld

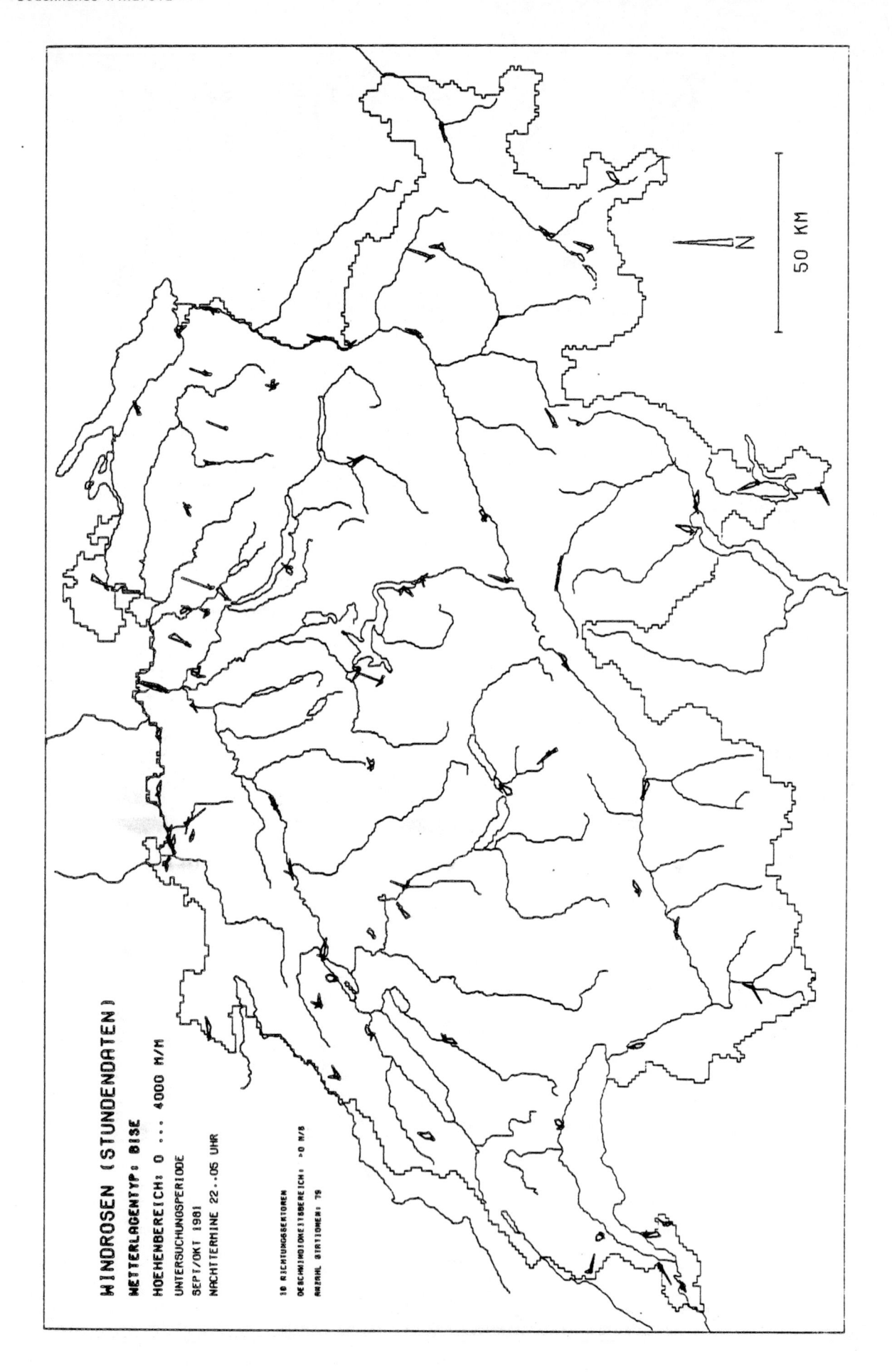

Fig. 3.4b: Windrosen für Bise. Nacht.

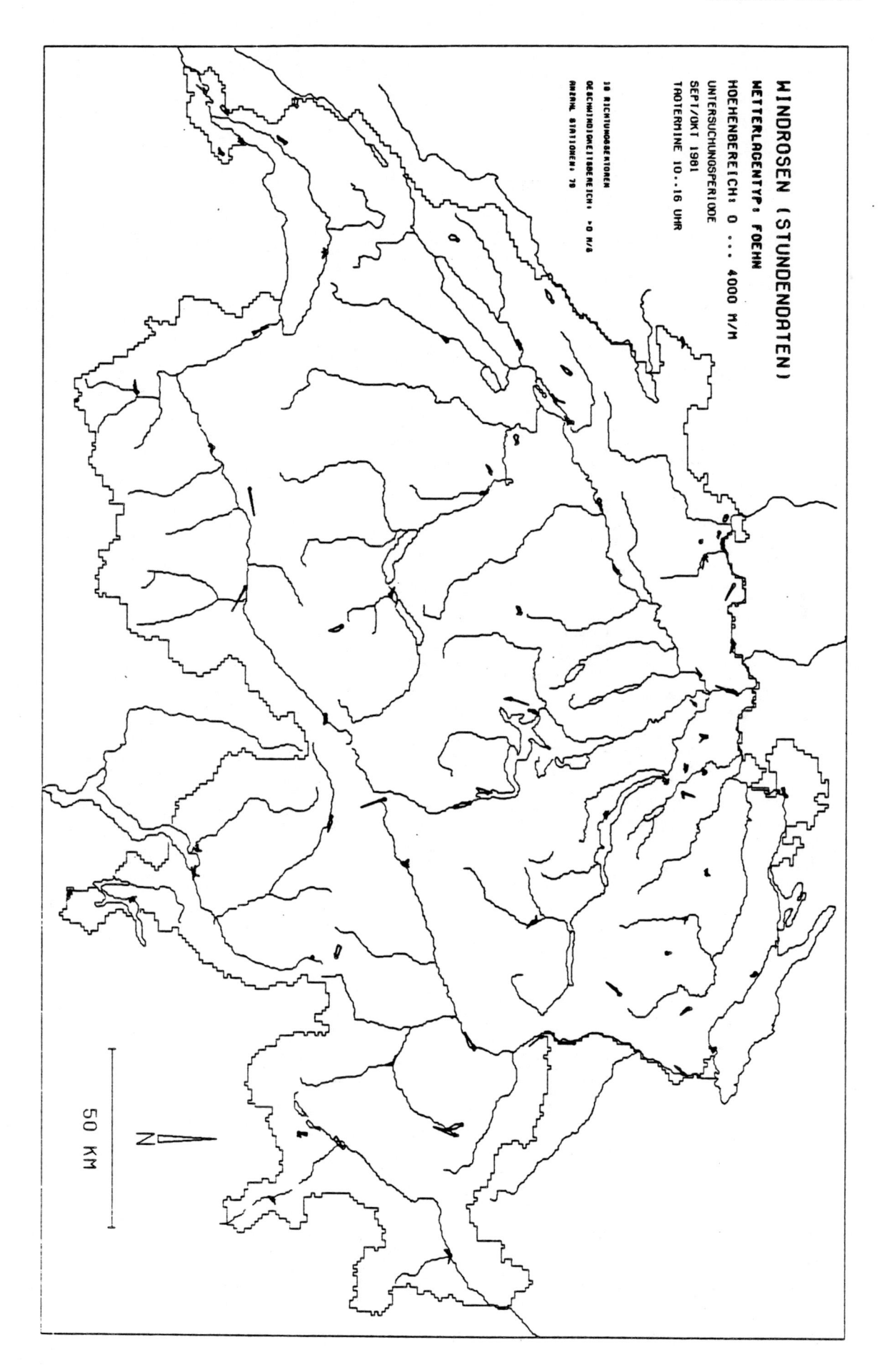

Fig. 3.4c: Windrosen für Föhn. Tag.

44 Bodennahes Windfeld

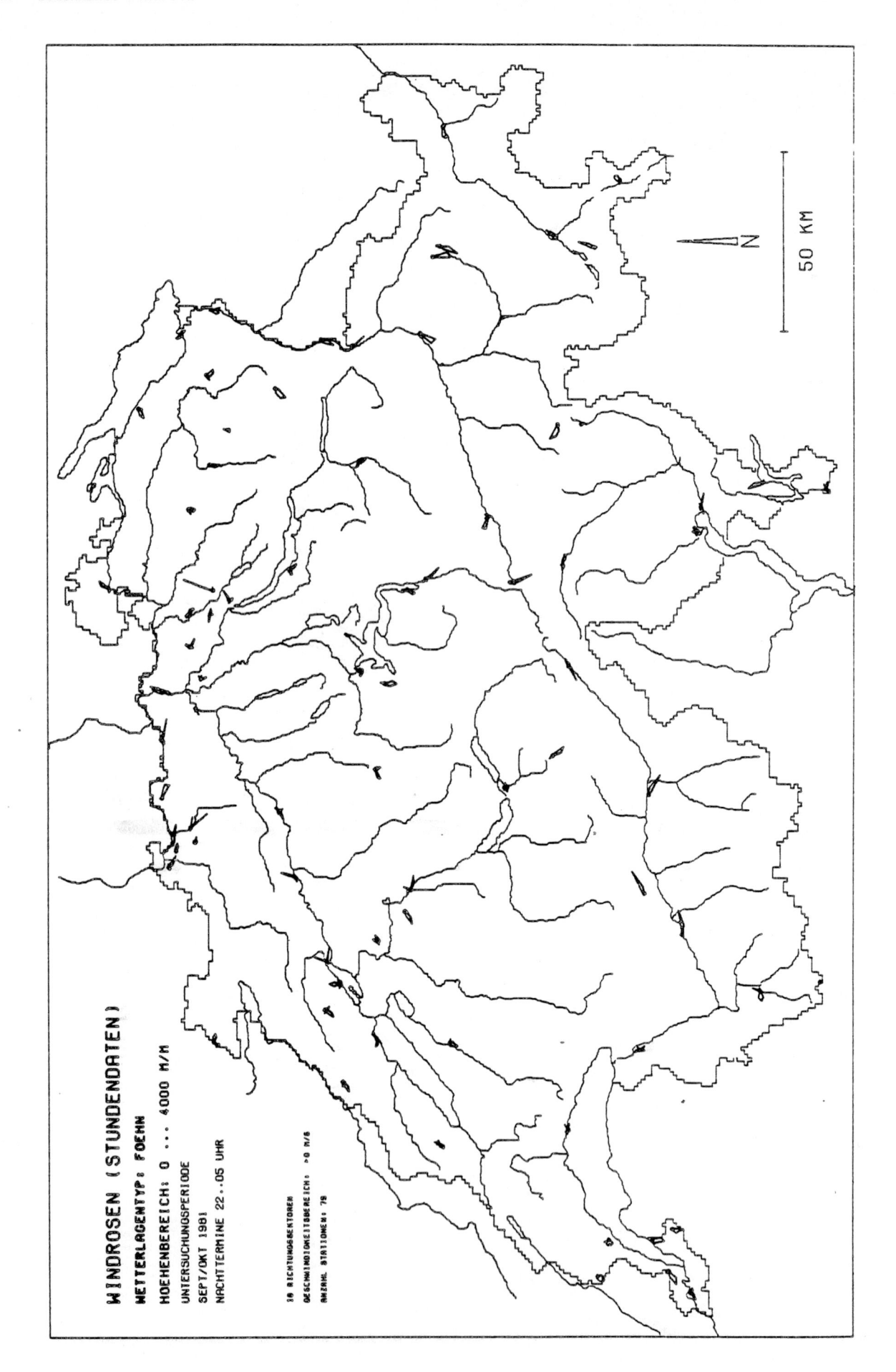

Fig. 3.4d: Windrosen für Föhn. Nacht.

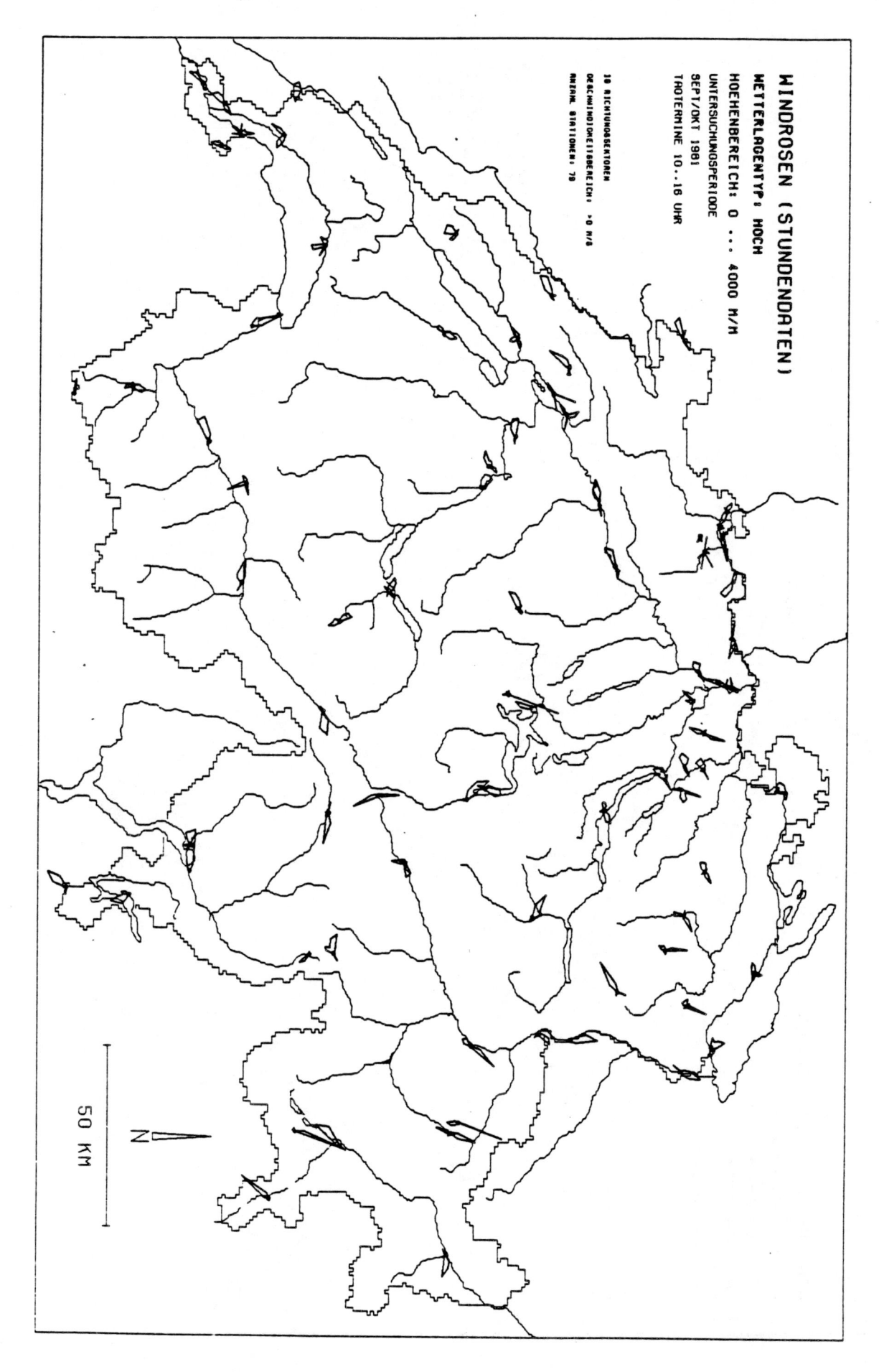

Fig. 3.4e: Windrosen für Hochdrucklagen. Tag.

46   Bodennahes Windfeld

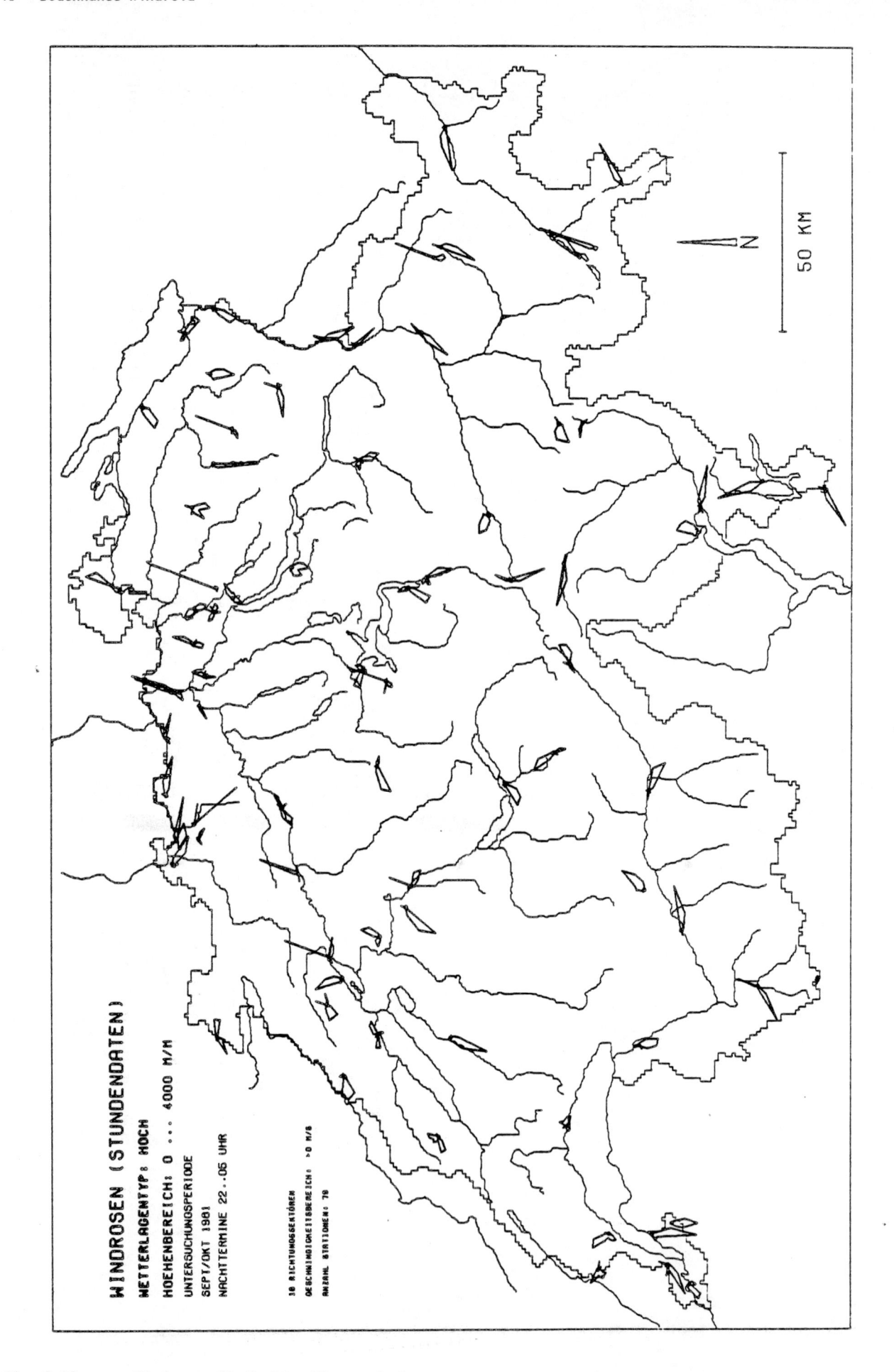

Fig. 3.4f: Windrosen für Hochdrucklagen. Nacht.

Bodennahes Windfeld 47

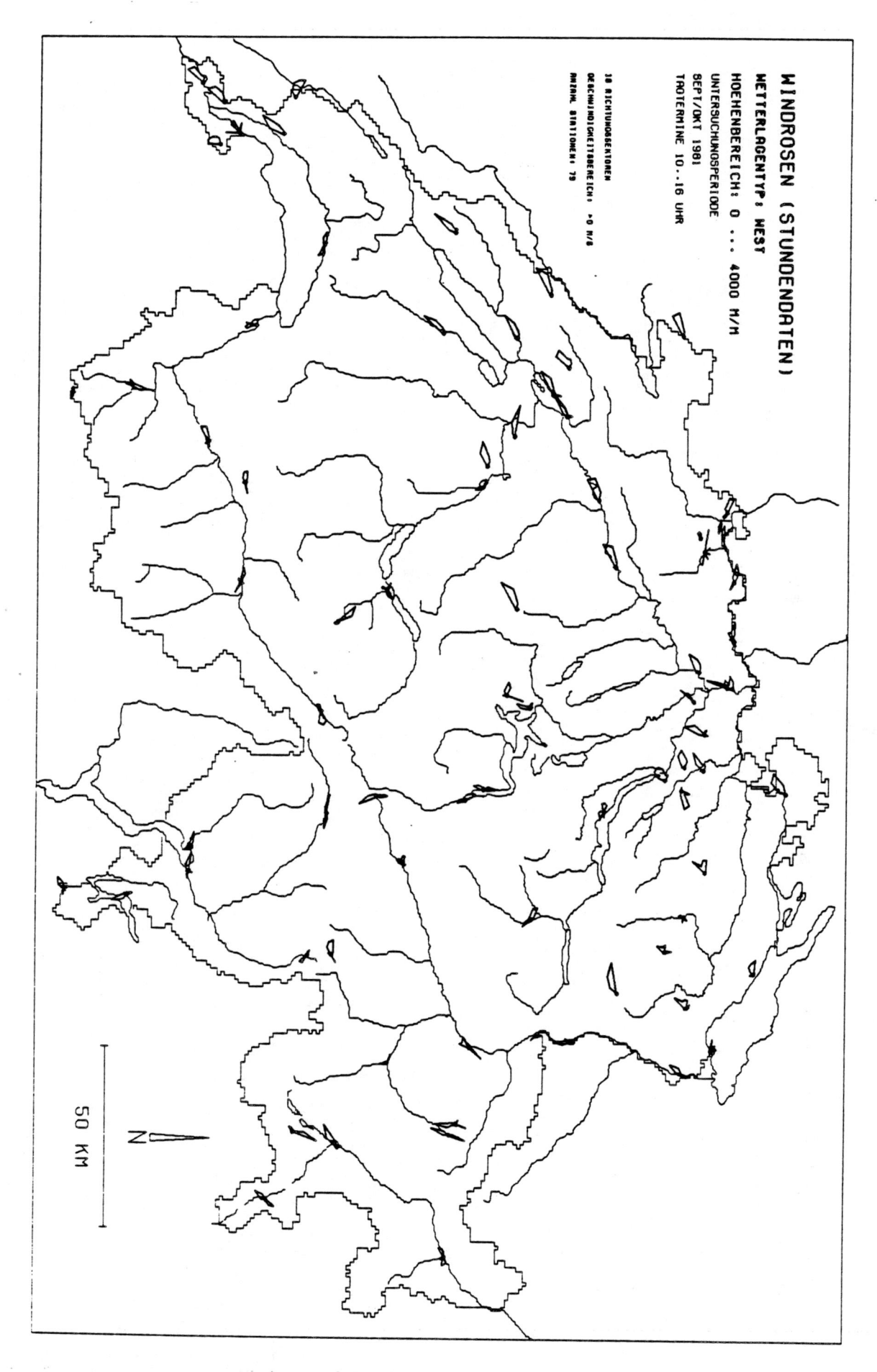

Fig. 3.4g: Windrosen für Westlagen. Tag.

48 Bodennahes Windfeld

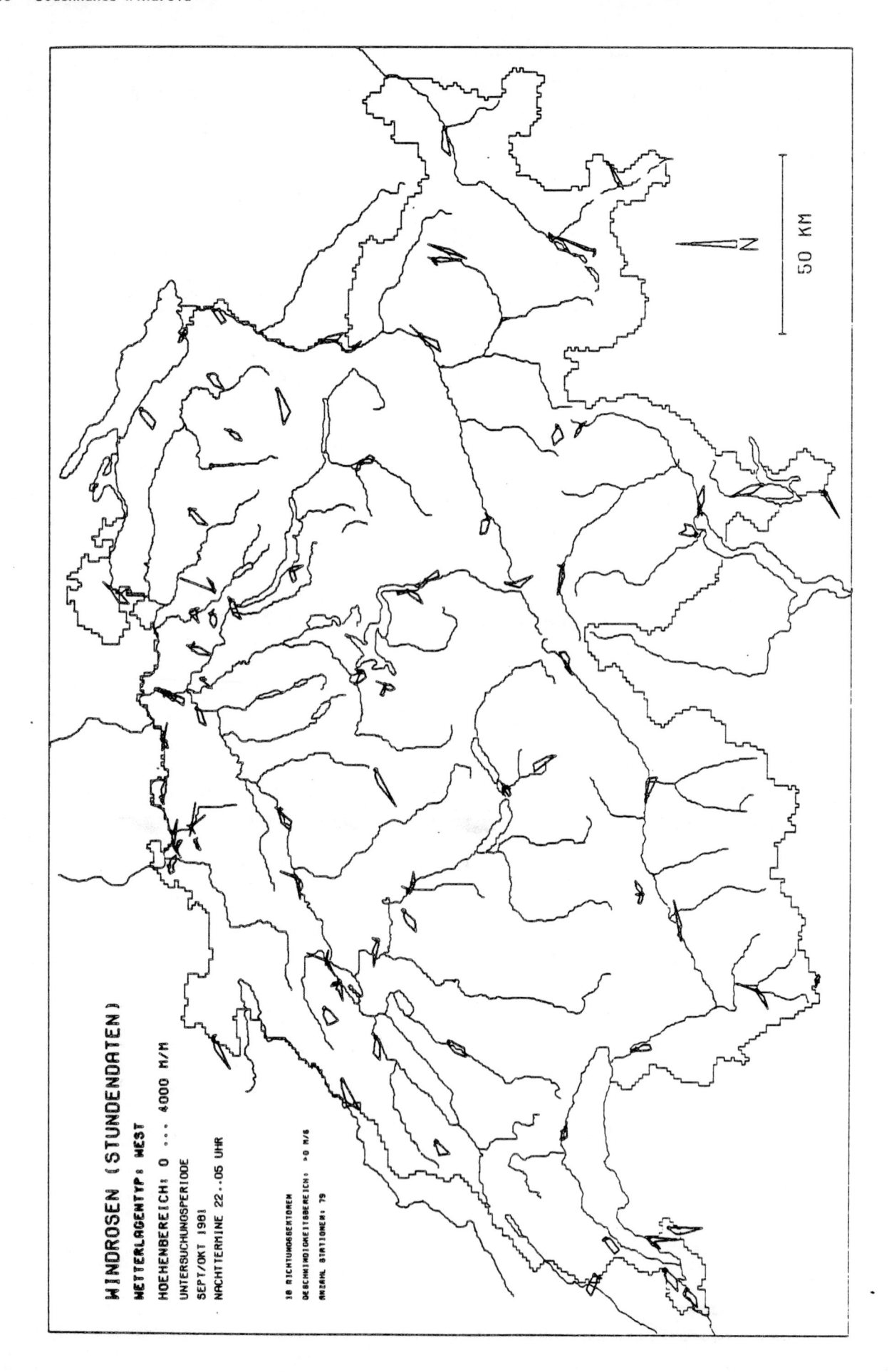

Fig. 3.4h: Windrosen für Westlagen. Nacht.

c) Vergleich der Wetterlagen

Detaillierte Beschreibungen einzelner Wetterlagen sind in Kap. 4 dargestellt.

Die Wetterlage *Bise* (Fig. 3.5a) wird von den Stationen im Mittelland und Jura und auch von höher gelegenen Stationen wie dem Napf deutlich angezeigt. Das Rheintal wird bis nach Disentis von der Bise beeinflusst, wenn auch mit abnehmender Intensität; das Berg/Talwind-System ist ausgeschaltet. In der Ostschweiz bewegen sich die häufigsten Richtungen mehrheitlich um 20°, vereinzelt treten 60° auf; sie sind sowohl an den tiefer gelegenen Stationen des nordöstlichen Mittellandes (Schaffhausen, Döttingen, Würenlingen), vor allem aber bis in grosse Höhen (Säntis, Weissfluhjoch, Corvatsch, Pilatus, Gütsch) feststellbar. Zum westlichen Teil des Mittellandes hin wird die Bisenströmung durch Staueffekte an den Alpen abgelenkt, so dass im zentralen Teil die Richtungen bis über 90° gedreht sein können, dann aber dem Jura entlang von diesem in einen Bogen gezwungen werden und bei Genf wieder Richtungen um 40° auftreten. Ein Teil der Bise fliesst nördlich des Jura Basel zu und in den Oberrheingraben ab. In das Aaretal und das Reusstal scheint die Bise nur schwach einzudringen. Unbeeinflusst zeigt sich das Wallis, das keine durch die Bise geprägten Windrosen aufweist.

Die Wetterlage *Föhn* (Fig. 3.5a) ist vor allem in den bekannten Föhntälern (Rheintal, Reusstal) deutlich ausgeprägt. Tag/Nacht-Unterschiede in der Strömungsrichtung sind nicht zu unterscheiden, der Föhn zieht durch die Täler Richtung Norden und bewirkt eine der Talrichtung entsprechende Strömung. Die Eigenheiten des Wallis sind weiter oben bereits erwähnt worden. Anhand der vorliegenden Graphiken ist der Wirkungsbereich des Föhns im Alpenvorland und Mittelland nicht eindeutig zu bestimmen. Der Napf beispielsweise hat einen grösseren Anteil der West- als der Südkomponente in der Windrose. Pilatus und Säntis haben deutlich föhnbedingte Windrosen mit den häufigsten Richtungen aus Süd (Pilatus), bzw. Südwest (Säntis). Die generelle Strömung in Mittelland und Jura verläuft juraparallel; im Raum Basel-Möhlin sind Ostwinde ähnlichen Ausmasses wie bei Bisenlage feststellbar.

Auffallend bei der Wetterlage *Hoch* (Fig. 3.5b) sind die bei manchen Stationen stark ausgeprägten "Bisen"-Komponenten; besonders zu vermerken in der Ostschweiz und bei Höhenstationen (Säntis, Weissfluhjoch, Corvatsch, Pilatus). Die Berg/Talwind-Systeme spielen; der Hauptanteil der mittelländischen Windrosen wird durch westliche Komponenten gebildet; in der Nordostschweiz, Raum Schaffhausen/Würenlingen sind vermehrt Nordkomponenten feststellbar.

Die in der Schweiz dominante Wetterlage *West* (Fig. 3.5b) zeigt sich bei praktisch allen Stationen der Alpennordseite durch die extreme Ausprägung der westlichen Komponente der Windrosen. Von West nach Ost ist wiederum die leichte Drehung der Richtungen entsprechend den topographischen Verhältnissen feststellbar. Das Wallis tritt auch hier als Gebiet hervor, das durch die Westlage nur wenig beeinflusst wird. Die westlichen Winde dringen nicht ins Tal vor, der Ausfluss bei Aigle tritt häufiger auf. Die beschriebenen Berg/Talwind-Verhältnisse werden nicht verändert. Im Rheintal ist ein Einfluss feststellbar. Die Hauptkomponenten der Stationen Disentis und Chur sind eindeutig westlich geprägt, auch die Tag/Nacht-Unterscheidung ist aufgehoben. Wiederum treten im Raum Basel-Möhlin auch bei dieser Wetterlage deutlich die Ostanteile der Windrosen zu Tage. Die hochgelegenen Stationen nördlich des Alpenhauptkammes zeigen in ihren Windrosen praktisch nur Westwindanteile. Am Corvatsch liegt die Hauptwindrichtung bei NNE, das Weissfluhjoch weist Südwind auf, was ebenso am Gütsch feststellbar ist. Diese Erscheinungen sind nicht leicht erklärbar, könnten aber Eigenheiten der ausgewerteten Messperiode sein.

50 Bodennahes Windfeld

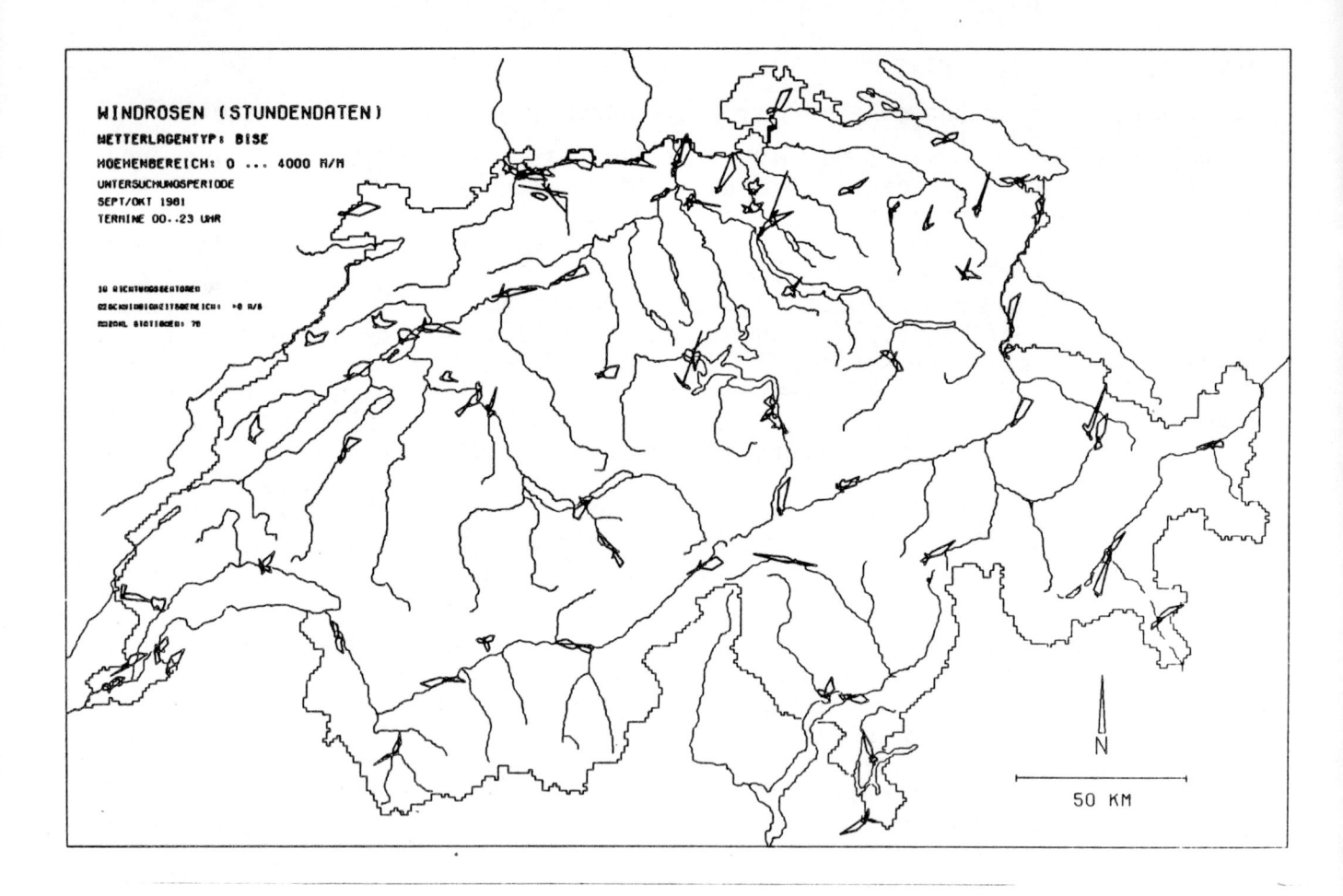

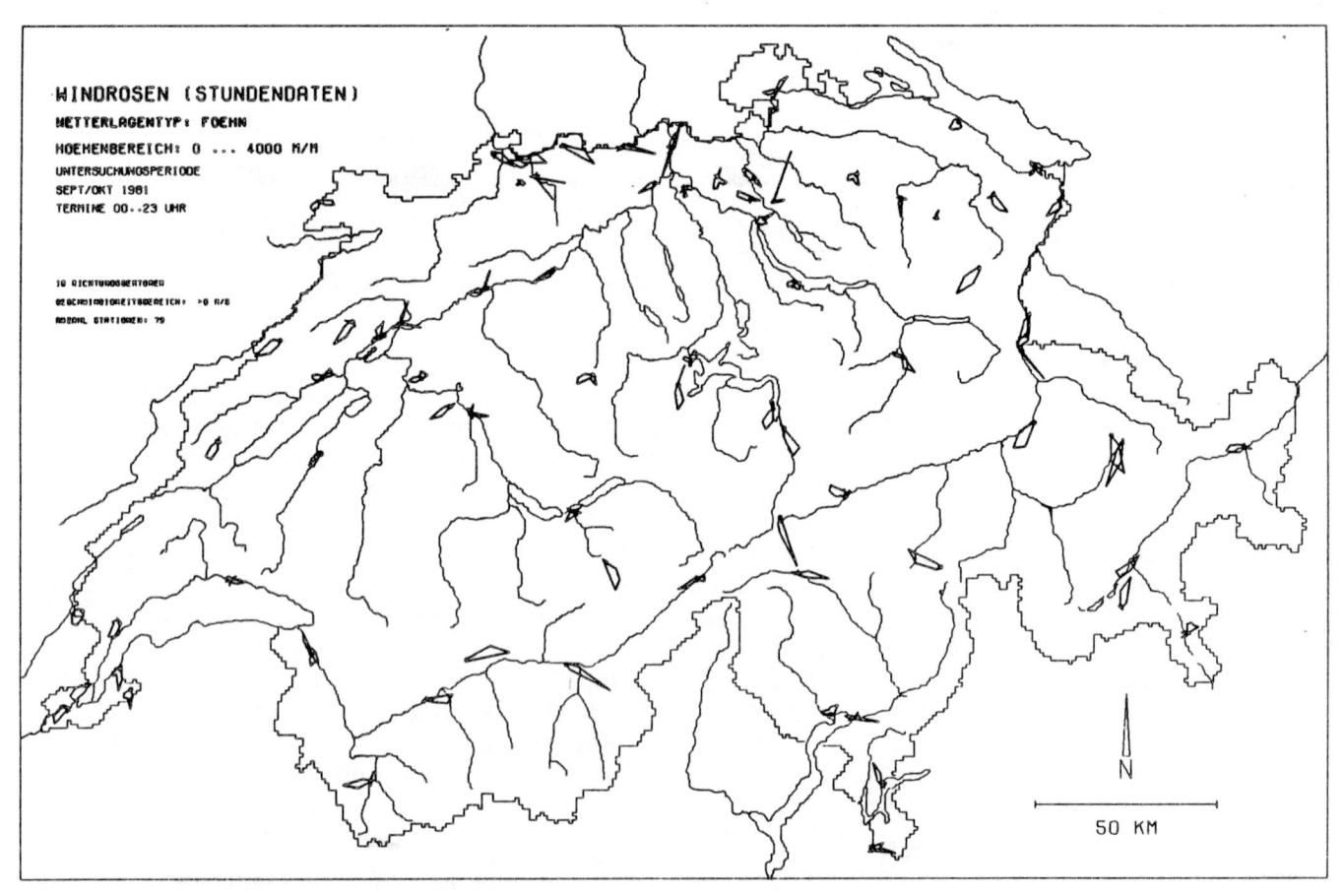

Fig. 3.5a: Windrosen für Bise (oben) und Föhn (unten). Ganzer Tag.

Bodennahes Windfeld 51

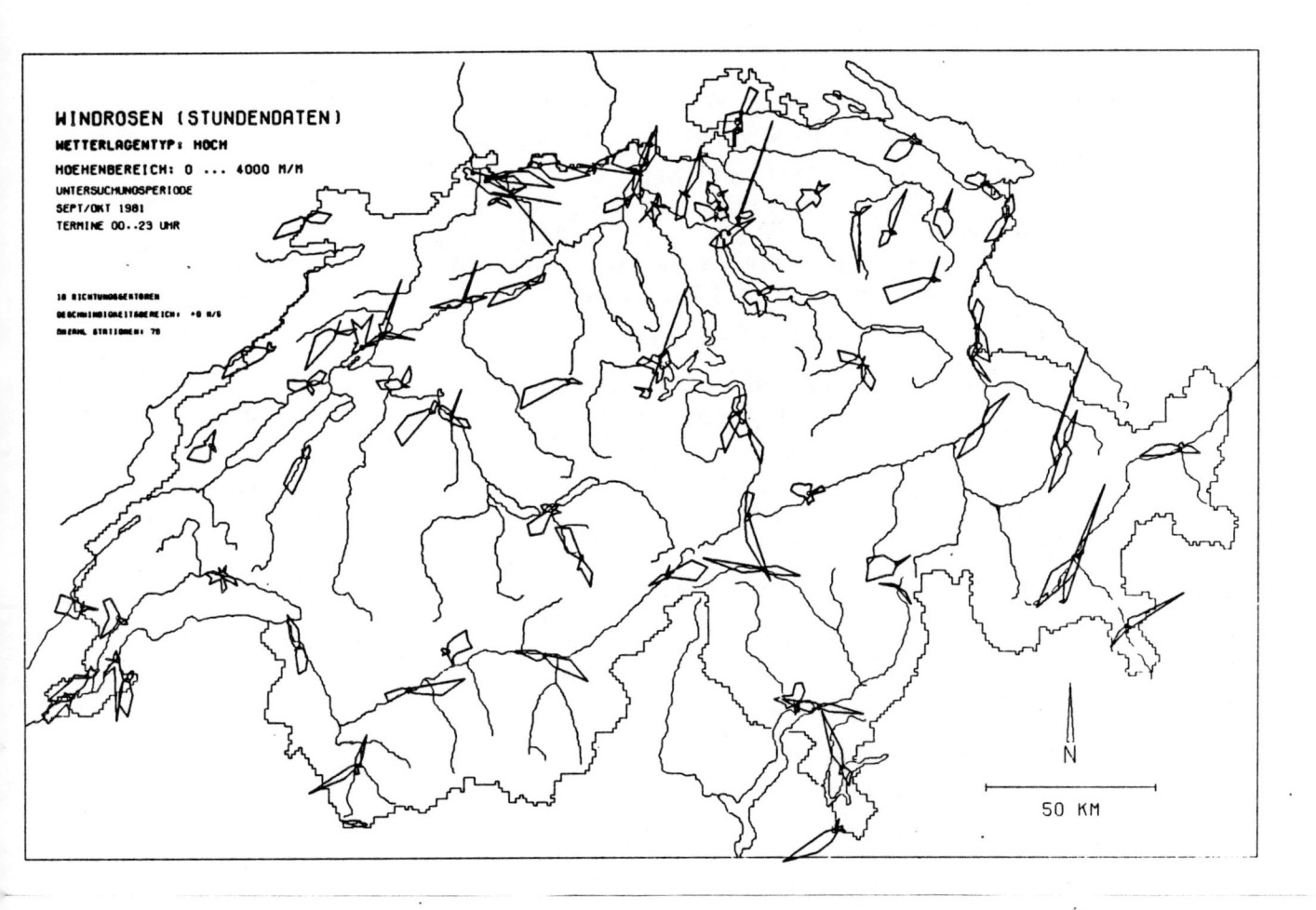

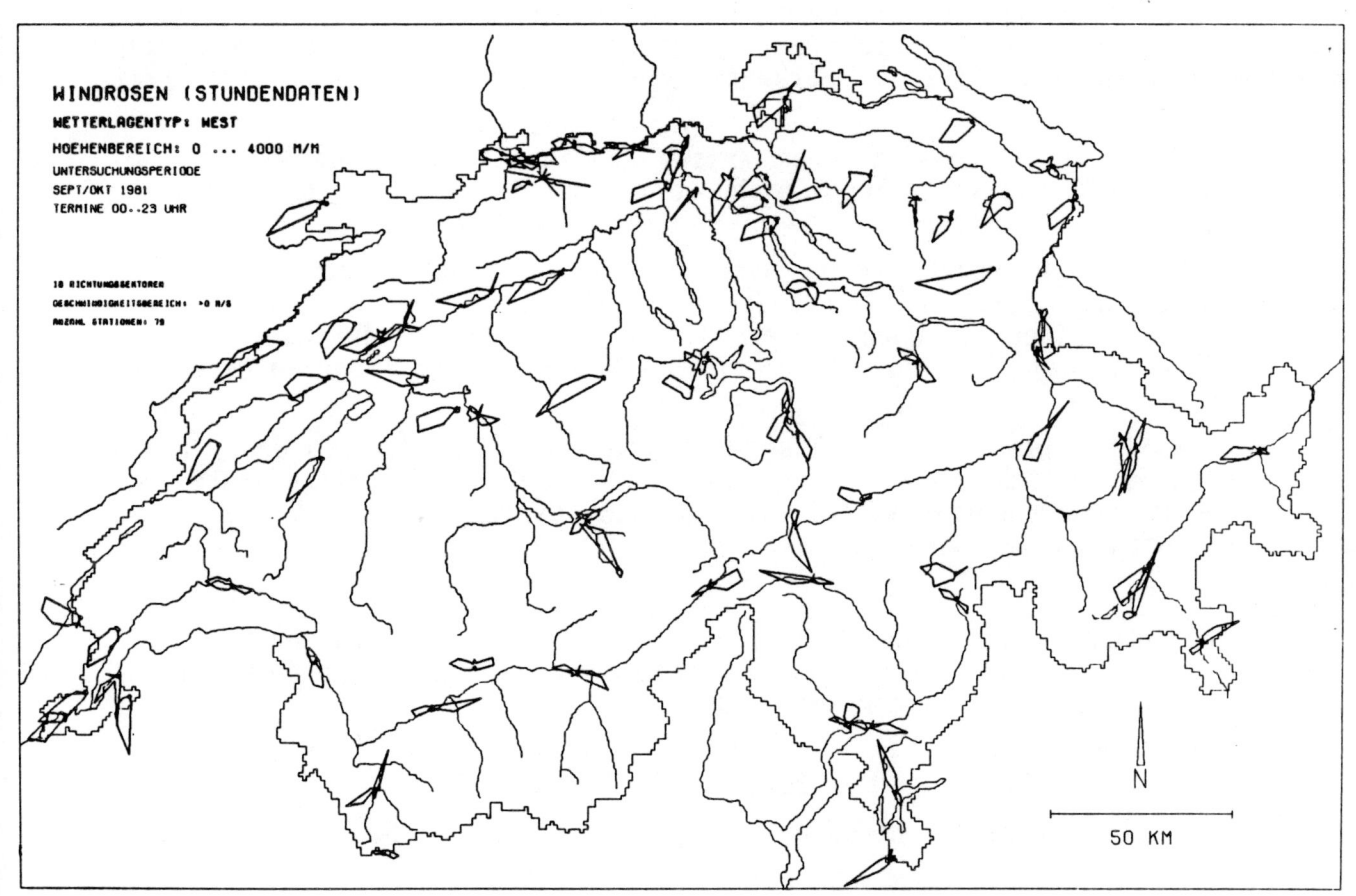

Fig. 3.5b: Windrosen für Hochdrucklagen (oben) und Westwindlagen (unten). Ganzer Tag.

d) Musterset: Windrosen

Die Jahreswindrosen der Stationen des Mustersets (Kap. 3.2.4b) sind dargestellt für den ganzen Tag, die Taganteile und die Nachtanteile (Fig. 3.6).

An den Höhenstationen La Dôle, Napf und Säntis ist die über 850 hPa dominante Westströmung ablesbar. Sie wirkt sich auch im Mittelland als vorherrschende Strömung west-südwestlicher Richtung aus, die im Tagesgang nur geringe Änderungen erfährt. Die durch das Berg/Talwind-System geprägten charakteristischen Windverhältnisse im Wallis und anderen Tälern treten deutlich in Erscheinung.

e) Musterset: Spektren der Windgeschwindigkeiten

Neben den Windrichtungen sind auch die Geschwindigkeitsverteilungen für Durchlüftungsfragen entscheidend. Diesem Aspekt konnte jedoch nur in geringem Masse nachgegangen werden.

In Fig. 3.7 sind die Verteilungen der Windgeschwindigkeiten (Spektren) der Stationen des Mustersets dargestellt. Die Anordnung der Graphiken ergibt Schnitte durch die Schweiz in ungefähr West-Ost-, bzw. Nord-Süd-Richtung.

Die Spektren zeigen prinzipiell ein Bild, wie es erwartet wurde:

- Abnahme der Häufigkeiten bei hohen Geschwindigkeiten
- Verschiebung der Windmaxima bei Höhenstationen

Einige Ausnahmen sind jedoch bemerkenswert.

So weist der Säntis mit 2500 m ü.M. ein Häufigkeitsmaximum bei Geschwindigkeiten bis 1 ms^{-1} auf. Ist dies ein Ausdruck der Strömungslage des Säntis, der Lage der Messstelle oder des Messgerätes?

Beim Napf mit einer Höhe von 1406 m ü.M. liegt das Maximum bereits bei 2 bis 3 ms^{-1}, während La Dôle sein Maximum noch bei 8 ms^{-1} hat. Dies würde für den Napf bedeuten, dass seine Lage (bei Westwinden abgedeckt durch den Jura, bei Südlagen durch die Alpen, Bisengeschwindigkeiten fallen wenig ins Gewicht) der Grund dieser Verteilung ist. La Dôle als markante Erhebung wird ungebremst angeströmt (PFEIFER, 1988).

Die Spektren der Mittelland-Stationen weisen Häufigkeitsmaxima bei tiefen Geschwindigkeiten auf. Die Verteilung bricht relativ steil ab, d.h. hohe Geschwindigkeiten sind sehr selten.

In den Föhntälern ist festzustellen, dass am Talende liegende Stationen (Ulrichen, Disentis) sehr steil abfallende Spektren zeigen und hohe Geschwindigkeiten kaum auftreten. Weiter talabwärts verschieben sich die Maximalwerte leicht (Sion, Altdorf, Vaduz) mit wiederum relativ starkem Abfall bei höheren Geschwindigkeiten.

Eine ähnliches Phänomen tritt bei Basel-Binningen auf. Das Maximum der Windgeschwindigkeit ist verschoben und liegt bei 2 ms^{-1}. Aus den Windrosendarstellungen ist die in diesem Gebiet starke Kanalisierung der Strömungen ablesbar, was für die Geschwindigkeiten diesen Effekt haben könnte.

f) Windvektoren

Der Vollständigkeit halber sind in Fig. 3.8 für die vier Wetterlagen-Beispiele des Windfeldes in Vektordarstellung wiedergegeben. Ausgewählt wurde der Mittagstermin eines typischen Datums der Wetterlage.

    4. 9.1981: Bisenlage   6. 9.1981: Hochdrucklage
    6.10.1981: Föhnlage   30.10.1981: Westlage

Auswertungen und Interpretationen sind in Kap. 3.3.3 und 4 nachzulesen.

Bodennahes Windfeld 53

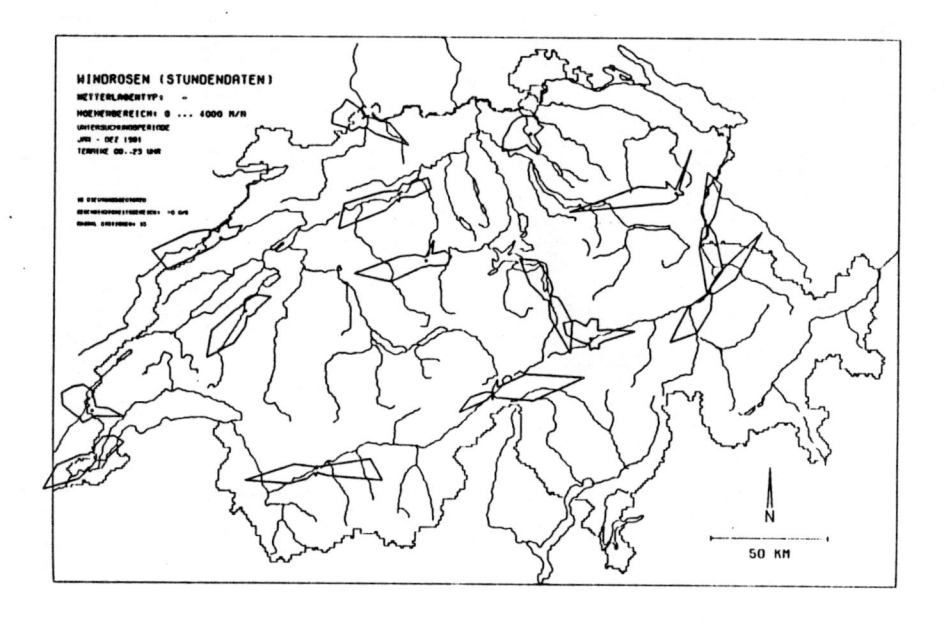

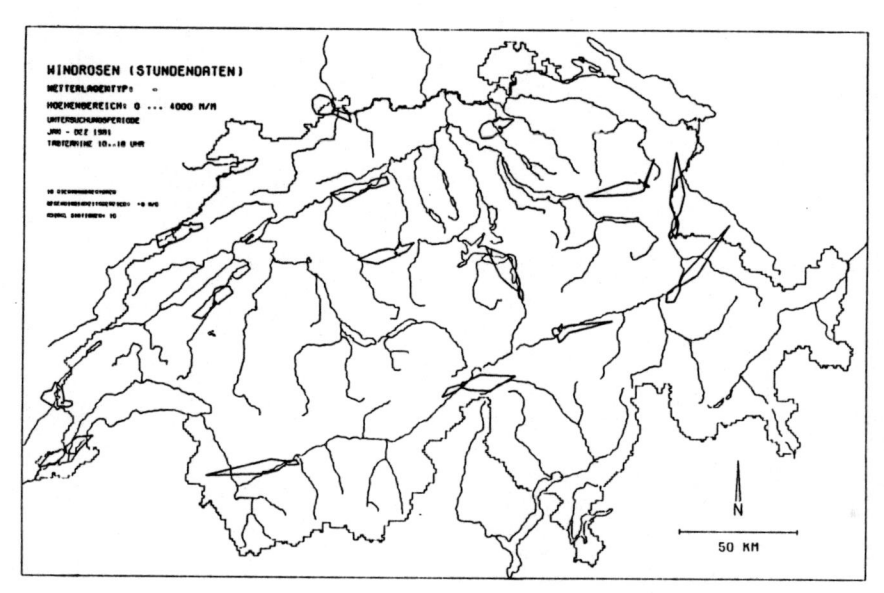

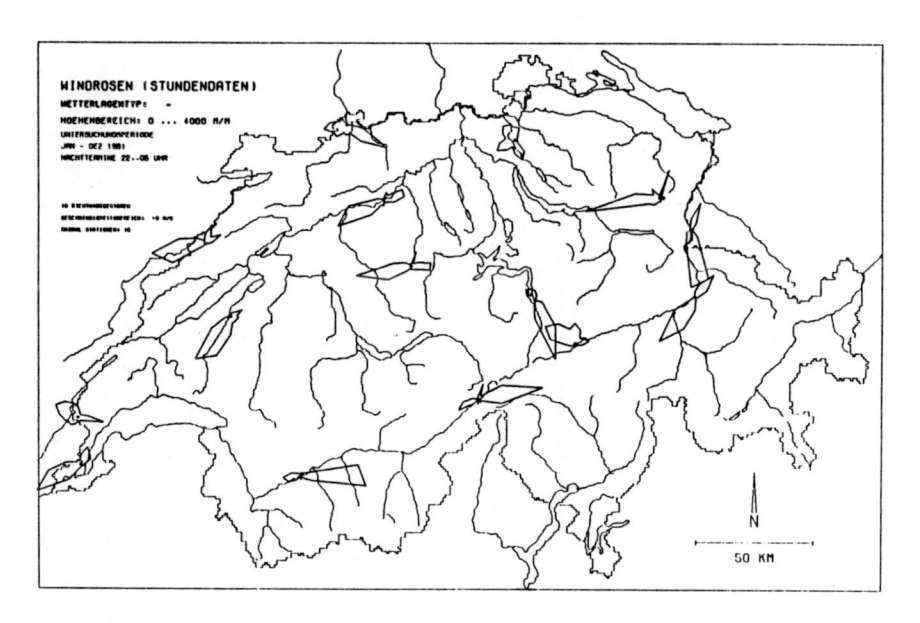

Fig. 3.6: *Windrosen für das Musterset der ANETZ-Stationen. Jan.-Dez. 1981.*
Oben: Gesamtkollektiv. Mitte: Tag. Unten: Nacht.

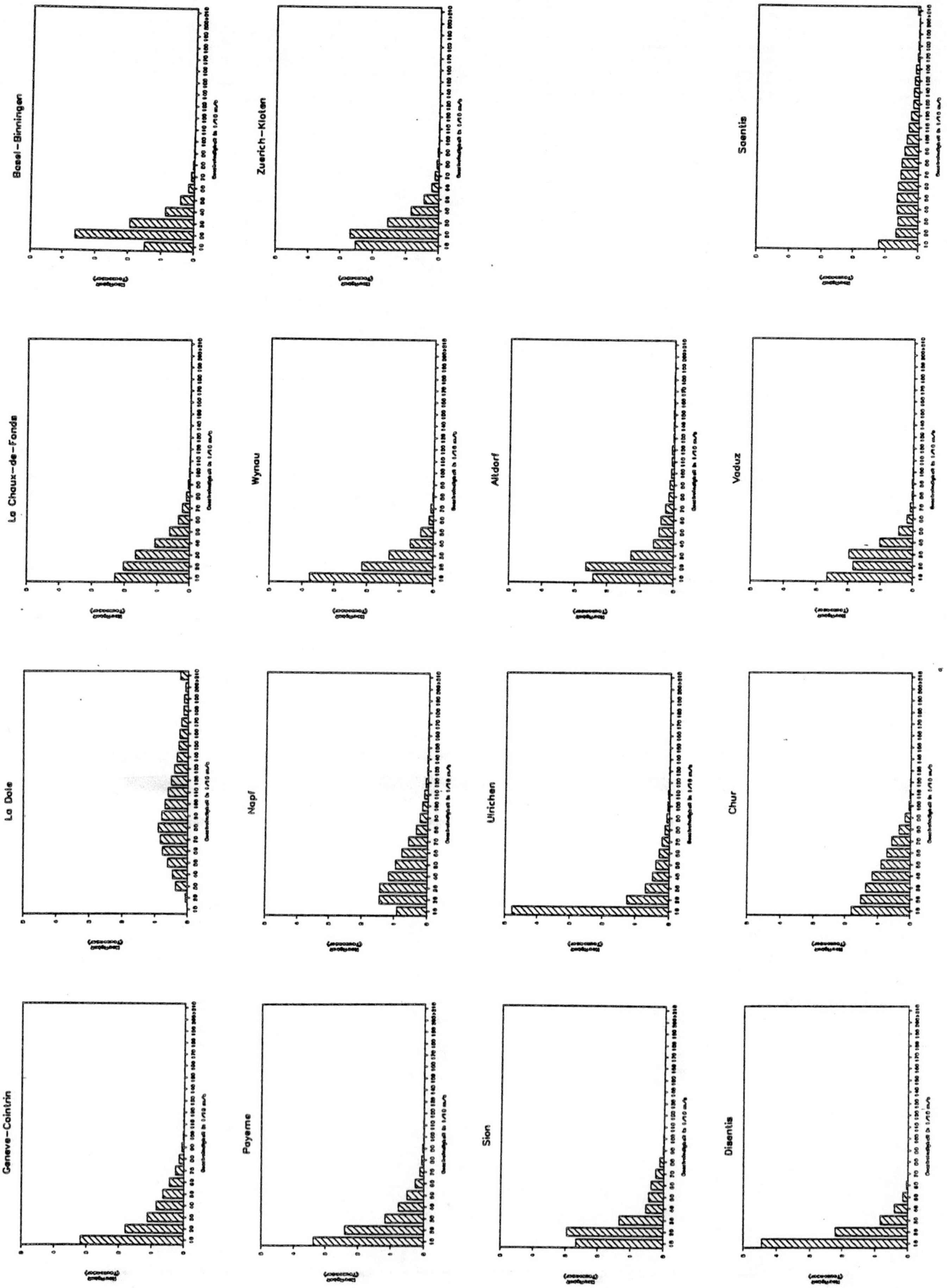

54 Bodennahes Windfeld

Fig. 3.7:   Häufigkeitsverteilungen der Windgeschwindigkeiten für das Musterset. Ganzes Jahr 1981.

Bodennahes Windfeld 55

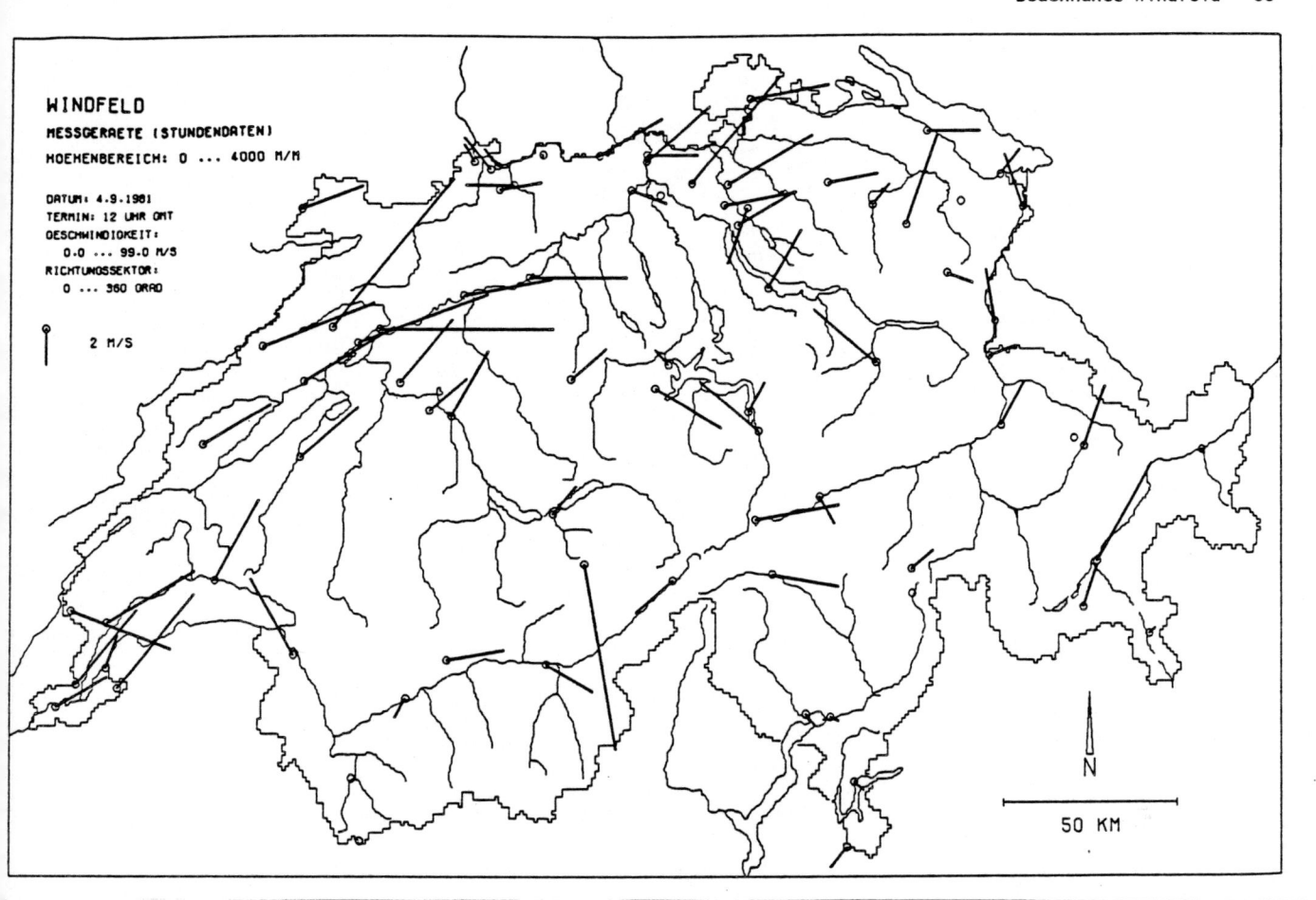

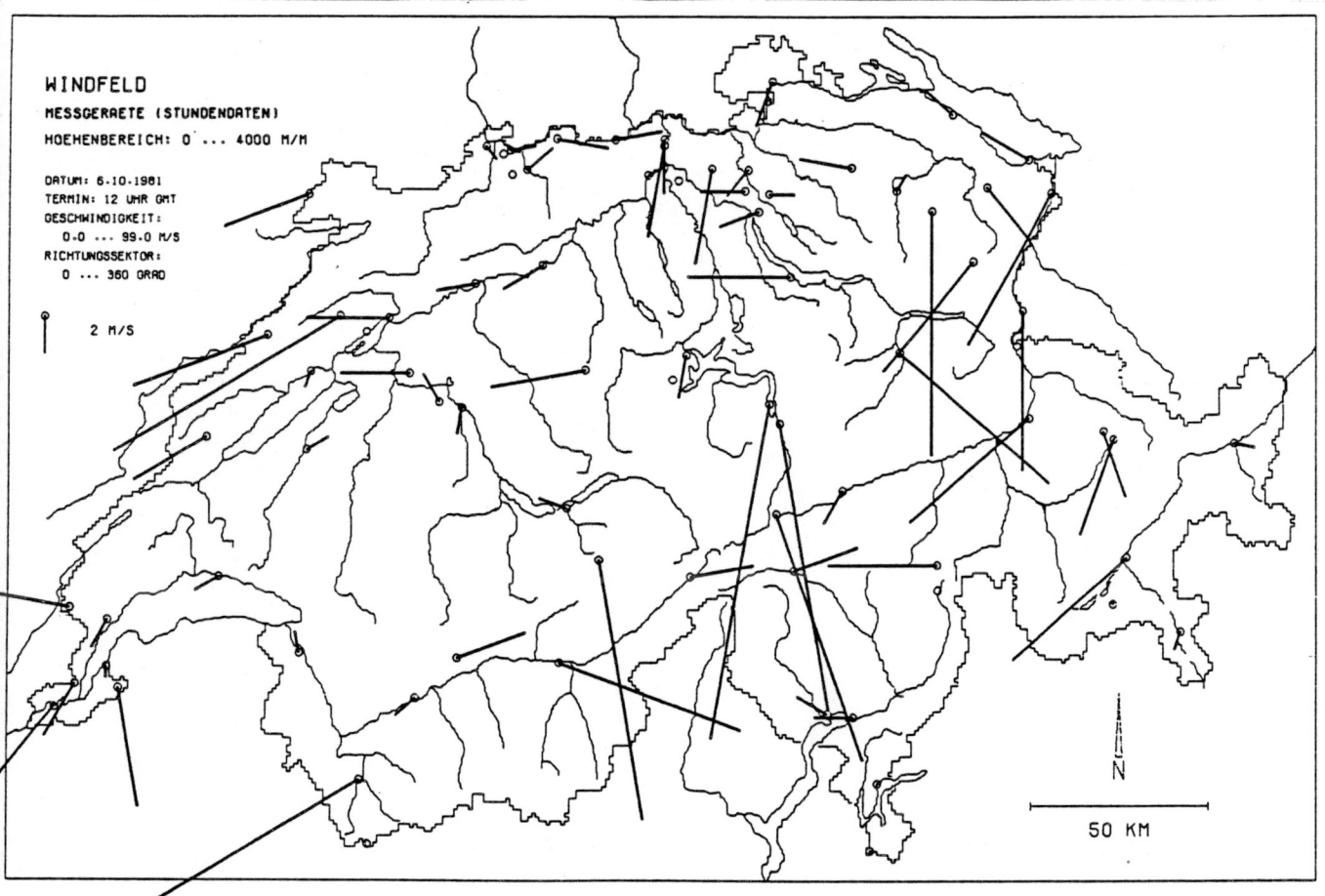

WINDFELD
MESSGERAETE (STUNDENDATEN)
HOEHENBEREICH: 0 ... 4000 M/M

DATUM: 4.9.1981
TERMIN: 12 UHR GMT
GESCHWINDIGKEIT:
   0.0 ... 99.0 M/S
RICHTUNGSSEKTOR:
   0 ... 360 GRAD

2 M/S

WINDFELD
MESSGERAETE (STUNDENDATEN)
HOEHENBEREICH: 0 ... 4000 M/M

DATUM: 6.10.1981
TERMIN: 12 UHR GMT
GESCHWINDIGKEIT:
   0.0 ... 99.0 M/S
RICHTUNGSSEKTOR:
   0 ... 360 GRAD

2 M/S

Fig. 3.8a: Windvektoren für den Mittagstermin 12 UTC. Oben: 4.9.81 (Bise). Unten: 6.10.81 (Föhn). Beobachterdaten.

56   Bodennahes Windfeld

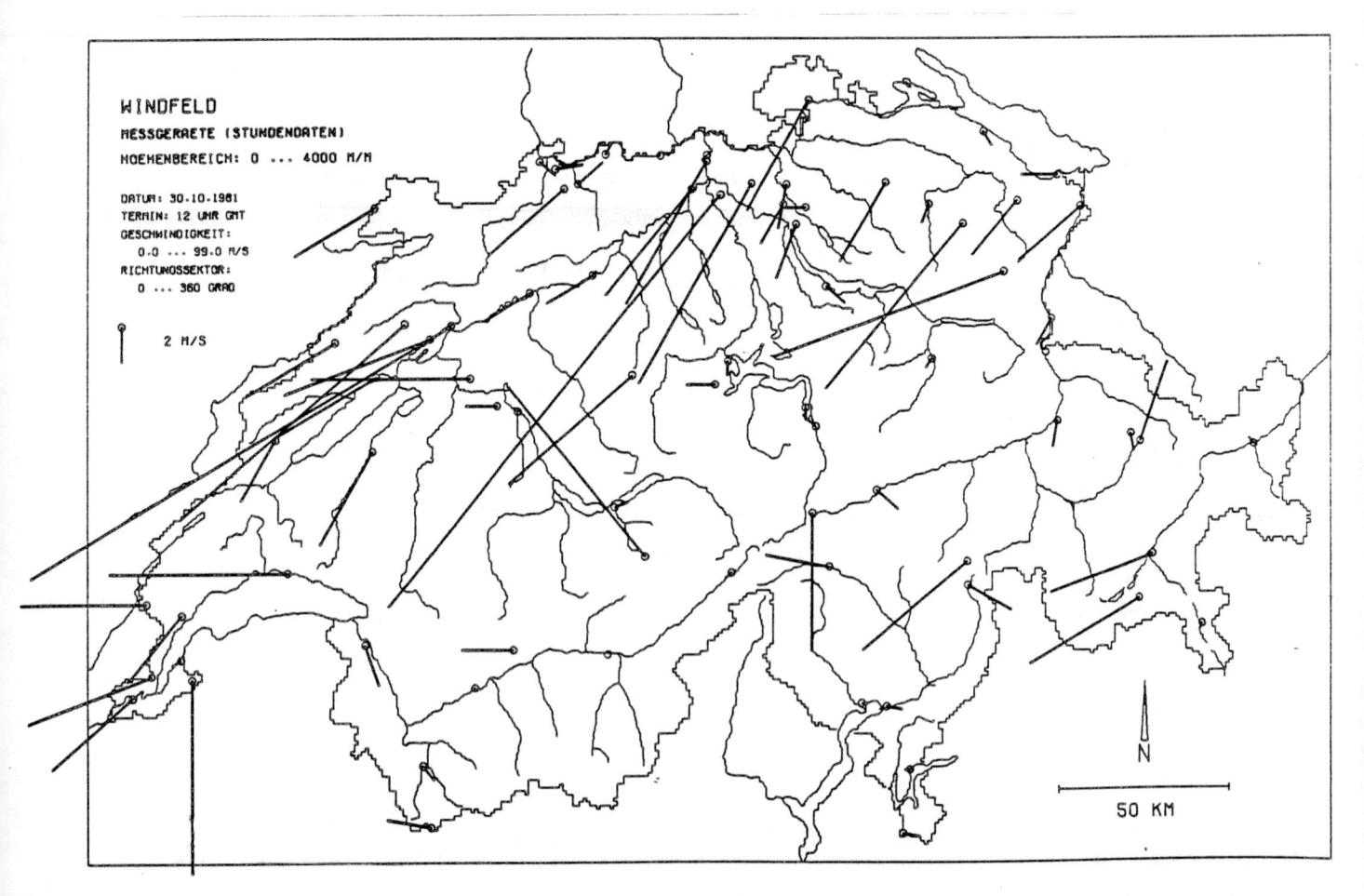

Fig. 3.8b: Windvektoren für den Mittagstermin 12 UTC. Oben: 6.9.81 (Hoch). Unten: 30.10.81 (West). Stundendaten.

3.3.2. Ansätze für die regionale Typisierung

a) Windwechselindex

Eine Auswertung für den Windwechselindex ist in Fig. 3.9 dargestellt. Der Index wurde aus allen Werten der Stundendaten für die gesamte Messperiode Sept./Okt. 1981 berechnet. Wie in Kap. 3.2.3 erwähnt, ist er ein Mass für die Persistenz der Luftströmungen.

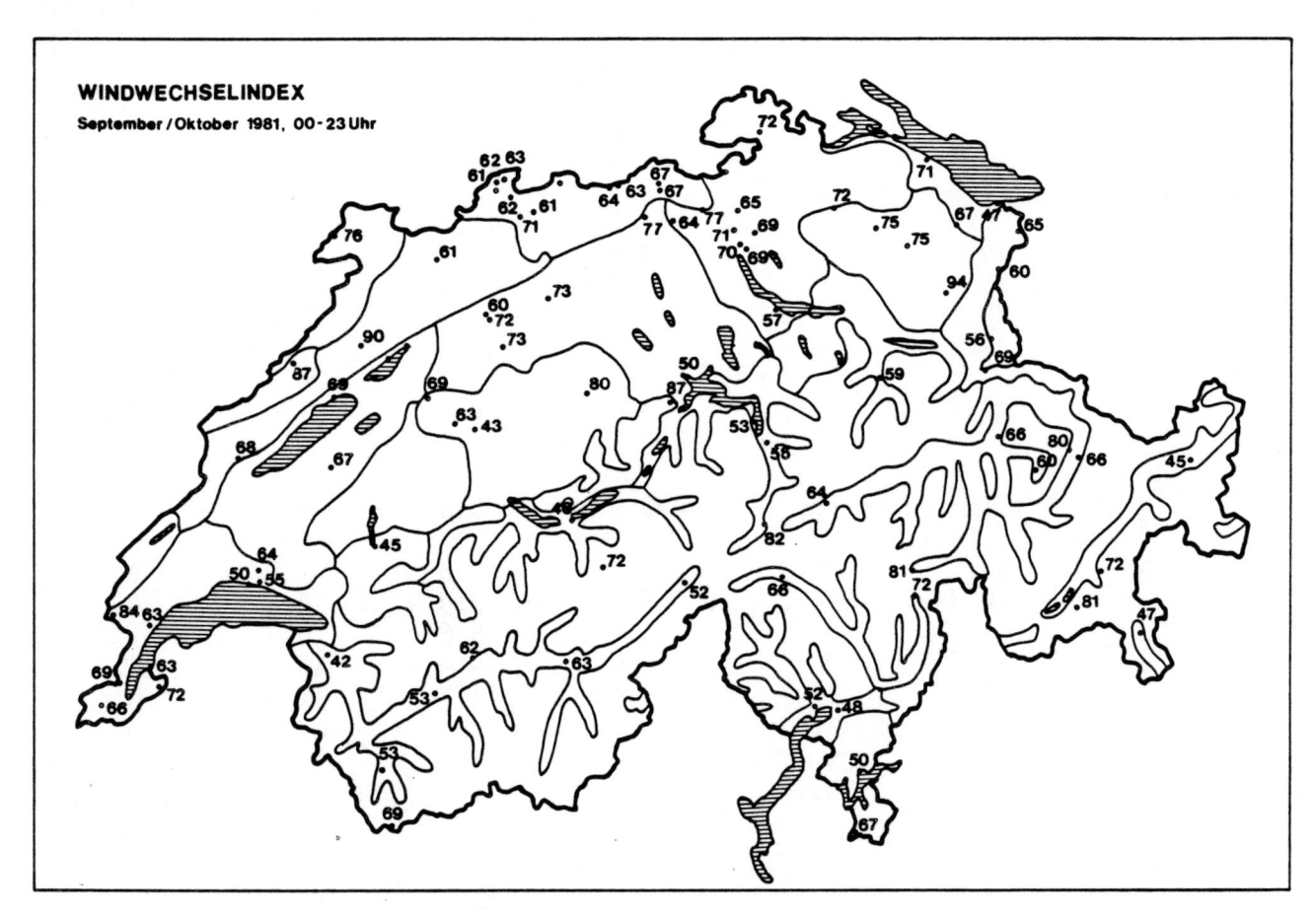

Fig. 3.9: *Windwechselindex, berechnet aus 61 Tagen à 24 Termine für Sept./Okt. 1981.*

Bei Betrachtung der Höhenstufung weisen sich die hochgelegenen Gipfelstationen mit hohen Index-Werten (über 80%) aus.

Im Mittelland liegt der Index in mittleren Bereichen (60-80%). Es zeigt sich aber, dass der westliche Teil im allgemeinen etwas tiefere Werte aufweist, als der östliche. Die Unterschiede betragen ca. 10 Indexpunkte.

Auf den Jurahöhen sind wieder höhere Werte feststellbar.

Bei den inneralpinen Tälern fällt im Rheintal auf, dass die Index-Werte bis beinahe zum Bodensee hinunter recht konstant bei über 60% liegen. Im Wallis liegen die Werte im Durchschnitt unter 60%, im Reusstal ebenfalls.

Das Gebiet nördlich des Jura im Raum Basel bis Koblenz weist Indexwerte zwischen 60 und 70% auf.

b) Spektren der Windgeschwindigkeiten

Die bisherigen Auswertungen bezogen sich hauptsächlich auf die Stundendaten. Im folgenden wird eine Tabelle dargestellt, die die prozentualen Anteile der gemessenen Windgeschwindigkeiten angibt (Tab. 3.4). Dabei wurden sechs Geschwindigkeitsklassen gebildet. Die Termindaten wurden verwendet, weil die Anzahl der Stationen mit Terminaufzeichnung grösser ist als die der kontinuierlich über 24

Stunden messenden. Tab. 3.5 zeigt zudem die Abweichungen vom Mittelwert der Grossregionen gemäss Fig. 3.1.

Region	<1 ms^{-1}	1-3 ms^{-1}	3-5 ms^{-1}	5-10 ms^{-1}	10-15 ms^{-1}	>15 ms^{-1}
Jura						
11	23.2	43.2	13.6	4.2	0.1	-
12	13.7	31.3	18.4	15.1	2.2	1.6
13	26.8	33.1	13.4	9.7	0.4	-
14	9.2	32.0	10.9	12.0	6.2	3.8
Mittelland						
21	16.7	36.4	24.9	10.5	3.7	1.1
22	21.9	37.8	12.4	7.8	1.7	1.9
23	0.4	43.0	17.0	11.9	2.1	0.6
24	19.2	36.5	13.7	10.8	1.9	0.1
25	26.5	37.9	12.0	6.8	3.3	0.7
26	29.0	36.8	10.7	7.4	1.1	1.6
27	19.2	34.7	10.9	10.3	3.1	0.8
28	22.7	38.2	14.1	6.2	4.1	0.3
29	25.4	38.7	13.5	8.1	1.0	0.7
Inneralpine Täler						
31	21.2	42.7	9.9	6.6	1.5	0.1
32	15.8	39.7	10.0	3.2	0.3	0.1
33	36.9	29.0	5.3	4.3	1.0	0.2
34	20.3	44.1	8.5	6.3	4.6	0.3
35	41.3	28.4	6.4	6.6	0.7	-
36	29.5	29.7	12.9	9.4	10.2	0.5
37	32.0	27.7	10.4	11.7	1.4	0.1
Alpensüdseite						
41	25.7	20.2	6.3	5.9	1.6	-
42	37.5	51.0	7.0	3.1	-	-
43	35.3	45.9	5.6	4.7	-	0.3
44	6.2	29.9	16.0	19.7	2.9	0.4
45	9.8	29.5	17.2	17.6	0.8	-
46	66.4	22.5	3.7	6.2	0.8	-
47	32.4	19.3	13.2	7.8	2.3	0.4

Tabelle 3.4: Prozentualer Anteil gemessener Windrichtungen für Sept./Okt. 1981.

Region	<1 ms⁻¹	1-3 ms⁻¹	3-5 ms⁻¹	5-10 ms⁻¹	10-15 ms⁻¹	>15 ms⁻¹
Jura						
11	5.0	8.3	-0.5	-6.1	-2.1	-2.7
12	-4.5	-3.6	4.3	4.9	0.0	-1.1
13	8.6	-1.8	-0.7	-0.6	-1.8	-2.7
14	-9.0	-2.9	-3.2	1.8	4.0	1.1
Mittelland						
21	-3.4	-1.4	10.5	1.6	1.3	0.2
22	1.8	0.0	-2.0	-1.1	-0.7	1.0
23	-19.7	5.2	2.6	3.0	-0.3	-0.3
24	-0.9	-1.3	-0.7	1.9	-0.5	-0.8
25	6.4	0.1	-2.4	-2.1	0.9	-0.2
26	8.9	-1.0	-3.7	-1.5	-1.3	0.7
27	-0.9	-3.1	-3.5	1.4	0.7	-0.1
28	2.6	0.4	-0.3	-2.7	1.7	-0.6
29	5.3	0.9	-0.9	-0.8	-1.4	-0.2
Inneralpine Täler						
31	-6.9	8.2	0.8	-0.3	-1.3	-0.1
32	-12.3	5.2	0.9	-3.7	-2.5	-0.1
33	8.8	-5.5	-3.8	-2.6	-1.8	0.0
34	-7.8	9.6	-0.6	-0.6	1.8	0.1
35	13.2	-6.1	-2.7	-0.3	-2.1	-0.2
36	1.4	-4.8	3.8	2.5	7.4	0.3
37	3.9	-6.8	1.3	4.8	-1.4	-0.1
Alpensüdseite						
41	-4.8	-11.0	-3.6	-3.4	-0.1	-0.4
42	7.0	19.8	-2.9	-6.2	-1.7	-0.4
43	4.8	14.7	-4.3	-4.6	-1.7	-0.1
44	-24.3	-1.3	6.1	10.4	1.2	0.0
45	-20.7	-1.7	7.3	8.3	-0.9	-0.4
46	35.9	-8.7	-6.2	-3.1	-0.9	-0.4
47	1.9	-11.9	3.3	-1.5	0.6	0.0

Tabelle 3.5: Abweichungen vom Mittelwert der Grossregionen für Sept./Okt. 1981.

c) Weibull-Koeffizienten

Die Parametrisierung von Windgeschwindigkeitsverteilungen als Masse für die Typisierung von Einzelstationen wurde in einer gesondert durchgeführten Arbeit mit Hilfe der Weibull-Verteilung versucht (POOL, 1988). Dort zeigt sich, dass mit diesem Ansatz eine Typisierung von Einzelstationen möglich ist. Mit Interpolationen der Weibull-Koeffizienten aus geschätzten oder zeitlich kurzfristigen Beobachtungen könnten theoretische Verteilungen für Punkte zwischen den Messstationen erzeugt und damit eine regionale Typisierung erreicht werden.

3.3.3. Augenbeobachtungen

Auswertungen der Beobachterdaten sind vor allem für lokale oder regionale Untersuchungen verwendbar. In der vorliegenden Arbeit wurden sie für die Fallstudien beigezogen und dienen dort der Netzverdichtung. Fig. 3.10 zeigt die Vektorfelder für drei Wetterlagen zum Mittagstermin folgender Daten:

    4. 9.1981: Bisenlage   6.10.1981: Föhnlage
    30.10.1981: Westlage

Hieraus ist ersichtlich, dass gesamtschweizerische Darstellungen sehr schwierig interpretierbar sind. Fig. 3.11 zeigt demgegenüber den Kanton Bern und angrenzende Gebiete als vergrösserten Ausschnitt. Detaillierte Auswertungen mit solchen Karten liegen jedoch nicht vor.

Hingegen wurde eine Häufigkeitsauszählung der beobachteten Windgeschwindigkeiten durchgeführt, um auch hier regionale Unterschiede feststellen zu können. Die Werte sind in Tab. 3.6 nach Durchlüftungsregionen gegliedert aufgeführt.

Im *Gebiet Jura* fällt auf, dass die flacheren Gebiete der Region 11 mehr Schwachwinde (bis 1.5 ms^{-1}) aufweisen als die Regionen 12, 13 und 14.

Im *Mittelland* weisen zwei Regionen (28, 29) mehr als 2.5% starke Winde aus. Es handelt sich dabei um Regionen, die von Föhnlagen besonders betroffen sein können, insbesondere trifft dies für Region 29 zu. Zwischen 75 und 80% der Beobachtungen in den Regionen liegen im Bereich schwacher Winde bis 1.5 ms^{-1}.

Bei den *inneralpinen Tälern* sticht Region 32 mit 48% Schwachwinden als besonders durchlüftungsarm hervor. Im Gegensatz dazu stehen die Regionen 33, 34 und 35, die im Bereich 1.5 ms^{-1} über 40% aufweisen. Es handelt sich hier um Regionen mit

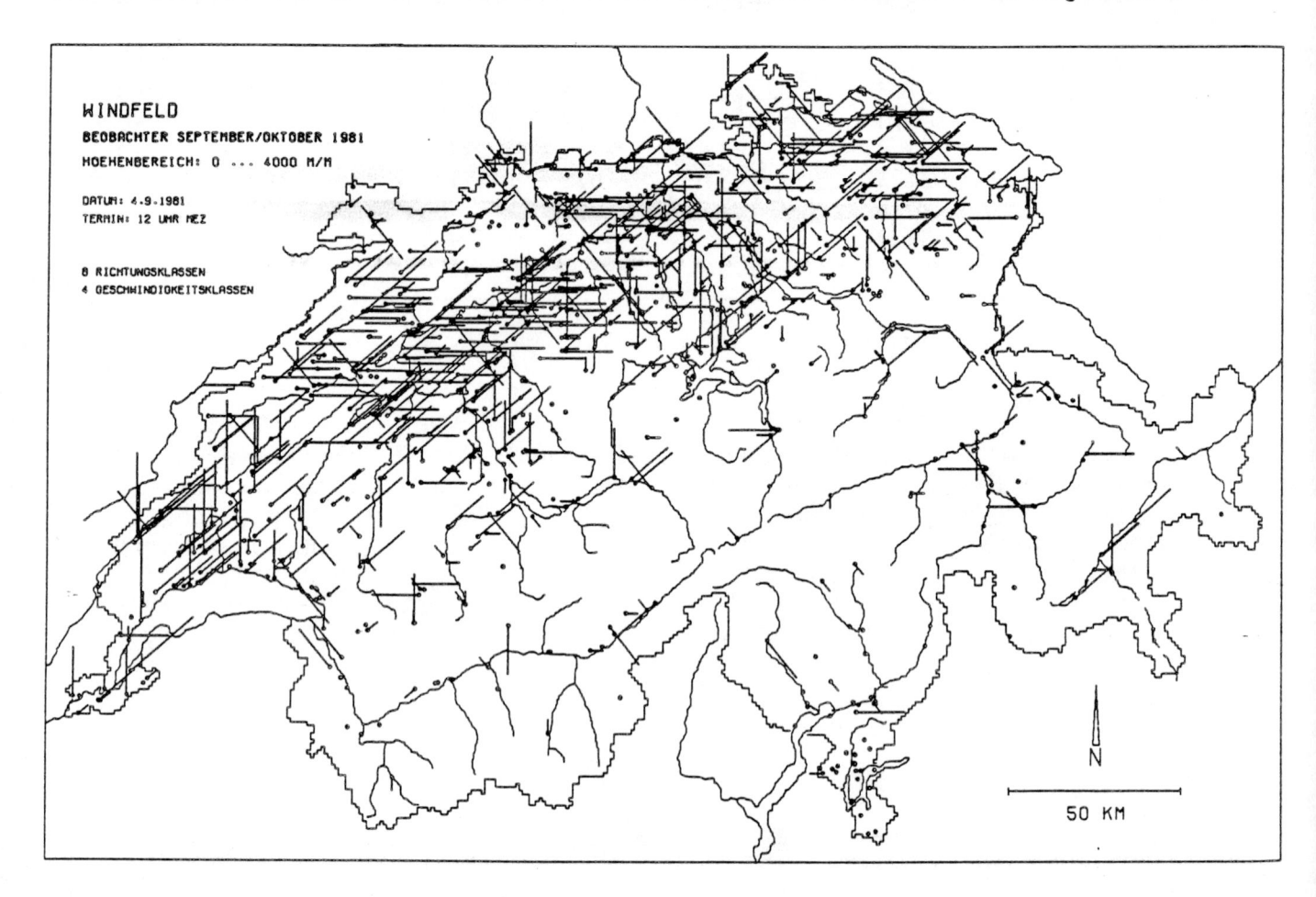

Fig. 3.10a: Vektorfeld Beobachterdaten. 4.9.81 (Bise).

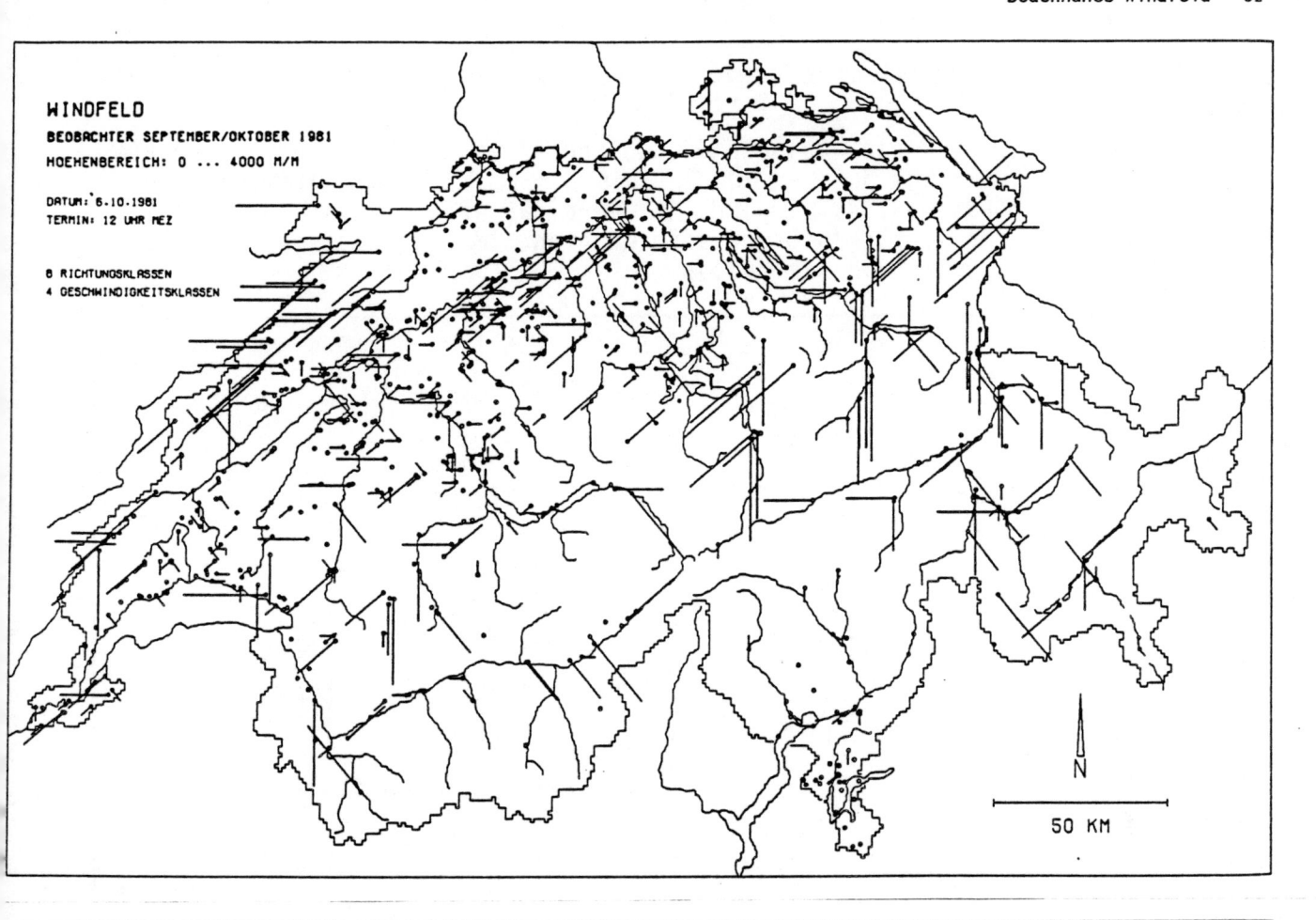

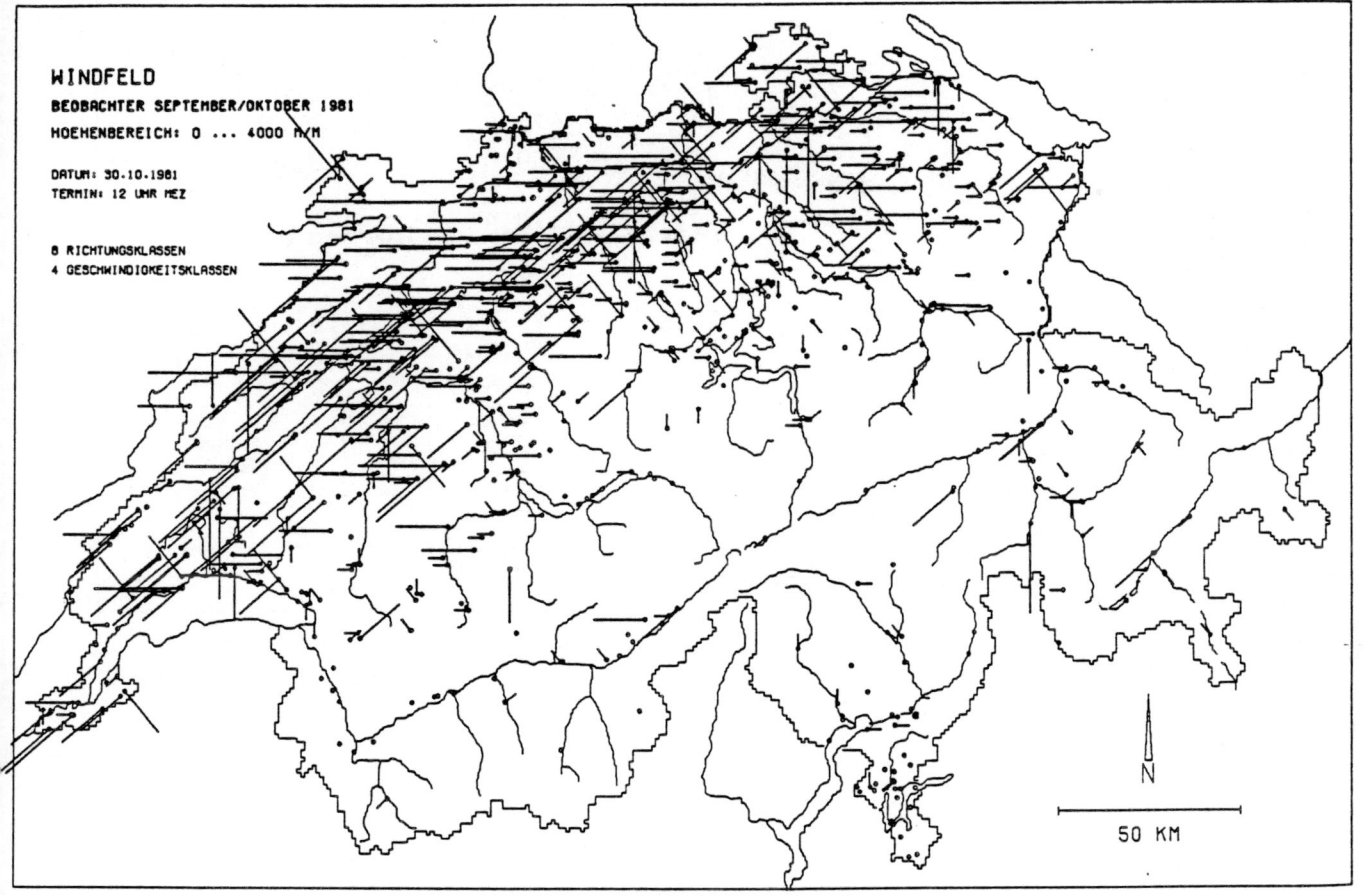

Fig. 3.10b: Vektorfeld Beobachterdaten. Oben: 6.10.81 (Föhn). Unten: 30.10.81 (West).

starkem Föhneinfluss, was sich in Region 34 auch mit dem hohen Anteil starker Winde ausdrückt.

Auf der *Alpensüdseite* sind die Regionen 44, 46 und 47 zu erwähnen, deren grösste Anteile zwischen 50 und 70% im Bereich 1.5 bis 5.5 ms^{-1} liegen. Diese Regionen liegen unterhalb von Pässen (44: Simplon, 46: Bernina, 47: Ofenpass), worauf die hohen Geschwindigkeiten zurückzuführen sein könnten. Im Gegensatz dazu befindet sich jedoch Region 45 unterhalb des Maloja.

Region	<0.5 ms^{-1}	1.5 ms^{-1}	5.5 ms^{-1}	9.4 ms^{-1}
Jura				
11	40.3	39.0	9.2	1.5
12	32.8	35.6	17.1	6.7
13	32.3	35.9	17.2	4.9
14	37.0	34.0	11.0	2.5
Mittelland				
21	40.5	37.6	9.9	1.0
22	37.7	35.7	11.6	1.7
23	37.3	35.5	13.5	2.5
24	38.9	36.7	8.8	1.5
25	39.3	40.1	9.9	1.3
26	37.4	38.5	10.2	1.5
27	36.0	42.8	10.9	2.3
28	40.4	37.5	11.6	2.9
29	33.9	47.1	9.4	4.2
Inneralpine Täler				
31	41.6	33.1	11.2	1.4
32	48.5	32.7	7.1	1.0
33	31.7	43.4	10.1	1.4
34	29.3	45.8	8.8	3.5
35	40.5	42.2	9.0	1.3
36	39.9	34.9	9.6	1.3
37	39.9	32.1	10.8	1.5
Alpensüdseite				
41	20.3	20.5	5.7	1.5
42	35.5	24.4	5.4	1.0
43	32.9	17.3	5.6	1.0
44	39.6	30.0	21.3	8.7
45	77.0	12.0	2.2	0.0
46	22.9	54.6	18.0	0.6
47	30.6	63.4	4.9	1.1

100% = Gesamtanzahl Beobachtungen inkl. fehlende Angaben

Tab. 3.6: *Häufigkeiten der beobachteten Geschwindigkeiten in % für Sept./Okt. 1981.*

AUGENBEOBACHTUNGEN WIND

RAUCHKAMINKAMPAGNE SEPT/OKT 1981

BERN, SOLOTHURN, BASEL, JURA, AARGAU
DATUM: 31.10.1981 / TERMIN: 12 UHR GMT
HOEHENBEREICH: 0 ... 4000 M/M
ALLE GESCHWINDIGKEITSBEREICHE (1 CM = 2.0 M/S)
RICHTUNGEN: 8 SEKTOREN
MASSSTAB 1:500000.00

AUSWERTUNGEN:
GEOGR. INSTITUT BERN
GRUFAK 16.02.1988

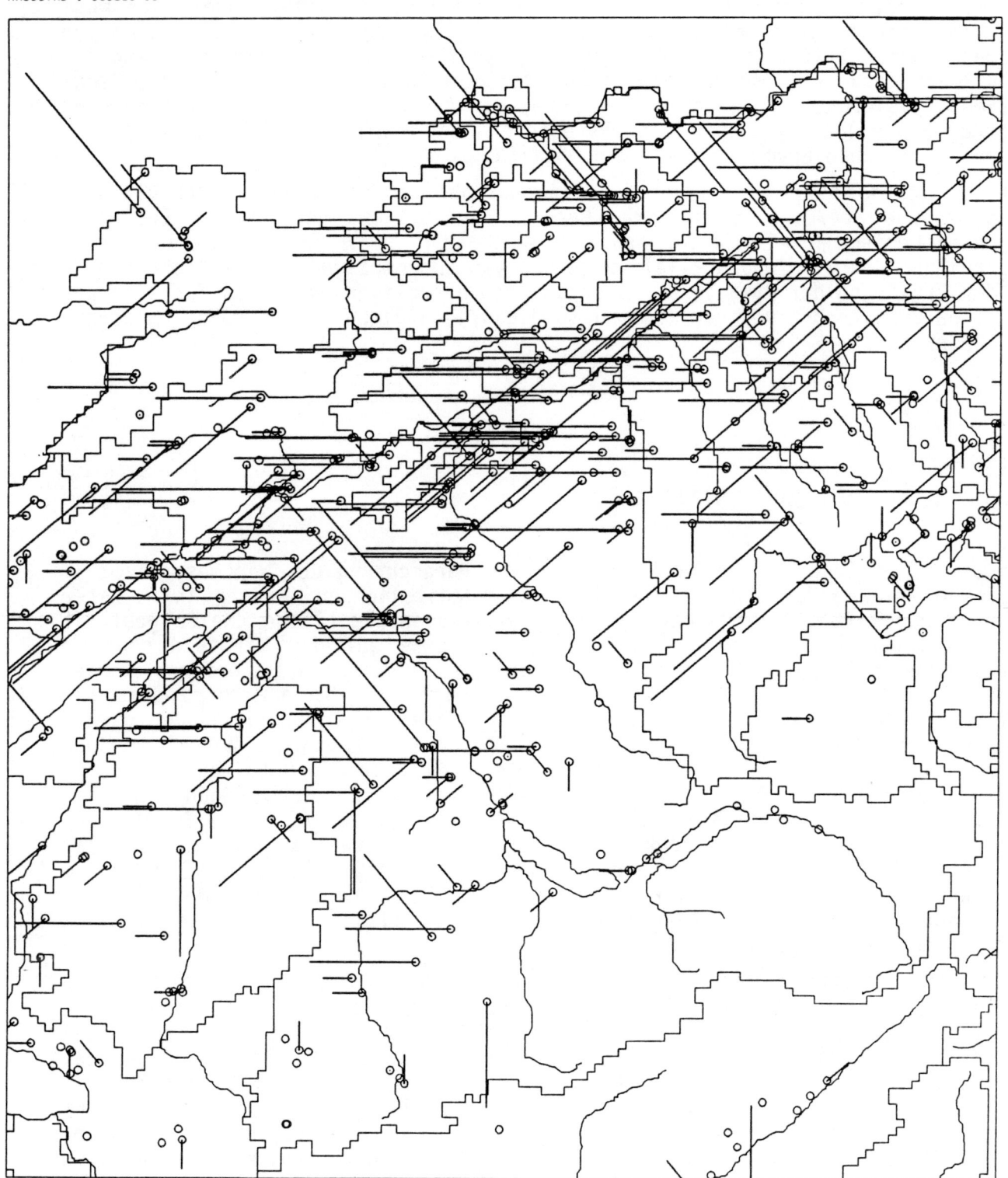

Fig. 3.11:   Ausschnitt aus den Beobachter-Daten vom 31.10.81 (West).

3.3.4. Zusammenfassung und Wertung

Sozusagen als eiserne Ration sind hier die wichtigsten Ergebnisse dieses Kapitels nochmals zusammengestellt. Die *Messnetzverdichtung* konnte durch die Mithilfe verschiedener "privater" Messgerätebetreiber und Beobachter erreicht werden. Allerdings ergaben sich Probleme hinsichtlich der Messgenauigkeit, der räumlichen Verteilung und der zeitlichen Auflösung der Messungen. Statistische Fehler konnten wegen der zu kleinen Kollektive nicht eliminiert werden. Neue *Methoden* wurden ausprobiert und ergaben vielversprechende Resultate. Hier muss der Windwechselindex angeführt werden, welcher als Mass für die Persistenz von Windmessungen nützlich ist. Ebenso konnte gezeigt werden, dass der Tagesgang der Weibull-Parameter gewisse topographische Merkmale aufweist. Eine topographische Stationstypisierung wurde zwar vorgenommen, die Auswertungen erfolgten dann aber nach der Einteilung der Durchlüftungsregionen nach AUBERT (1980). Ein Vergleich war aus zeitlichen Gründen nicht mehr möglich.

Eine *Klimatologie des Windfeldes* für eine Auswahl von Stationen konnte einzelne Phänomene wie See/Landwind-Systeme, Berg/Talwind-Systeme und weitere Besonderheiten nachweisen. Im Laufe der Arbeiten wurde aber immer deutlicher, dass eine Beschreibung des Windfeldes allein aufgrund von Bodenmessungen erhebliche Lücken bei der Erklärung der Dynamik der Grenzschicht offenlässt, und dass für eine wesentliche Erweiterung unserer Kenntnisse die dritte Dimension unbedingt einbezogen werden muss.

3.4. Zukünftige Ansätze

Es muss der Schluss gezogen werden, dass eine Verdichtung des Windmessnetzes im komplexen Gelände der Schweiz niemals alle Fragestellungen, welche in nächster Zukunft sowohl von behördlicher als auch von wissenschaftlicher Seite gestellt werden, dürfte lösen können. Die lokalen Einflüsse auf das Windfeld sind so stark, dass sie nur mit einem extrem feinmaschigen Messnetz erfasst werden können. Der technische und personelle Aufwand ist aber so gewaltig, dass ein Routinebetrieb unerschwinglich ist. Deshalb müssen die Anstrengungen darauf konzentriert werden, einerseits ein gutes Referenzmessnetz zu betreiben, und andererseits durch gezielte Messkampagnen die Grundlagen für Detailkenntnisse zu erwerben. Mit dem ANETZ steht heute ein Referenzmessnetz zur Verfügung, welches zwar bezüglich Stationsdichte noch nicht vollkommen ausreicht (eine Erweiterung ist im Moment geplant), das aber sowohl von der Datenqualität als auch von der zeitlichen Auflösung her gesehen hervorragende Möglichkeiten bietet. Die Zehnminutendaten versprechen vor allem in den heute gebräuchlichen Methoden der Zeitreihenanalyse (Fourieranalyse) noch einiges an bisher Verborgenem über den Einfluss der Geländeform auf die meteorologischen Parameter.

Wie bereits erwähnt, gibt es aber vor allem noch grosse Lücken in unseren Kenntnissen der Vertikalen. Die Radiosondierungen von Payerne entsprechen nicht mehr dem heute Möglichen, weder in der zeitlichen (12 h für PTU, 6 h für Wind) noch in der räumlichen (alle 180 m PTU, alle 360 m Wind) Auflösung. Eine neue Sonde ist zur Zeit in Entwicklung und sollte den zweiten Aspekt verbessern, die zeitliche Auflösung bleibt aber weiterhin prekär. Hier sind zur Zeit Geräte auf dem Markt oder in Entwicklung, welche erhebliche Verbesserungen bringen. Windprofiler, SODAR und LIDAR können mit Auflösungen von wenigen Minuten Vertikalschnitte bis in mehrere Kilometer ausführen. Dabei können Messungen für Schichten von je einigen zehn Metern erhalten werden.

Die Einführung der erwähnten Technologien dürfte einen wesentlichen Erkenntnisschub in der Grenzschichtmeteorologie über dem komplexen Gelände der Schweiz zur Folge haben.

Literatur

Aubert C., 1980: Carte de ventilation de la Suisse. Service de la climatologie de la Suisse romande. 4 p.

Bouët M., 1985: Climat et météorologie de la Suisse romande. Payot Lausanne, 170 p.

Defila C., 1985: Wind. In: Charakteristiken der ANETZ-Daten. Beitr. ANETZ-Daten-Kolloquium 17. April 1985, Zürich SMA, 14-18.

Neininger B. und O. Liechti, 1984: Local winds in the upper Rhone Valley. GeoJournal 8.3, 265-270.

Pfeifer R., 1988: Zur Koppelung der Strömungsverhältnisse an Höhenstandorten im Jura im Hinblick auf die Windenergienutzung. Lizentiatsarbeit Geogr. Inst. Bern, 84 p.

Pool M., 1988: Versuche zur Charakterisierung von Bodenwindmessungen mit der Weibull-Verteilung. Zweitarbeit Geogr. Inst. Bern, 33 p.

Wanner H., und S. Kunz, 1977: Die Lokalwettertypen der Region Bern. Beiträge zum Klima der Region Bern, Nr. 9. 96 p. + Anhang.

4. Fallstudien zur Dynamik ausgewählter Wetterlagen

Markus Furger und Heinz Wanner

4.1. Einleitung und Zielsetzung

Zum Studium der Dynamik der Grenzschicht über komplexer Topographie wurden mehrere Fallstudien durchgeführt. Als Grundlage dienten Feinanalysen des Temperatur-, Druck- und Windfeldes, welche für den regionalen Massstab (Mittelland) ausgeführt wurden. Das Hauptgewicht der Fallstudien lag auf der Beschreibung und - wenn möglich - Erklärung des bodennahen Windfeldes. Da die ursprüngliche Untersuchungsperiode nur zwei Monate umfasst, nämlich September und Oktober 1981, traten klar abgrenzbare Wetterlagen nur ein- bis zweimal auf, sodass die Fallstudien tatsächlich für sich stehen und Besonderheiten, welche an sich nicht typisch für die angegebene Wetterlage sind, zu stark hervortreten. Es ist deshalb auch nicht möglich, eine brauchbare Klimatologie zu erstellen. Umso mehr wird aber versucht, den *Ablauf* einer Wetterlage herauszuarbeiten.

Bei der Beschreibung der Strömung stehen die Fragen nach der topographischen Modifikation der Gradientwinde, sowie die regionalen und lokalen Zirkulationssysteme im Vordergrund. Druckanalysen sollen hier eine differenzierte Betrachtung ermöglichen. Als weiterer Aspekt im Problemkreis Luftverschmutzung ist auch die Schichtung der Temperatur von Bedeutung. Der Auf- und Abbau von Inversionen in komplexem Gelände ist verknüpft mit der Bildung von stagnierenden Kaltluftmassen, in welchen die Schadstoffe gefangen bleiben. Diese Gebiete sind häufig völlig von den allgemeinen Windverhältnissen (Gradientwind) entkoppelt und führen ein Eigenleben. Dem allgemeinen Gradienten entgegengesetzte Winde in Bodennähe sind deshalb nicht so selten und erschweren eine objektive Interpolation mit irgendwelchen noch so ausgeklügelten statistischen Verfahren.

Im folgenden sollen die Datengrundlage für die Feinanalysen und die Verfahren, welche angewendet wurden, näher erläutert werden.

68 Fallstudien

4.2. Datengrundlage

Um ein möglichst dichtes, geschlossenes Netz von Bodenmessungen von Druck, Temperatur und Feuchte (PTU) zu erhalten, wurden alle zum damaligen Zeitpunkt betriebenen SMA-Stationen verwendet (Tab. 4.1).

Netz	ANETZ	konv. Netz
Anzahl Stationen[*]	50	83
Messwerte	1h-Mittel	Momentanwerte
Anzahl Messungen pro Tag	24	3
[*] vgl. Anhang 1		

Tab. 4.1: Verwendete Messnetze für PTU-Analysen 1981.

Für die Windfelder wurden noch weitere Messungen ausgewertet. Eine nähere Beschreibung dieser Daten ist in Kap. 3.2.2. zu finden.

Die Aufbereitung und Vereinheitlichung der Daten ergab insofern Schwierigkeiten, als die Ablesungszeitpunkte nicht exakt übereinstimmten und Stundenmittel mit Momentanwerten in eine Datenbank zusammengeführt wurden. Die Abweichungen sind jedoch gering, vor allem beim Druck. Die Umstellung von der Sommer- auf die Winterzeit am 26. September 1981 hatte für die PTU-Daten keine Auswirkungen.

Zusätzliche wichtige Informationen konnten aus den hochaufgelösten Payerne-Sondierungen gewonnen werden. Diese Daten wurden ergänzt durch den "Europäischen Wetterbericht" des DWD, den "Wetterbericht der Schweizerischen Meteorologischen Anstalt" und die "Annalen der Schweizerischen Meteorologischen Anstalt".

4.3. Vorgehen und Methoden

4.3.1. Druck

Für Druckuntersuchungen mit einer synoptischen Darstellung der Druckwerte in einer Karte ist eine *Reduktion* auf ein einheitliches Niveau zwingend. Für die Schweiz ist eine Reduktionshöhe von 700 m ü.M. besonders geeignet, denn diese entspricht gerade der mittleren Höhe der Stationen unter 1200 m. Somit ist für keine Station über mehr als 500 m Höhendifferenz zu reduzieren. Höhergelegene Stationen wurden für die Druckkarten nicht verwendet. Es zeigte sich allerdings, dass sie sich häufig ausgezeichnet ins allgemeine Bild einfügten.

Das Reduktionsverfahren basiert auf den folgenden Gleichungen:

$$\boxed{\text{Reduzierter Druck } p_r = p_s \cdot \exp\left\{\frac{T_0 \cdot (h_s - h_r)}{H_0 \cdot T_{vm}}\right\}} \qquad (4.1)$$

(Barometerformel für isotherme Atmosphäre)

mit
- p_s = Stationsdruck [hPa]
- T_0 = 273.15 K
- H_0 = Scale height = 8011 m
- h_s = Stationshöhe [m]
- h_r = Reduktionshöhe = 700 gpm
- T_{vm} = Virtualtemperatur der Schichtmitte [K]

Dabei berechnet sich T_{vm} nach

$$T_{vm} = T_m \frac{1 + r/\varepsilon}{1+r} \qquad (4.2)$$

mit

$$T_m = T_s + \frac{h_s - h_r}{2} \cdot \Gamma \qquad (4.3)$$

und

$$r = \varepsilon \frac{e_m}{p_m - e_m} \qquad (4.4)$$

wobei
- ε = 0.62198
- T_s = Stationstemperatur [°C]
- Γ = "Lapse rate" [K/m]
- T_m = Temperatur der Schichtmitte [°C]
- p_m = $1017.6 \cdot \exp\left\{-\left(\dfrac{T_0 \cdot (h_s + h_r)}{2 H_0 \cdot (T_m + T_0)}\right)\right\}$ (4.5)
  = Druck der Schichtmitte [hPa]

70 Fallstudien

$$e_m = e_s \frac{U_s}{100} \cdot 10^{\frac{h_s - h_r}{2 \cdot 6300}} \qquad \text{(SCHÜEPP 1962)} \qquad (4.6)$$

e_m = Dampfdruck der Schichtmitte [hPa]
U_s = relative Feuchte [%]

e_s ist der Sättigungsdampfdruck und wird nach der Formel von BOSEN (1960) berechnet:

$$e_s = 33.8714 \, [(0.00738 \cdot T_m + 0.8072)^8 \\ - 0.000019 \cdot |1.8 \cdot T_m + 48| + 0.001316] \qquad (4.7)$$

Als Besonderheit ist zu erwähnen, dass für die "Lapse rate" zwei Werte unterschieden wurden: Für die Zeiten von 06 bis 17 UTC war Γ = 0.0065 Km^{-1}, von 18 bis 05 UTC wurde Γ = 0.0 Km^{-1} gesetzt. Diese Unterscheidung sollte den Tagesgang der unteren Atmosphäre wenigstens grob korrigieren. Es zeigte sich allerdings, dass in der Nacht für die Bergstationen weiterhin bessere Resultate zu erzielen wären, wenn mit Γ = 0.0065 Km^{-1} gerechnet würde.

Fig. 4.1 stellt den Zusammenhang zwischen Höhendifferenz und Reduktionsgenauigkeit dar, welcher aus einer Fehlerabschätzung hervorgeht. Man erkennt deutlich die Zunahme der Ungenauigkeit mit wachsender Höhendifferenz. Als Vorgaben wurden jeweils einzelne oder mehrere Parameter leicht verändert, um Messungenauigkeiten zu simulieren. Die Kurve gibt die Mittelwerte von 19 solchen Simulationen wieder.

Weitere Sensitivitätsstudien ergaben, dass die Reduktion wesentlich empfindlicher auf Druckmessfehler reagiert als auf Temperatur- oder Feuchtefehler.

Eine Abweichung des Drucks um 0.5 hPa bewirkte eine direkte Änderung des Resultats um 0.5 hPa, ein Fehler von 1 m in der Höhenbestimmung bewirkte 0.1 hPa Abweichung. Im Gegensatz dazu hat eine Differenz von 18.6 % in der "Lapse rate" bloss eine Änderung von 0.01 hPa zur Folge (alle Angaben für Δh = 250 m).

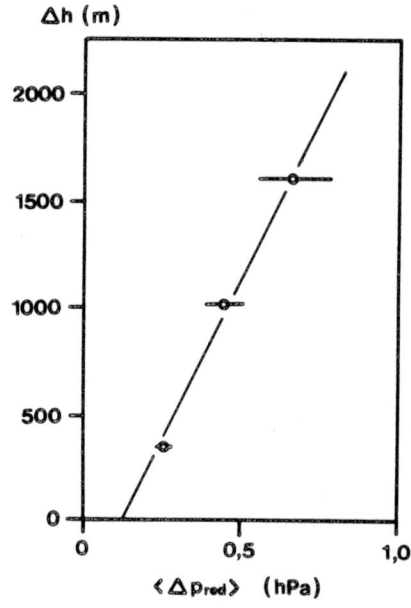

Fig. 4.1:
Fehlerabschätzung der Druckreduktion. Resultate von je 19 Simulationsläufen, bei welchen einzelne oder mehrere Parameter leicht variiert wurden.

Mit den so reduzierten Druckwerten wurden nun Isobarenkarten gezeichnet. Es zeigte sich, dass eine Automatisierung des Verfahrens mit einer bikubischen Splineinterpolation nicht befriedigende Resultate erbrachte, weil zum einen eine zu starke Glättung der Werte die Gradienten zu sehr verflachte, und andererseits die beim Rechenzentrum damals zur Verfügung stehende Plotsoftware in keiner Weise den Anforderungen gerecht wurde. Deshalb wurden die Isobaren von Hand gezeichnet. Dies hatte zugleich den Vorteil, dass Besonderheiten von einzelnen Stationen beim Analysieren leicht entdeckt werden konnten.

Zusätzliche Informationen konnten aus dem Verlauf des Luftdrucks an einer Station gewonnen werden. Um mehrere Stationen auf dem gleichen Diagramm darstellen zu können, erwies es sich als vorteilhaft, für jede Station den betreffenden Stationsmittelwert zu subtrahieren und nur die Abweichungen bezüglich dieses Mittelwerts darzustellen. Als Mittelwert diente dabei das Stationsmittel über alle Tage der betreffenden Fallstudie. Dadurch konnten auch hochgelegene Stationen zwanglos in ein Diagramm einbezogen werden. Dieses Verfahren wurde für die *Druckabweichungs-Diagramme* verwendet.

4.3.2. Temperatur

Wie der Druck mussten auch die Temperaturen auf ein einheitliches Niveau reduziert werden, um Vergleichbarkeit zwischen mehreren Stationen zu gewährleisten. Für dynamische Untersuchungen und die Abgenzung von Luftmassen sind die potentielle und die äquivalent-potentielle Temperatur geeignet.

Die potentielle Temperatur wird so definiert:

$$\theta = T \left(\frac{p_0}{p}\right)^{0.286} \qquad (4.8)$$

T und p sind die Stationswerte von Temperatur und Druck, wobei T als absolute Temperatur angegeben wird. p_0 ist dabei der Referenzdruck und ist normalerweise gleich 1000 hPa. Diese Formel wurde für die Darstellung der *Zeitreihen* in den Fallstudien verwendet.

Für die Temperaturkarten wurden jedoch die Formeln von DARKOW (1968) in leicht modifizierter Form angewendet.

Potentielle Temperatur:

$$\theta_p = T + \frac{g(z-z_r)}{c_p} \qquad (4.9)$$

Äquivalent-potentielle Temperatur:

$$\theta_{pe} = T + \frac{g(z-z_r)}{c_p} + \frac{L_0 \, r}{c_p} \qquad (4.10)$$

Die verwendeten Konstanten sind c_p = 1004 Jkg^{-1}K^{-1} (spez. Wärme für trockene Luft), g = 9.81 ms^{-2} (Erdbeschleunigung), L_0 = 2.5·10^6 Jkg^{-1} (latente Wärme), T ist die absolute Stationstemperatur, z ist die Stationshöhe und z_r die Höhe des Reduktionsniveaus. Die Formeln (4.9) und (4.10) unterscheiden sich prinzipiell von (4.8). Während nämlich (4.8) die Reduktion auf eine Druckfläche - meistens 1000 hPa - beschreibt, wird bei den andern Formeln auf eine geometrische Höhe reduziert. Normalerweise wird auf Meereshöhe reduziert. Aus Gründen der Einheitlichkeit (und der Ästhetik) wurde hier ein Reduktionsniveau von 700 m ü.M. gewählt, also z_r = 700 m gesetzt. Gegenüber einer Reduktion auf Meereshöhe bedeutet das bloss, dass eine Konstante addiert wird.

Vergleichsrechnungen zwischen (4.8) und (4.9) haben ergeben, dass die Abweichungen fast identisch verschwinden:

$$\langle\theta-\theta p\rangle = 0.018 \pm 0.06 \text{ K}$$

Hierbei wurde in (4.8) jeweils der auf 700 m ü.M. reduzierte Druck als Referenzdruck p_0 eingesetzt. Die Abweichungen nahmen mit wachsender Höhendifferenz geringfügig zu, was als Folge der Ungenauigkeit der Druckreduktion interpretiert wird. In keinem Fall war die Differenz $\theta-\theta_p$ grösser als 0.5 K, auch wenn wie beim Säntis über 1800 m Höhenunterschied reduziert wurde und somit die sonst angewendete Toleranz von 500 m bei weitem überschritten war.

Die äquivalent-potentielle Temperatur (4.10) wurde mit der herkömmlichen Formel für diese Grösse verglichen:

$$\theta_e = \theta \exp\left\{\frac{L_v \, r}{T_s \, c_p}\right\} \qquad (4.11)$$

In dieser Gleichung ist T_s die Temperatur, die das Teilchen bei adiabatischer Expansion bis zur Sättigung erreichen würde. Die übrigen Konstanten wurden bereits oben definiert. Als Mittelwert der Abweichungen zwischen (4.11) und (4.10) ergab sich

$$\langle\theta_e-\theta_{pe}\rangle = 1.4 \pm 0.3 \text{ K},$$

d.h. dass θ_{pe} systematisch etwa 1.4 K tiefer liegt als θ_e. Eine Fehlerabschätzung von θ_e, welche ein $\Delta\theta_e$ von etwa 1.7 K ergibt, zeigt, dass θ_e die schwieriger zu bestimmende Temperatur als θ_{pe} ist.

Generell haben die Formeln (4.9) und (4.10) den Vorteil, dass sie leicht zu berechnen sind. Sämtliche Temperaturkärtchen in den folgenden Fallstudien basieren auf diesen beiden Formeln. Aus den gleichen Gründen wie beim Druck wurden auch diese Kärtchen von Hand bearbeitet.

4.3.3. Strömungsmuster

Die in Kap. 3 beschriebenen Winddaten wurden dazu verwendet, Kärtchen mit mehr oder minder charakteristischen Strömungsmustern herzustellen. Die kleinen Kollektive für die einzelnen Wetterlagen verunmöglichten eine zuverlässige klimatologische Darstellung des Strömungsfeldes. Die Entwicklung eines objektiven Verfahrens zur Interpretation des Windfeldes konnte aus zeitlichen Gründen nicht mehr durchgeführt werden. So musste man sich darauf beschränken, die Charakteristiken des Windfeldes herauszuarbeiten und so darzustellen, dass die Aussage rasch zu erfassen ist. Da die resultierenden Kärtchen also eines gewissen subjektiven Einflusses nicht entbehren, wird in der Folge von "Strömungsmustern" gesprochen, und nicht von "Stromfeldern".

Es erwies sich als sinnvoll, die topographischen Gegebenheiten soweit als möglich einzubeziehen, indem man primär einmal Höhenstationen von Tieflandstationen trennte. Weiter war eine Unterscheidung der Höhenstationen in zwei Schichten von Vorteil. Eine Grenze konnte etwa bei 2000 m gezogen werden. Diese Grenzhöhe war aber nicht fixiert, sondern wurde in gewissen Wetterlagen (Bise) der Inversionsuntergrenze (bei Höheninversionen), respektive der Obergrenze bei Bodeninversionen angepasst. Die "Höhenstationen" wurden für die Bodenwindanalysen nicht mehr berücksichtigt.

a) Höhenströmungskarten

Die für die Höhenströmungskarten benützten Stationen sind Chasseral (1620 m), La Dôle (1675 m), Chaumont (1141 m), Napf (1406 m), Zugerberg (979 m), Balmberg (1078 m), Säntis (2500 m), Moléson* (1972 m), Monte Brè (910 m), Pilatus (2110 m), Jungfraujoch (3576 m), Gütsch (2284 m), Weissfluhjoch (2667 m), Corvatsch (3299 m) und Cimetta* (1648 m). Die mit * bezeichneten Stationen standen nur für die zweite Untersuchungsperiode (Jan./Febr. 1985) zur Verfügung. Zusätzlich wurde noch die Radiosondierung von Payerne berücksichtigt mit einem Niveau um 1850 m, dem andern um 2600 m.

Als Analyseverfahren wurde eine Methode gewählt, welche PETTERSSEN (1956) beschrieben hat. Sie umfasst die folgenden Schritte:

1. Übertragen der Windrichtungen in eine Karte. Einzeichnen der Linien gleicher Windrichtungen.

2. Auftragen von kleinen Strichen, welche die der Linie entsprechende Richtung anzeigen, in regelmässigen Abständen.

3. Einzeichnen der Stromlinien entlang der kleinen Striche.

Dieses Vorgehen ist einigermassen objektiv. Als Kontrolle wurde jeweils ein Vergleich mit den Standardniveaus 700 und 850 hPa durchgeführt. Bei zu starken Abweichungen wurde das ganze Strömungsmuster verworfen.

Je nach Wetterlage waren einzelne Stationen nicht brauchbar. Das Jungfraujoch mit seiner starken NW-SE-Kanalisierung erbrachte bei Westwind keinerlei konsistente Resultate und musste weggelassen werden. Auch Pilatus machte häufig Schwierigkeiten.

b) Bodenströmungsmuster

Das Zeichnen der Bodenströmungsmuster war wesentlich weniger objektiv möglich als die Höhenkarten, weil die Mechanismen, welche die Winde verursachen, auf verschiedene Ursachen zurückzuführen sind. So musste sowohl das Geländerelief als auch die Temperaturschichtung berücksichtigt werden.

Deshalb wurde folgendes Vorgehen gewählt:

1. Einzeichnen der Stationen mit Windstille.
2. Einzeichnen der Stationen mit schwachen Winden. Winde < 2 ms^{-1} wurden als kata- oder anabatisch bezeichnet, vor allem, wenn sie noch im Tagesablauf ihre Richtung wechselten.
3. Einzeichnen der Stationen mit stärkeren Winden. Hier wurde nun versucht, die Informationen mehrerer Stationen miteinander zu verbinden. Stärkere Winde wurden - subjektiv - stärker gewichtet als schwächere. Diese Windpfeile repräsentieren also nicht mehr eine Einzelstation, sondern bereits eine Raumeinheit mit mehreren Stationen.

Besondere Vorkommnisse wie Kaltfronten, Kaltluftseen, etc. wurden auf den Karten so gut es ging lokalisiert, wobei die üblichen Kriterien angewandt wurden. Schwieriger bzw. unmöglich war die Abschätzung des Einflusses eines sich überlagernden synoptischen Gradienten. Die kleinen Kollektive liessen keinerlei statistische Auswertungen in dieser Hinsicht zu. Wie sich aber zeigte, waren die Druckkarten sehr hilfreich, indem sie auch feinste Druckgradienten richtig wiedergaben und so "abnormes" Windverhalten erklären halfen. Die Beobachterdaten konnten jeweils als Verfeinerung zu Rate gezogen werden, obwohl die Beobachtungsgenauigkeit eher für qualitative denn quantitative Aussagen geeignet war.

4.4. Fallstudien

4.4.1. Bise (Winter)

a) Einleitung

Zum Studium einer winterlichen Bisensituation erweist sich die Zeit vom 14. - 24.2.85 als gut geeignet, weil vor allem das Wechselspiel zwischen ausgeprägter Bise und windschwacher Hochdrucklage eingehender studiert werden kann. Gleichzeitig ist der Zeitraum vom 18. - 22.2.85 auch unter dem Gesichtspunkt der Luftverschmutzung und Schadstoffausbreitung näher untersucht worden (SCHÜPBACH et al., in Vorb.).

b) Allgemeine Wettersituation 14. - 24.2.85

Ein Zeitraum von elf Tagen ist in unseren Breiten nur in Ausnahmefällen einer einzigen Wetterlage zuzuordnen. Auch die hier untersuchte Bisensituation ist in sich nicht homogen, sondern zerfällt in Phasen mit klar ausgeprägter Bise und Phasen mit eindeutig strahlungsdominierten Windverhältnissen. Dabei treten zwei NE-Windmaxima auf, nämlich ein erstes vom 15. - 19. und ein zweites am 22.2.85. Am 14. herrschen im Mittelland noch ausgeprägte Westwinde vor, während am 20. - 21. und nach dem 23. schwache, thermisch induzierte Lokalwinde das Bild prägen. Diese grobe Beschreibung des Wetterablaufs soll nun etwas detaillierter angegangen werden.

74 Fallstudien

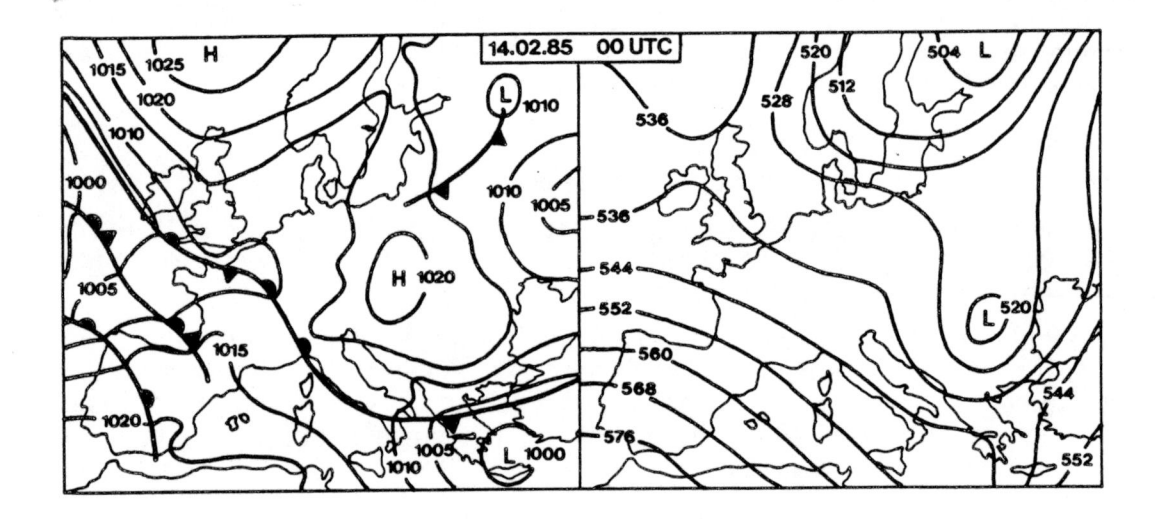

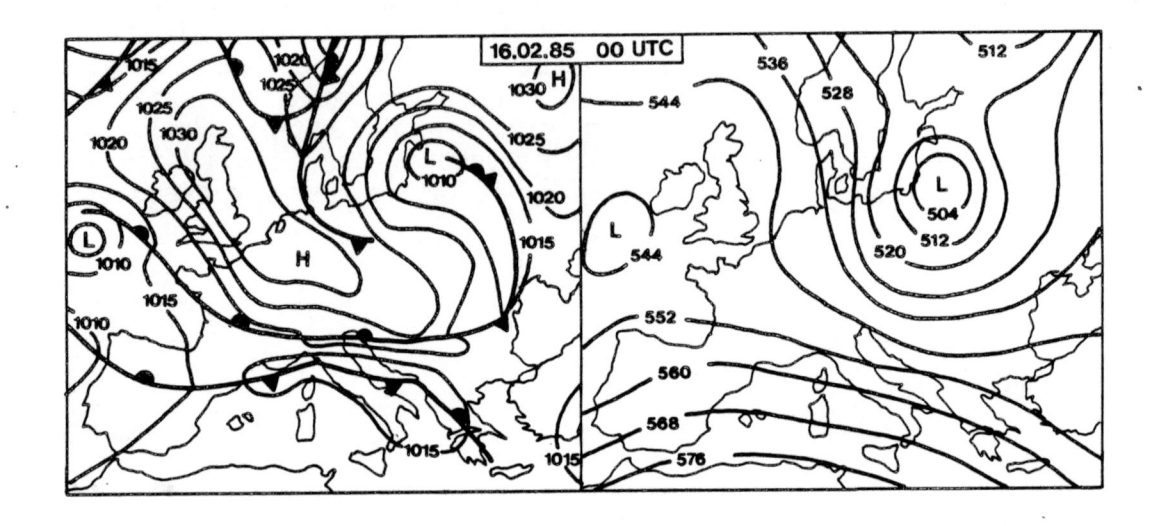

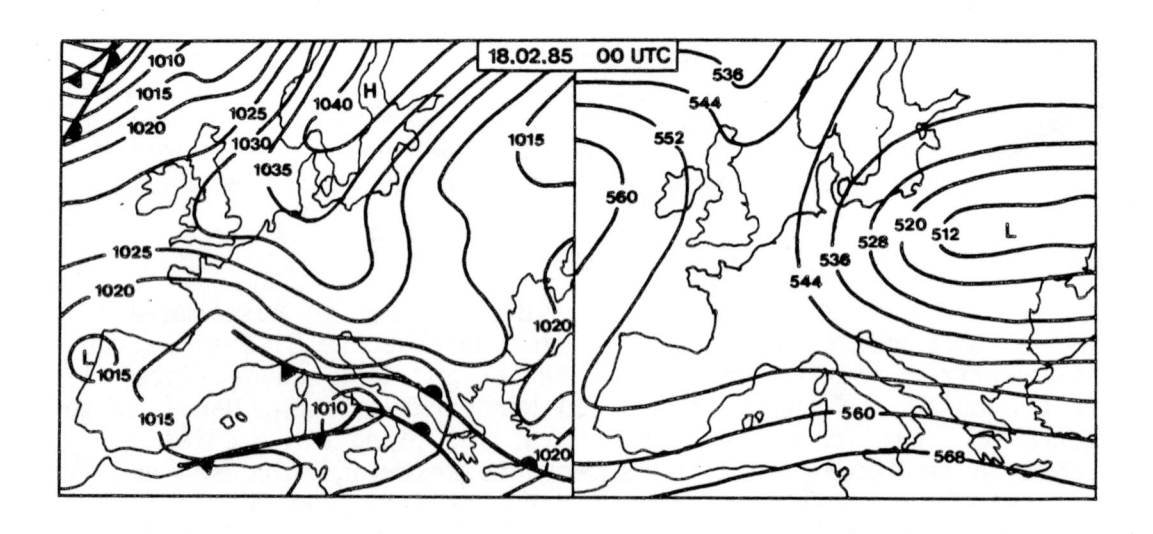

Fig. 4.2:   Wetterkarten für jeden zweiten Tag vom 14.-24.2.85, 00 UTC. Links: Bodenwetterkarte.
            Rechts: 500 hPa-Isohypsen.

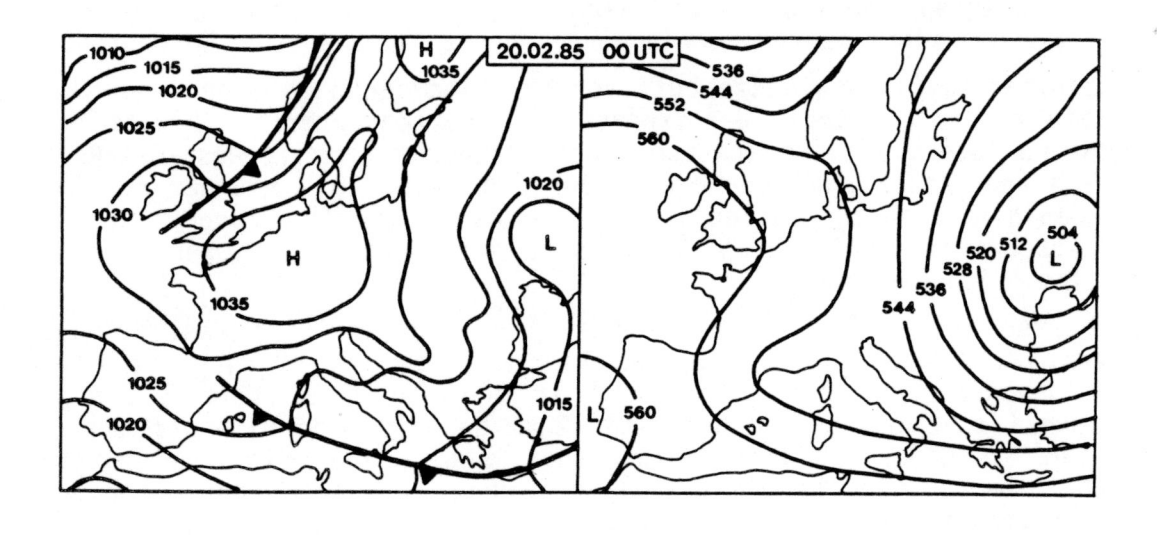

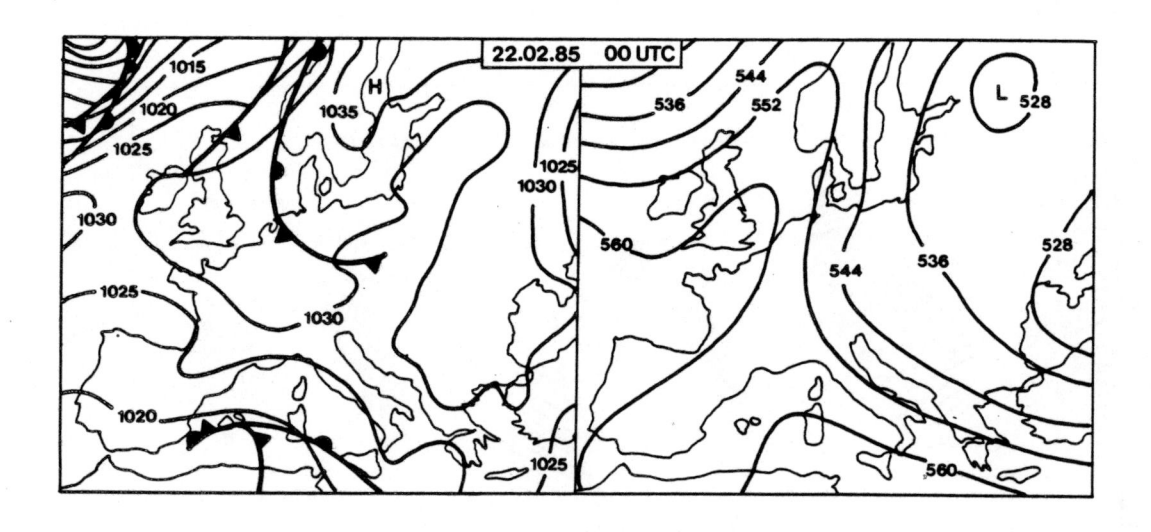

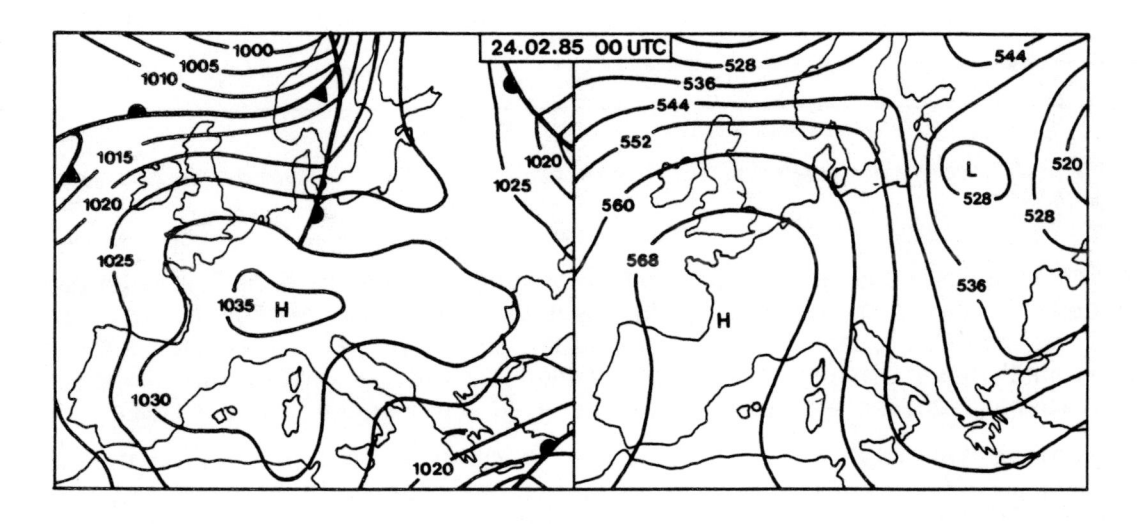

Fig. 4.2: (Fortsetzung).

76 Fallstudien

Die zweite Februardekade wird geprägt durch das Aufeinandertreffen zweier Luftmassen über Mitteleuropa. Von Südwesten her strömt milde Meeresluft gegen die Alpen. Diese Strömung führt mehrere darin eingelagerte Fronten nach Nordosten.

In einer Gegenströmung fliesst kalte Luft von Skandinavien nach Süden und blokkiert damit die vorhin erwähnten Warmfronten. Die Luftmassengrenze bleibt deshalb über mehrere Tage praktisch stationär und erstreckt sich in West-Ost-Richtung quer durch Frankreich und über die Alpen (Fig. 4.2). Die mit der Frontalzone verbundenen Niederschläge fallen als Schnee bis in die Niederungen, vor allem in der Westschweiz. Mit Ausnahme des Tessins melden alle Stationen eine zum Teil beträchtliche Schneedecke.

Die 500 hPa-Karten zeigen für diese Periode eine sehr kräftige Westströmung, welche bis zum 18. anhält. Das Westwindmaximum wird am 16. erreicht, als ein Jetstream mit Geschwindigkeiten von 75 ms^{-1} im 300 hPa-Niveau über die Alpen strömt. Trotzdem findet man in den untersten 2 km bereits eine Bisenströmung im Mittelland, d.h. das Bodenhoch über Mitteleuropa macht seinen Einfluss geltend. Damit kann auch die kalte Luft nach Westen vordringen, was einen markanten Temperaturrückgang verursacht (Fig. 4.3). In der weiteren Entwicklung nehmen die 500 hPa-Winde etwas ab und drehen nach Nord, wodurch wegen der herangeführten Kaltluft die Troposphäre über der Schweiz ebenfalls abgekühlt wird.

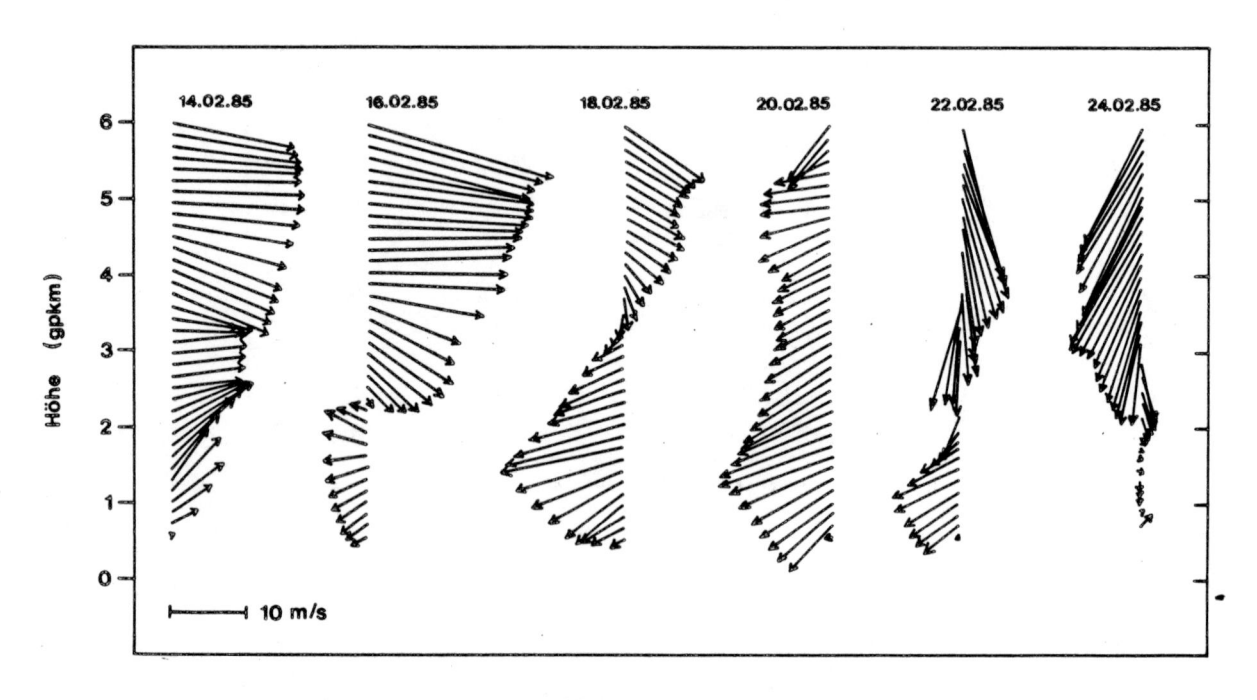

Fig. 4.3: Windprofile der Radiosondierungen von Payerne für jeden zweiten Tag vom 14.-24.2.85 jeweils 00 UTC.

Diese Situation - Nordströmung im 500 hPa-Niveau und Bodenhoch über Mitteleuropa - bleibt ab dem 19. für den restlichen Untersuchungszeitraum bestehen. In deren Verlauf kommt es zum Abflauen der Bise nach dem 20. (mit einem kurzen Auffrischen am 22.), und in Verbindung mit hohen Sonnenscheindauerwerten zum langsamen Anstieg der Temperaturen. Am 24. bricht der NE-Wind dann endgültig zusammen.

Wie die Windprofile von Payerne verdeutlichen, herrschen vom 15. - 23. im Mittelland generell NE-Winde vor (vgl. Fig. 4.3, in welcher allerdings die beiden Umstellungstage nicht enthalten sind). Einzig in der bodennächsten Schicht treten vereinzelt entgegengesetzte Winde auf, die als lokal gedeutet werden müssen (Kaltluftabfluss, vor allem aus Südwesten).

Vom 15. bis zum Schluss befindet sich eine Inversion über Europa, welche im Westen eine maximale Höhe von etwa 2000 m über Grund erreicht. Die Mächtigkeit der

Kaltluft zeigt sich im Isentropenquerschnitt vom 22. von Lyon bis Prag (Fig. 4.4), welcher besonders schön die Neigung von Ost nach West sichtbar macht.

Zusammenfassend lässt sich also die Untersuchungsperiode als kalte, aber vor allem sonnige Phase beschreiben, in deren Verlauf die Bise mit windschwachen Situationen abwechselt. Im folgenden werden nun einzelne Parameter genauer diskutiert.

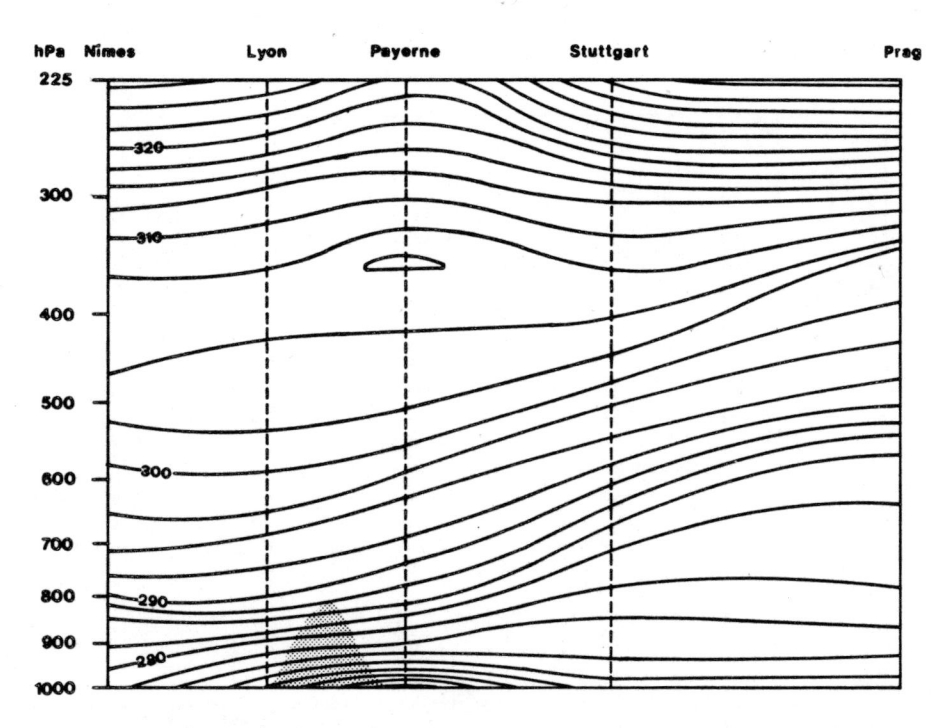

Fig. 4.4: *Isentropenquerschnitt von Nîmes bis Prag für den 22.2.85, 00 UTC. θ in K. Deutlich zu erkennen ist die stabile Schicht in der unteren Troposphäre, welche in Payerne auf etwa 850 hPa liegt und nach Osten auf etwa 600 hPa ansteigt. Sie bildet die Obergrenze der Kaltluft.*

c) Druckverhältnisse

Die markante Kaltfront führt in der Nacht vom 14. auf den 15. ein abruptes Ende der komplexen Tiefdrucklage herbei. Danach beginnt eine Zeit des Übergangs, in deren Verlauf sich ein Hoch etabliert (Fig. 4.5). Der Druckanstieg verläuft nicht stetig, sondern wird durch zwei Tröge, welche über die Schweiz wandern, unterbrochen. Während der erste Trog noch sehr wetterwirksam ist (vor allem in der Westschweiz, siehe unten), macht sich der zweite kaum bemerkbar. Die Amplitude im Druckverlauf ist dabei vor allem an tiefergelegenen Stationen ausgeprägt, während sie an höheren wesentlich gedämpft ist.

Als markantes Ereignis fällt am 15. der rasante Druckanstieg um etwa 15 hPa innert 24 Stunden auf. Dies lässt auf ein rasches Einströmen von (dichterer) Kaltluft in die Schweiz schliessen. Tatsächlich lässt sich auch eine Temperaturabnahme von mehreren Grad bis über 6000 m ü.M. nachweisen, wobei unterhalb 2000 m ü.M. sogar eine Abkühlung um etwa 10°C stattfindet. Dieses Vordringen der Kaltluft in den untersten Schichten ist eine der Charakteristiken für die Bise. Ein Vergleich mit dem Windverhalten zeigt, dass die maximalen Windgeschwindigkeiten jeweils zu Beginn eines Druckanstiegs auftreten, also am 18. und am 22.

Untersucht man nun die Druckkarten (Fig. 4.7) für die Untersuchungsperiode, so fällt als weiteres Merkmal auf, dass für die zwei Bisenphasen einerseits ein NE-SW-Druckgradient im Mittelland vorherrscht, andererseits über den Alpen ein sehr kräftiger N-S-Druckgradient zu beobachten ist. So findet man am 18. um 12 UTC einen Druckunterschied von 4.4 hPa zwischen Genf und Güttingen (290 km), und von 6.9 hPa zwischen Piotta und Altdorf (40 km). Als Folge tritt vor allem im oberen

Tessin Nordföhn auf, wobei aber nur ein punktueller Nachweis an wenigen Stationen (Olivone, Piotta) möglich ist. Offenbar ist zu diesem Zeitpunkt der Nordföhn noch nicht bis in die Talsohle durchgedrungen.

Der erwähnte Druckgradient quer zum Alpenhauptkamm ist am ausgeprägtesten bei starken Bisensituationen, und flacht sich jeweils in den dazwischenliegenden Hochdruckphasen ab. Der Effekt, dass ein Gebirge synoptische Druckgradienten lokal verstärken kann, findet hier eine anschauliche Bestätigung.

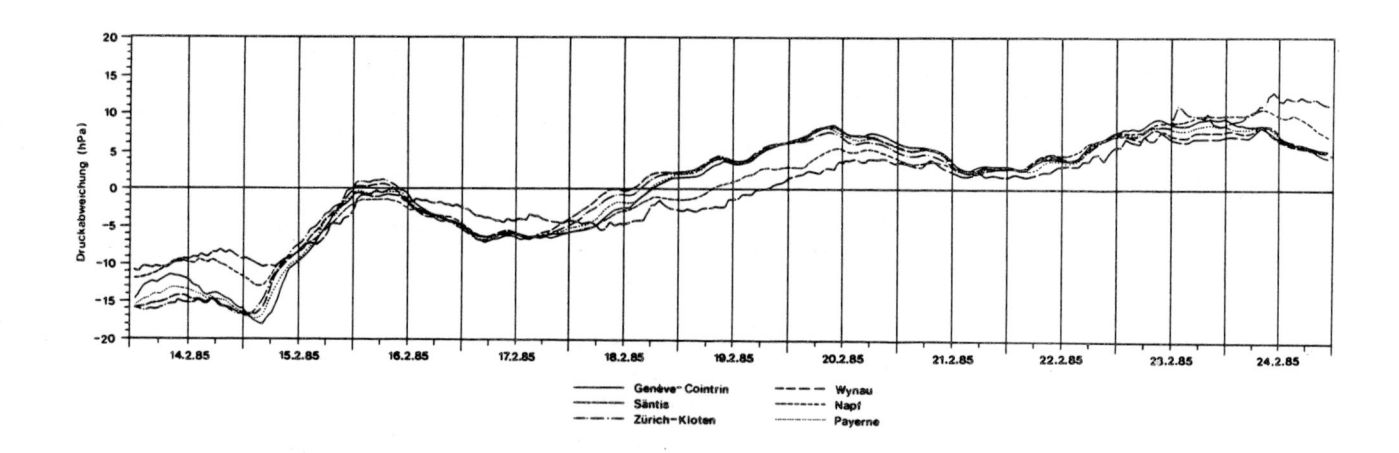

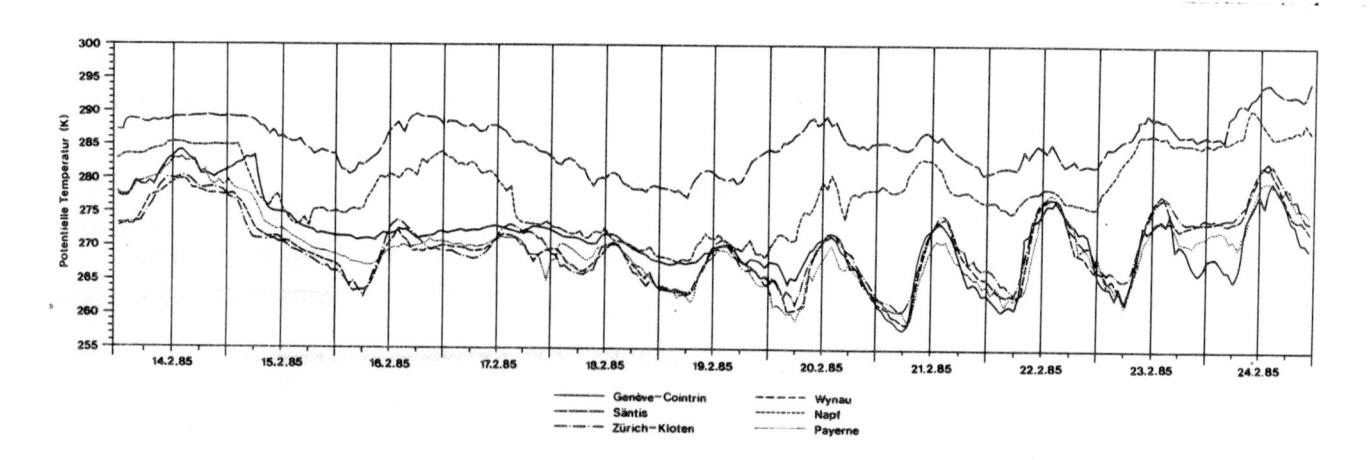

Fig. 4.5: Verlauf der Druckabweichung vom jeweiligen Stationsmittel über die gesamte Untersuchungsperiode für die Stationen Genève-Cointrin (416 m), Payerne (491 m), Wynau (416 m), Zürich-Kloten (432 m), Napf (1406 m) und Säntis (2500 m).

Fig. 4.6: Verlauf der potentiellen Temperatur θ. Stationen wie in Fig. 4.5.

Fallstudien 79

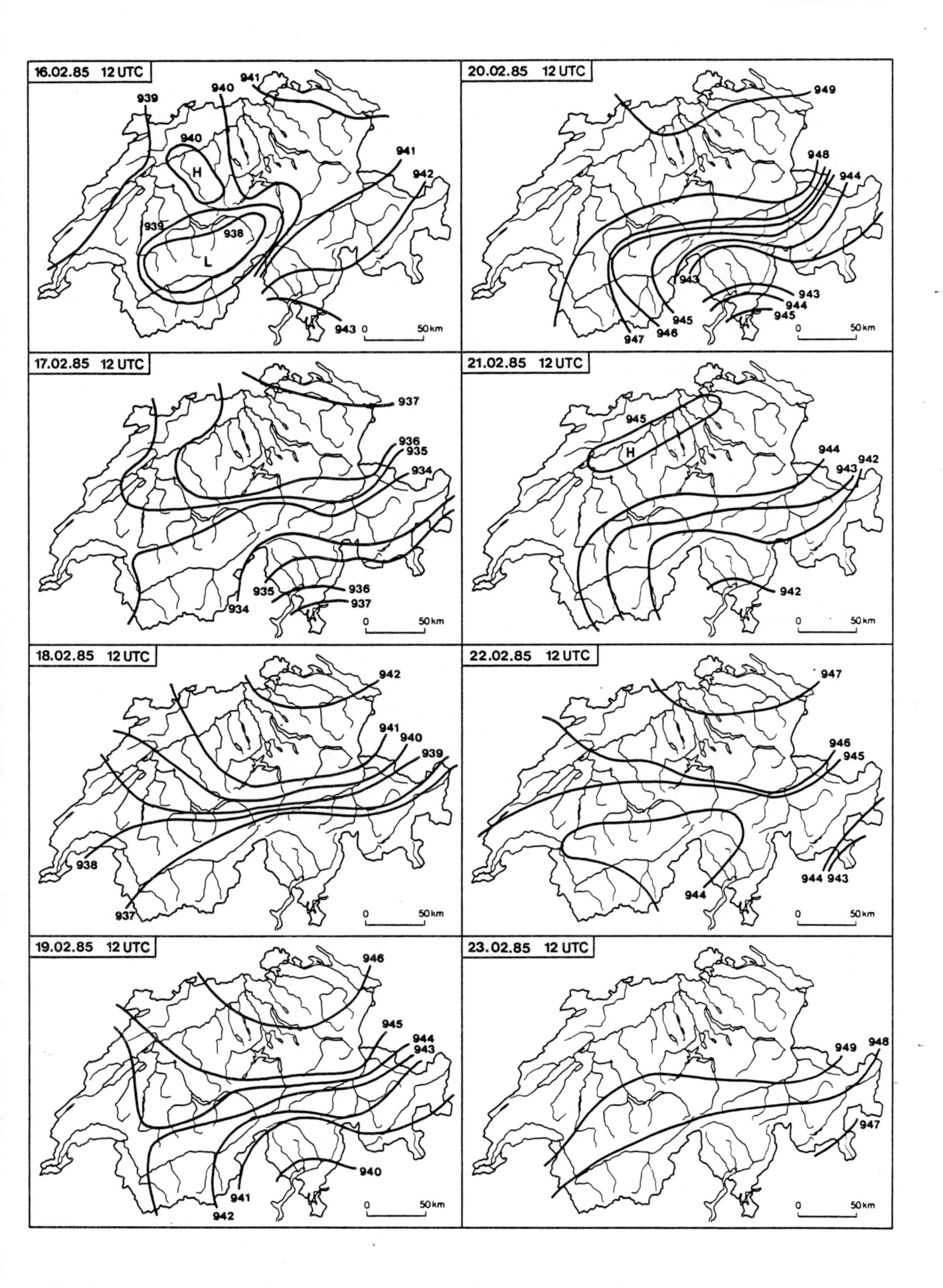

Fig. 4.7: Druckkarten (hPa) vom 16.-23.2.85, jeweils 12 UTC. Reduktionshöhe 700 m ü.M.

d) Temperatur

Was oben bereits angedeutet wurde, nämlich das Einströmen der Kaltluft von NE ins Mittelland, lässt sich anhand der Temperaturkarten näher untersuchen. In Fig. 4.8 sind jeweils die Karten für den Mittagstermin dargestellt. Mit der Wahl dieses Termins wird die Schwierigkeit umgangen, dass die Temperaturverteilung durch Prozesse wie die nächtliche Abkühlung und Nebelbildung stark verzerrt wird. Unter der Annahme, dass die Globalstrahlung in der ganzen Schweiz etwa gleichmässig verteilt ist, was vor allem für die Zeit nach dem 20. in guter Näherung erfüllt ist, kann somit die gesamte Temperaturänderung im Mittelland auf die Advektion von kälterer oder wärmerer Luft zurückgeführt werden. In diesem Sinn lässt sich nun leicht verfolgen, wie die bodennahe kalte Luft von NE her durchs Mittelland vorstösst und am 16. ein erstes Maximum ihrer Ausdehnung erreicht. Nach einem kurzen Rückzug am 17. folgt eine zweite massive Abkühlung am 18. und 19., worauf sich die Luft allmählich wieder erwärmt. Anfangs dringt die Kaltluft in die Alpentäler ein und zeigt dabei ein Verhalten, das stark dem Vordringen einer Kaltfront gleicht. Im Unterschied zu dieser übersteigt die Bisen-Kaltluftmasse die Alpenpässe aber nicht, weil sie (wenigstens in diesem Fall) zu wenig mächtig ist. Sie bleibt mehrheitlich nördlich der Alpen liegen. Der Rückstau der Kaltluft einerseits und das Auftreten von Nordföhn andererseits sind als Ursachen dafür anzusehen, dass die Alpensüdseite deutlich höhere Temperaturen in der ganzen Untersuchungsperiode aufweist, obwohl auch hier ein leichter Temperaturrückgang am 18. und 19. zu verzeichnen ist.

Aus dem Verlauf der Temperaturen im Mittelland (Fig. 4.6) wird ersichtlich, dass vom 19. an ein ausgeprägter Tagesgang auftritt. Ein solches Verhalten ist nur möglich, wenn wenig Bewölkung vorhanden ist, was für diese Zeitspanne auch zutrifft (siehe unten).

Insgesamt ist die ganze Periode recht kalt. Bern-Liebefeld weist eine Mitteltemperatur von -5.5°C mit einem Minimum von -14.9°C und einem Maximum von 8.7°C auf. Das Minimum wird bei den meisten Stationen am 20. oder 21. erreicht, also in der Hochdruckphase, und nicht während der Bise. Der Grund hierfür liegt in der turbulenten Durchmischung der Luft, welche bei starken Winden zu einer neutralen, d.h. adiabatischen Schichtung der Atmosphäre führt, während bei Windstille eine stabile Schichtung mit starker Abkühlung der bodennahen Schicht und Temperaturzunahme mit der Höhe entsteht. Dass bei Bise die Turbulenz genügend gross ist, um eine etwa 1500 m mächtige Schicht zu durchmischen, beweist die Station Napf (1409 m ü.M.). Am 18./19. und am 22. meldet sie die gleichen potentiellen Temperaturen wie die Mittellandstationen. An diesen Tagen treten auch die Bisenmaxima auf. Im Gegensatz dazu meldet Säntis (2500 m ü.M.) während der ganzen Zeit deutlich höhere potentielle Temperaturen. Dies findet seine Erklärung darin, dass die Bise nicht bis in diese Höhe hinaufreicht, oder anders ausgedrückt, die Station Säntis liegt in einer anderen Luftmasse.

e) Bewölkung

Während anfänglich noch die ganze Schweiz vollständig bedeckt ist, lockert sich die Bewölkung allmählich auf und geht über zu mehrheitlich sonnigem Wetter. Die Auflösung beginnt am 18. und erfasst zuerst die Gebiete südlich der Alpen. Vom 19. an ist die Ostschweiz mehrheitlich wolkenfrei, und in der Folge melden fast alle Stationen wolkenlosen Himmel.

Bis zum 24. bilden sich gelegentlich kleinere Wolkenfelder, welche nur in Einzelfällen mehr als einen Viertel des Himmels bedecken. Am Alpenrand und in den Alpentälern treten vereinzelt Nebelgebiete auf, welche sich im Laufe der Zeit sowohl in ihrer horizontalen Ausdehnung als auch in der vertikalen Mächtigkeit (Nebelobergrenze) verändern.

Die Auflösung der Bewölkung im Mittelland (vor allem im westlichen) gehört zu den Charakteristiken der Bise und weist auf deren antizyklonalen Charakter hin (BOUET, 1942). Da sich in dieser Fallstudie Bisen- und Hochdrucksituationen abwechseln, kann die lange Dauer von sonnigem Wetter leicht verstanden werden.

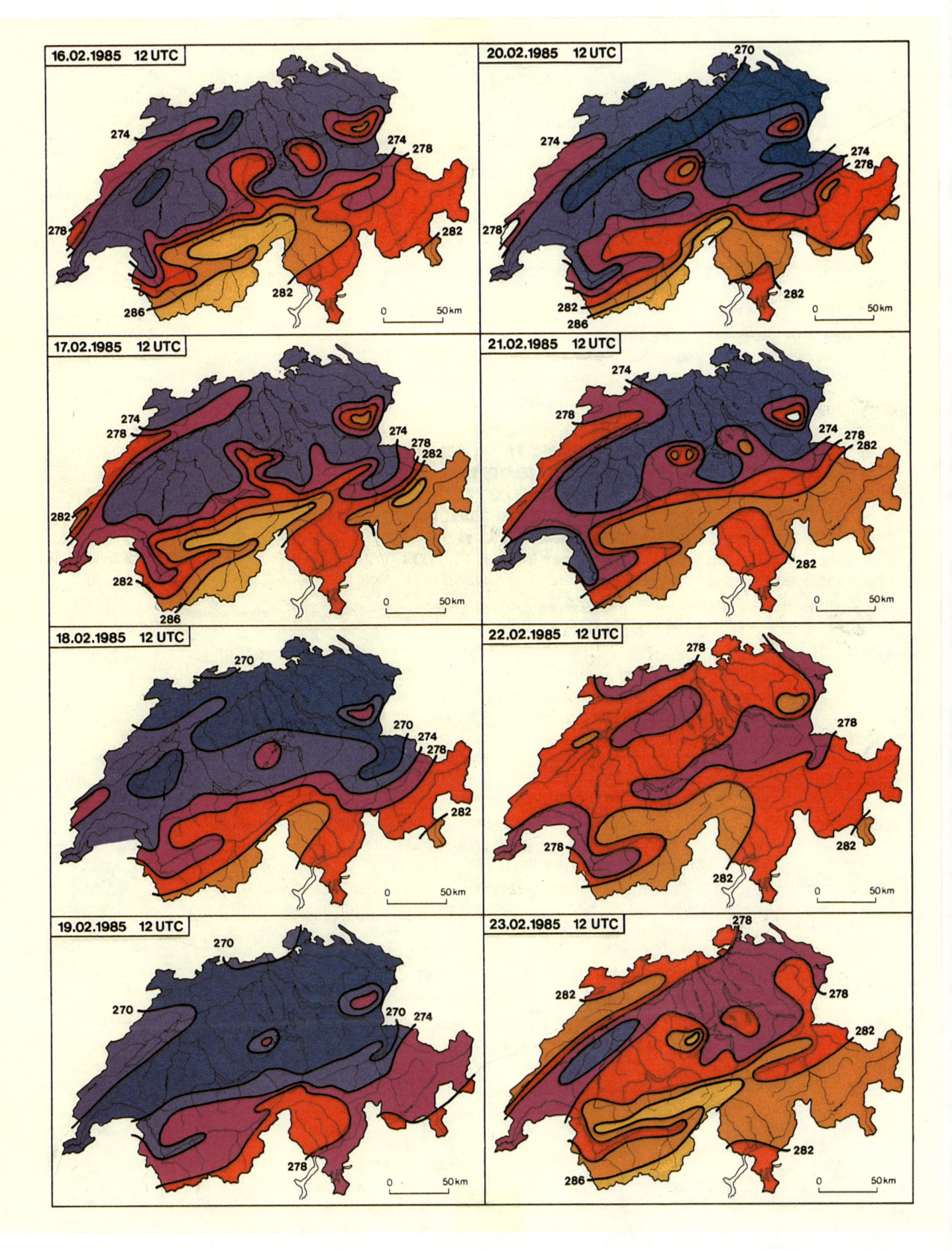

Fig. 4.8: Karten der äquivalent-potentiellen Temperatur θ_{pe} [K] vom 16.-23.2.85, jeweils 12 UTC. Reduktionshöhe 700 m ü.M.

f) Niederschläge

Die bereits erwähnte Luftmassengrenze, welche anfänglich über der Westschweiz liegt, verursacht teilweise aussergewöhnliche Schneefälle. In den Tagen vom 16. bis zum 18. fallen im Genferseegebiet Neuschneemengen, welche eine Schneedecke von 45 bis 48 cm Höhe entstehen lassen. Da im Verlauf des 18. die Schneefälle aufhören und eine niederschlagsfreie, sonnige Zeit beginnt, schmilzt diese Schneedecke bis zum 24. auf etwa die Hälfte.

Als charakteristisch für diesen Zeitraum muss die Tatsache angesehen werden, dass praktisch alle Stationen bis zum Schluss eine Schneedecke melden.

g) Windverhältnisse

1) Höhenströmung

Im Zusammenhang mit der Bise interessiert vor allem die Frage, wie sie sich grundsätzlich im Windverhalten zeigt. Die Nähe zum Gebirge lässt sowohl einen thermischen als auch einen mechanischen Einfluss erwarten.

Es wurde bereits erwähnt, dass ab dem 15. mittags in den untersten Schichten NE-Winde vorherrschen. Die Mächtigkeit dieser Schicht wächst von etwa 1500 m auf über 5 km (am 20., Fig. 4.3). Darüber herrscht eine Strömung, welche anfänglich von W nach N und schliesslich nach NE dreht. Der Einfachheit halber sei im folgenden die Schicht mit NE-Winden als Unterschicht, die darüberliegende als Oberschicht bezeichnet. Vorerst fällt auf, dass Unterschicht und Oberschicht in einer ersten Phase sehr deutlich voneinander getrennt sind, nämlich mit einer Windscherung von bis zu 180°. Ein Vergleich mit den Temperaturprofilen zeigt ein Temperaturmaximum auf dieser Höhe. Dies kann als Front mit Warmluftadvektion aus SW in der Höhe und Kaltluftadvektion aus NE am Boden interpretiert werden. Jede Luftmasse hat dabei ihre eigene Windcharakteristik.

Am 18. beginnen sich die Verhältnisse etwas zu ändern. Die für die Untersuchungsperiode letzte Front zeigt sich noch um Mitternacht des 18. auf etwa 3500 m ü.M. mit den oben beschriebenen Merkmalen. Innerhalb von 24 h dreht der Wind in der Oberschicht über N nach E, und die Grenzen zwischen den beiden Schichten verschwimmen. Lediglich ein Minimum in der Windgeschwindigkeit auf etwa 4000 m ü.M. gibt noch einen Hinweis auf die Lage der Grenzzone. Gleichzeitig nehmen die Windgeschwindigkeiten in der Oberschicht stark ab auf Werte um 10 ms^{-1}, während am 19. in der Unterschicht auf etwa 2000 m ü.M. ein Windmaximum mit Geschwindigkeiten um 20 ms^{-1} auftritt. Diese Jetstruktur wird häufig beobachtet. Inwiefern ihre Dynamik mit dem Low Level Jet identisch ist, welcher von PAEGLE et al. (1982), bzw. von WEISEL (1986) beschrieben wurde, kann hier aufgrund der einzigen Sondierstation Payerne nicht untersucht werden. In Abweichung von den zitierten Arbeiten ist aber das Geschwindigkeitsmaximum am Tag zu beobachten und liegt auch höher, ohne dass sich markante Änderungen in der Höhenlage erkennen lassen. Dies ist für Winterfälle typisch. Ein Vergleich mit dem Temperaturprofil zeigt, dass das Windmaximum in der Weise deutlich mit der Inversionsobergrenze korreliert ist, als es sich jeweils knapp darüber befindet.

Vom 20. bis zum 22. lassen die Winde nach, das Hoch liegt zentral über der Schweiz und die Jetstruktur tritt nicht mehr so deutlich hervor. In dieser Phase herrschen im Mittelland NE-Winde vor bis auf 2500 m ü.M., welche aber kaum mehr als Bise bezeichnet werden dürfen, da die Geschwindigkeiten zu klein sind (Werte um 5-8 ms^{-1} in 2000 m ü.M.). Darüber herrscht eine schwache Nordströmung, welche quer über die Alpen gerichtet ist.

Nach dem 22. dreht die Strömung sowohl in der Unter- als auch in der Oberschicht nach NE; die Grenze zwischen den Schichten verschwindet. Somit wird über die ganze untersuchte Schicht die gleiche Luftmasse advehiert, und damit eine kräftige Erwärmung ab dem 23. eingeleitet. Wie das Bodenwindfeld (siehe unten) zeigt, handelt es sich hierbei nicht mehr um eine typische Bisensituation.

Leider ist es mit den zur Zeit untersuchten Daten und den zur Verfügung stehenden Mitteln nicht möglich, eine Abschätzung des thermischen und des mechanischen Anteils an der Jetstruktur der Bise zu ermitteln. Trotzdem lässt sich vermuten, dass sich im untersuchten Fall überwiegend mechanische Effekte bemerkbar machen, da sich in der Unterschicht weder merkliche Änderungen in der Windrichtung im Tagesverlauf noch ein eindeutiger Tagesgang der Windgeschwindigkeit feststellen lassen.

Zusammenfassend kann gesagt werden, dass die Jetstruktur mit einer Inversion als typisch für eine ausgeprägte (Winter-) Bise mit kräftigen Bodenwinden betrachtet werden darf. Ein Bisenkriterium, welches allein die Windrichtung berücksichtigt, muss als ungenügend bezeichnet und deshalb verworfen werden.

2) Bodenstromfeld

Als letzter Parameter soll nun noch der Bodenwind diskutiert werden. Da die Stationsdichte gerade für Windfelduntersuchungen noch nicht ausreicht, muss das Problem der Inter- bzw. Extrapolation nochmals erwähnt werden. Grosse Bedeutung erhält dabei eine synthetische Betrachtung der andern Parameter wie Druck und Temperatur. Erst so lassen sich die oft widersprüchlichen Phänomene im Windfeld erklären.

Vor der Diskussion einiger interessanter Details sei zuerst ein allgemeiner Ablauf der Ereignisse beschrieben. Am 14. herrscht im Mittelland kräftiger Westwind, während in den Alpentälern schwache Winde beobachtet werden, die eher auf thermische Ursachen denn auf einen synoptischen Gradienten hinweisen. Am 15. hat sich die Situation dramatisch verändert: Durchs Mittelland bläst eine kräftige Bise, die auch bis in die Alpentäler vordringt (Rheintal, Reusstal, Wallis). Insbesondere im Wallis weht ein kräftiger Talaufwind mit Geschwindigkeiten bis zu 8 ms^{-1}, welcher etwa bis Sierre durchgreift (HEEB, 1989). Im zentralen Alpenbereich kommt es zu einer Konvergenz mit Kalmengebieten oder äusserst schwachen Winden. Ein kräftiger N-S-Druckgradient über den Bündneralpen bewirkt dort hohe Windgeschwindigkeiten und zeigt, dass die Alpen überströmt werden. Im Tessin herrscht vor allem in höheren Lagen Nordföhn, so werden denn im Obertessin auch die höchsten äquivalent-potentiellen Temperaturen gemeldet. Bis zum 16. verstärkt sich das Konvergenzgebiet, und es entsteht über den Berner Alpen ein Tief, in welches nun Luft aus den umliegenden Gebieten hineingesogen wird. Im Tessin bricht der Nordföhn zusammen, und die Bise zieht sich auf die tieferen Lagen im Mittelland und auf den Jura zurück. Über dem östlichen Alpenhauptkamm befindet sich wiederum eine Konvergenzzone. Am 17. wird die Bise weiter nach NE zurückgedrängt. Über dem Alpenhauptkamm liegt ein Tiefdrucktrog und bewirkt, dass in diesem Gebiet nur schwache Winde oder Windstille auftreten. Gleichzeitig dringt die Bise wieder weiter in die Alpentäler vor, hauptsächlich in der Ostschweiz. Über dem Mittelland etabliert sie sich am 18. vollständig (gleichzeitig mit dem stärksten Gradienten) und dringt nun tief in die Täler vor. Im Bündnerland werden die Alpen erneut überströmt, im Wallis herrscht ein kräftiger Talaufwind bis hinauf ins Goms. Der Nordföhn im Tessin macht sich aber nicht mehr so deutlich bemerkbar, sondern beschränkt sich auf die unmittelbare Nachbarschaft der Alpenpässe. Eine erwähnenswerte Besonderheit ist hier die Situation in Basel. Die Anströmung aus nordwestlicher Richtung wird häufig in Bisensituationen beobachtet. Wie Modellstudien von DE MORSIER et. al. (1989) zeigen, handelt es sich hierbei um einen Lee-Effekt des Schwarzwalds. Basel befindet sich in der Wirbelzone und erhält vom Rheintal kanalisierte Luft aus Norden. Eine

leichte Abschwächung der Bise am 19. führt dazu, dass die Alpentäler wieder vermehrt unter den thermischen Einfluss fallen (Fig. 4.9a). Überall gehen die Windgeschwindigkeiten etwas zurück, die Charakteristik des Vortages bleibt aber weitgehend erhalten. Von Bedeutung für den 18. und 19. ist noch die Beobachtung, dass das Bisegebiet nachts wesentlich kleiner ist als tagsüber. Die Bildung von Kaltluftseen geringer Mächtigkeit bewirkt deutlich eine Entkopplung der Bodenwinde von den höheren Schichten, so dass erwartet werden kann, dass in der Nacht

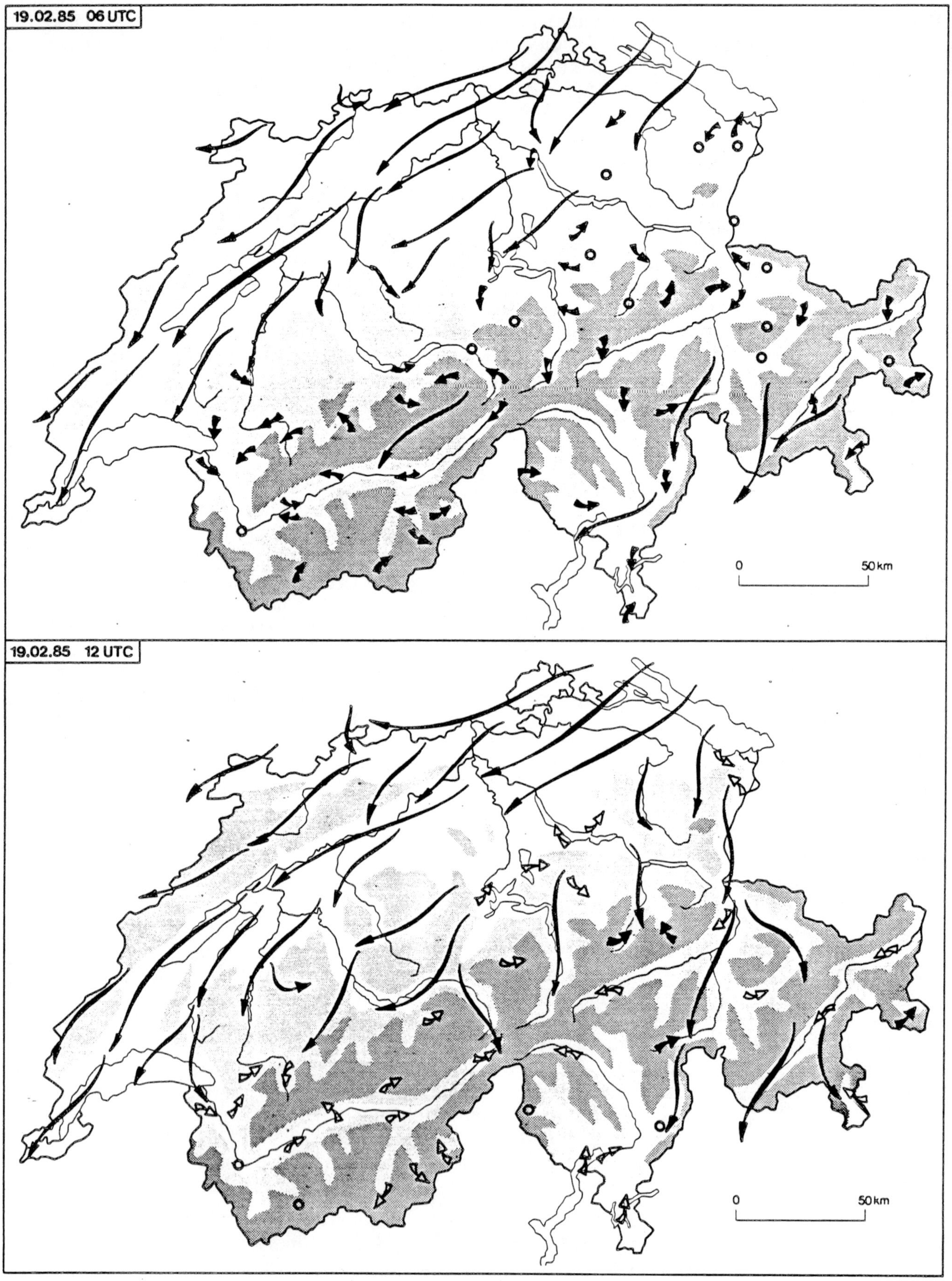

84 Fallstudien

Fig. 4.9a: Bodenstromfelder für den 19.2.85, 06 und 12 UTC. Lange Pfeile bedeuten Windgeschwindigkeiten über 2 ms^{-1}, kurze Pfeile solche unter 2 ms^{-1}, wobei ausgefüllte hang- oder talabwärts weisen. Kreise stehen für Kalmen.

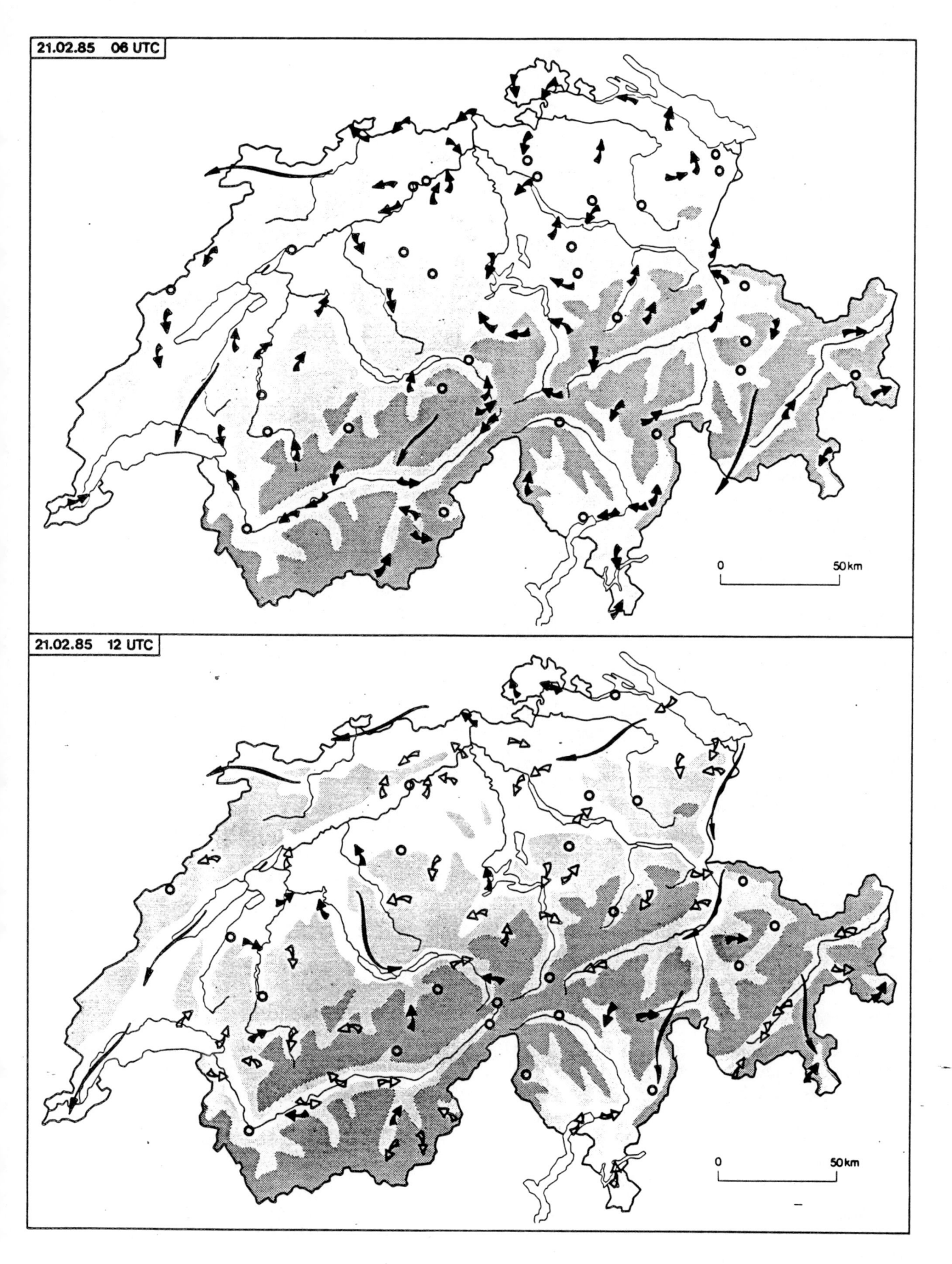

Fallstudien 85

Fig. 4.9b: Bodenstromfelder für den 21.2.85, 06 und 12 UTC. Lange Pfeile bedeuten Windgeschwindigkeiten über 2 ms^{-1}, kurze Pfeile solche unter 2 ms^{-1}, wobei ausgefüllte hang- oder talabwärts weisen. Kreise stehen für Kalmen.

die Bise zwar vom Boden abgehoben wird, sich aber in der horizontalen Ausdehnung kaum wesentlich verringert.

Vom 19. auf den 20. baut sich der Bisengradient rasch ab. Einzig im Jura herrscht noch Bise, sonst treten nur noch schwache Winde auf. Diese sind thermisch induziert und weisen einen deutlichen Tagesgang auf. Obwohl sich am 20. mittags nochmals ein kräftiger N-S-Druckgradient über den Alpen gebildet hat, werden erstaunlicherweise nur schwache Winde im Bündnerland gemeldet (San Bernardino 1.2 ms^{-1}, Hinterrhein 0.3 ms^{-1}). Es zeigt sich nun aber, dass in der Zone der stärksten Gradienten keine Messgeräte stehen oder die Täler isobarenparallel verlaufen. Die starken Windgeschwindigkeiten lassen sich daher nicht nachweisen. Am 22. etabliert sich nochmals ein NE-SW-Druckgradient, und erneut treten NE-Winde auf. Dass es sich hierbei nicht mehr um eine Bise handelt, lässt sich damit begründen, dass kein deutlicher Kaltluftvorstoss stattfindet, sondern sogar eine Erwärmung im Mittelland auftritt. Auch die charakteristische Jet-Struktur im Vertikalprofil fehlt, wie oben erwähnt wurde. Die Winde dringen nur in den östlichen Landesteilen noch bis in die Täler vor (Rheintal, Linthtal). In den Alpentälern und im Tessin werden vermehrt Kalmen gemeldet. Der 23. gleicht wieder dem 21. mit den Schwachwinden, während sich am 24. nochmals ein schwacher E-W-Gradient im Mittelland und ein kräftiger N-S-Gradient über dem östlichen Alpenkamm ausbildet. In den höheren Lagen des Bündnerlandes sind deshalb wieder deutliche Nordkomponenten des Windes, mit Nordföhn im Obertessin zu beobachten. Im Mittelland ist aber keine einheitliche Stömungsrichtung zu erkennen.

Nach dieser Übersicht seien hier nochmals einige Besonderheiten zusammengefasst:

- Voraussetzung für die Bise ist das Auftreten eines NE-SW-Druckgradienten im Mittelland. Im beschriebenen Fall muss er (reduziert!) mindestens 3 bis 4 hPa vom Genfersee bis zum Bodensee betragen. Parallel dazu entsteht ein kräftiger Druckgradient über den Alpen, welcher die Ursache für Nordföhn in den südlichen Alpentälern bildet.

- Je kräftiger die Bise, desto weiter dringt sie in die Alpentäler vor, wobei die Vordringtiefe von West nach Ost zunimmt. Das Wallis bildet eine Besonderheit, indem dort die Luft weit ins Tal vordringt, so dass man dort bei Bise auch nachts deutlich Westwind (Talaufwind) beobachtet.

- In den Bodenmessungen lässt sich auch ein Tagesgang der Bise feststellen mit einem Maximum am Mittag. Dies wird verursacht durch die nächtliche Bildung von Kaltluftseen, welche lokal ein Durchgreifen der Bisenströmung bis zum Boden verhindern. Tagsüber werden diese Kaltluftseen ausgeräumt.

- Die kräftigste Bise wird unmittelbar am Jurasüdfuss beobachtet, im Gebiet des Neuenburgersees. Je näher man zu den Alpen kommt, desto stärker werden die Störungen durch die Topographie.

- Basel meldet bei Bise normalerweise N- bis NW-Wind.

h) Folgerungen für die Durchlüftung

Unter dem Gesichtspunkt der Schadstoffausbreitung darf die Bise aufgrund der hohen Windgeschwindigkeiten zu den weniger kritischen Wettersituationen gerechnet werden. Trotzdem können - vor allem in den Voralpen- und Alpentälern - stagnierende Luftmassen auftreten, in welchen sich die Schadstoffe lokal ansammeln. Im weitern ist von Bedeutung, dass gerade bei Bisenlagen Luftbeimengungen über grössere Distanzen verfrachtet werden können, was zu hohen Konzentrationen in Gebieten mit nur wenigen Emittenten führen kann.

Der Mechanismus hierzu ist der Low-Level-Jet (LLJ). Diese Windstruktur kennzeichnet sich dadurch, dass die turbulente Diffusion von Schadstoffen vor allem in der Vertikalen stark reduziert ist, weil die (vertikalen) Flüsse wegen der stabilen Schichtung sehr klein sind. Der LLJ führt deshalb über grössere Gebiete zu einer Entkopplung des Bodenwindfeldes von den höheren Schichten (WEISEL, 1986).

4.4.2. Kaltfrontdurchgang

Die klassischen Frontmodelle, welche zu Beginn des 20. Jahrhunderts entwickelt wurden, haben über viele Jahrzehnte grosses Gewicht in der synoptischen Analyse erhalten. In letzter Zeit sind Fronten erneut ins Blickfeld der Forschung gerückt, wobei insbesondere die Beeinflussung der Fronten durch die Orographie ein wichtiges Diskussionsthema bildet (STEINACKER, 1987). Es zeigt sich nämlich, dass die über dem Flachland oder Meer entwickelten Modelle in komplexer Topographie - wenn überhaupt - nur mit Vorbehalt verwendet werden können, und dass unser Verständnis der Dynamik von Kaltfronten im Gebirge noch entscheidende Lücken aufweist.

Im folgenden soll nun ein Frontdurchgang durch die Schweiz in seinen Auswirkungen auf die Bodenmessungen untersucht werden. Nach einer Diskussion einzelner Meteo-Parameter wird versucht, die Erkenntnisse zu vereinigen und als Isochronen der Kaltfront darzustellen. Wesentliche Vorarbeiten zu dieser Fallstudie wurden von FLÜKIGER (1987) geleistet.

a) Allgemeine Wettersituation 20. - 22.10.81

Die 500 hPa-Karten (Fig. 4.10) zeigen für den Untersuchungszeitraum, wie sich ein Tiefdrucktrog westlich von Skandinavien zwar leicht auffüllt, aber sich stark nach Süden ausdehnt. Dabei kommen die Alpen auf der Trogvorderseite in den Bereich kräftiger SW-Winde zu liegen. Die Temperaturen liegen in diesem Bereich bei etwa -16°C in 5600 m ü.M. Auf der Trogrückseite wird kalte Polarluft über die britischen Inseln gegen den Kontinent geführt, welche Temperaturen um -30°C besitzt.

In der Bodenwetterkarte ist - bei ähnlichem Druckfeld - eine Kaltfront zu erkennen, die sich etwa mit einer Geschwindigkeit von rund 40 km/h nach Süden verlagert. Am 20. liegt sie um Mitternacht über Mittelengland, am 21. nördlich des Jura, und am 22. knapp südlich der Alpen. Dabei ist im Lee der Alpen eine neue Zyklone entstanden (Genuazyklone), welche sich in der Folgezeit ostwärts verlagert. Die Front bringt eine markante Abkühlung zwischen 6 und 10°C mit sich.

b) Temperatur

Klassisch ist eine Front definiert als eine Grenze zwischen zwei verschiedenen Luftmassen. Eine Kaltfront bringt im Idealfall einen Temperatursturz mit sich. Im vorliegenden Fall lässt sich dieser Temperaturrückgang leicht verfolgen, wie er vom Jura durchs Mittelland und über die Alpen fortschreitet.

Die Kurven der potentiellen Temperatur (Fig. 4.11) vermitteln einen guten Eindruck dieses Vorgangs. Mit Ausnahme der Station Genève-Cointrin, welche einen etwas sonderbaren Verlauf mit mehreren Schwankungen aufweist, zeigen alle Mittellandstationen einen deutlichen Rückgang zwischen 06 und 12 UTC am 21. Auch am Säntis zeigt der Abfall nach 10 UTC, dass die Kaltluft den Gipfel bereits erreicht hat (vgl. hierzu den Druckverlauf in Fig. 4.14). Im Vergleich zu den Alpentälern ist der Temperatursturz im Mittelland weniger ausgeprägt. Die Erklärung hierzu liegt bei der Überlagerung eines (schwachen) Tagesgangs über das synoptische Signal, welche am Vormittag eine Abschwächung, am Nachmittag eine Verstärkung des Temperatursturzes bewirkt.

88 Fallstudien

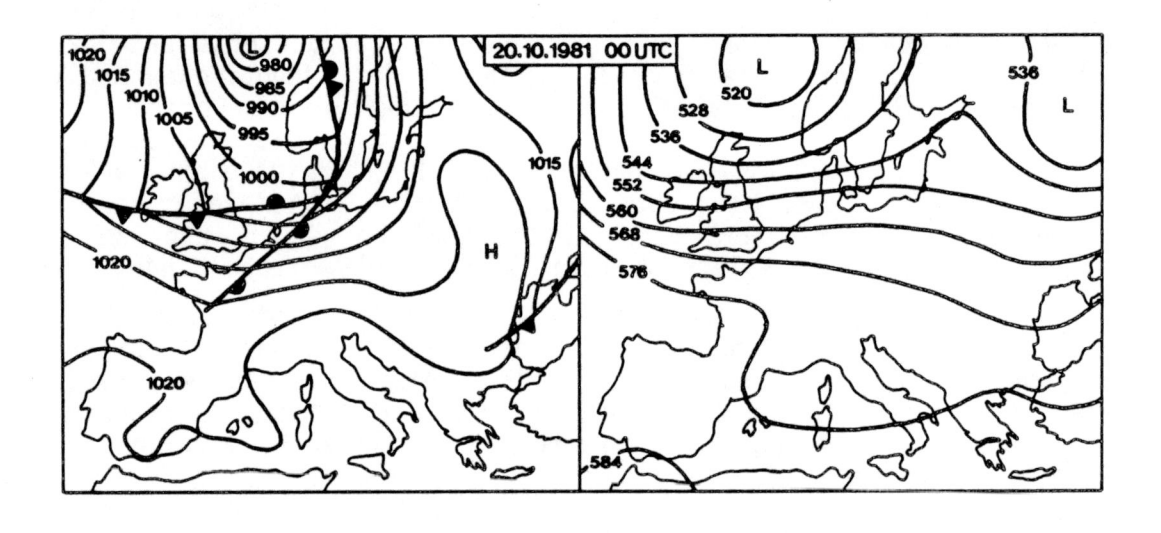

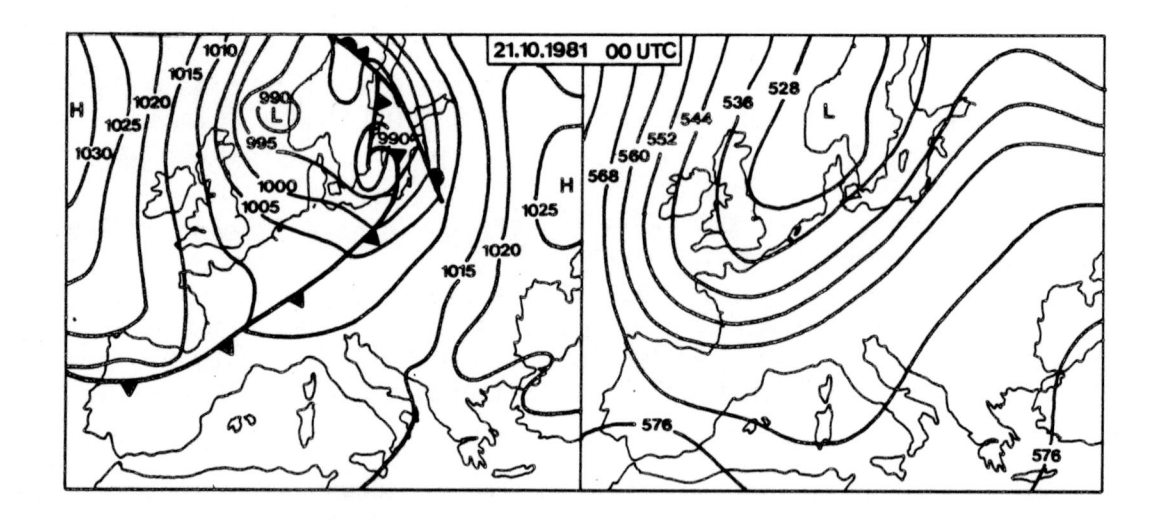

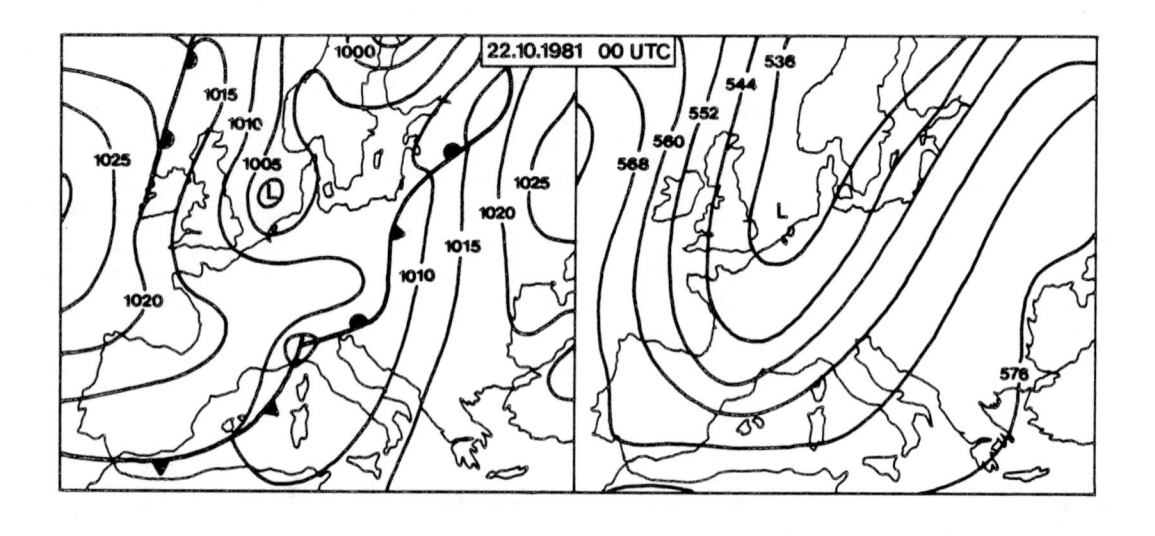

Fig. 4.10:   Wetterkarten vom 20.-22.10.1981, je 00 UTC. Links: Bodendruckfeld. Rechts: 500 hPa-Isohypsen.

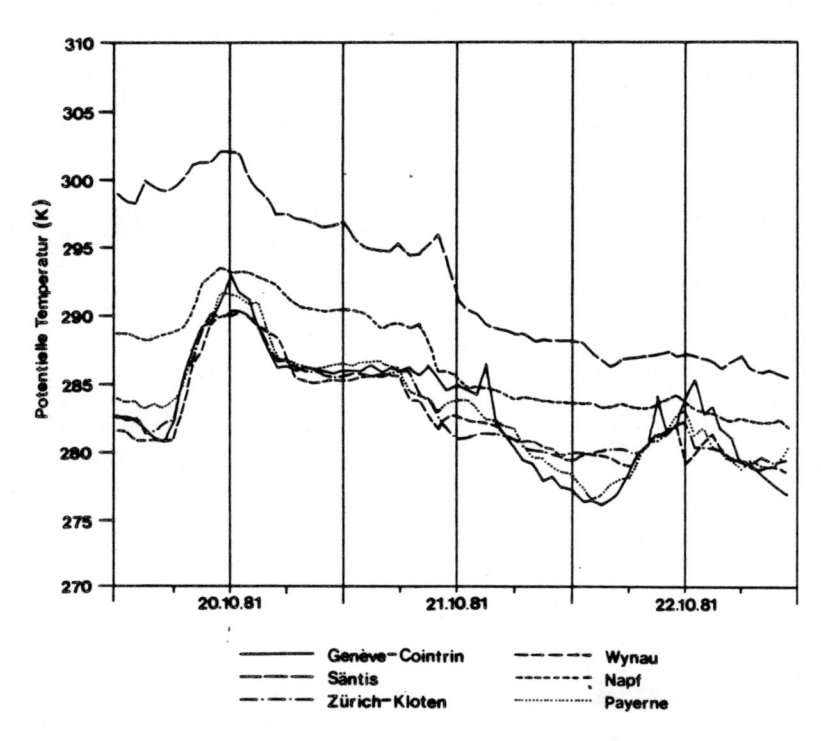

Fig. 4.11: Verlauf der potentiellen Temperatur θ vom 20.-22.10.81 für Mittelland und Voralpen. Stationen: Genève-Cointrin (416 m), Payerne (491 m), Wynau (416 m), Zürich-Kloten (432 m), Napf (1406 m) und Säntis (2500 m).

Fig. 4.13 zeigt die Felder der äquivalent-potentiellen Temperatur. Deutlich zu erkennen ist, wie die Kaltluft von NW her den Jura erreicht (06 UTC), dann rasch das Mittelland überquert und sich an den Alpen staut (12 UTC). Das Vordringen der Kaltluft ins Wallis und ins Rheintal um 18 UTC wird sichtbar, ebenso das nur noch schleppende Vorankommen der Front (= Zone des stärksten Temperaturgradienten). Am 22. um 12 UTC ist die Temperatur θ_{pe} in der ganzen Schweiz praktisch ausgeglichen, und die Kaltluftmasse bedeckt das ganze Land. Verfolgt man diesen Vorgang in einem N-S-Querschnitt von Fahy nach Lugano (Fig. 4.12), so sieht man, wie die Höhenstation Jungfraujoch anfänglich noch aus der Kaltluft herausragt (bis am 22., 00 UTC), dann aber um 06 UTC in der gleichen Luftmasse drinliegt. Dies stützt die - in letzter Zeit eher umstrittene - Vorstellung eines Auffüllvorganges, bei welchem die Kaltluftmassen zuerst die tieferen Becken des Mittellandes füllen, bis sie durch die Pässe auf die Alpensüdseite überfliessen können. Mit zunehmender Mächtigkeit der Kaltluft werden dann auch die höheren Stationen eingehüllt. Dass die überfliessenden Luftmassen zum Teil eher dünne Rinnsale sind, wird aus dem Verhalten der Stationen Locarno-Monti und Locarno-Magadino ersichtlich. Obwohl Locarno-Monti nur 200 m über der Magadinoebene liegt, dauert es doch rund sechs Stunden, bis beide Stationen in der Kaltluftmasse liegen. Dies hat sicher auch damit zu tun, dass mit dem Lago Maggiore keine natürliche Schranke mehr die Kaltluft staut, sodass diese ungehindert in die Poebene ausströmen kann.

c) Druck

Nach den herkömmlichen Theorien zeigt der Druckverlauf vor der Kaltfront einen Druckabfall, hinter der Front einen Anstieg. Dieses Verhalten kann zwar generell beobachtet werden, steht aber trotzdem in gewissen Fällen im Widerspruch mit anderen Frontkriterien (wie z.B. Temperatursturz; siehe oben).

90 Fallstudien

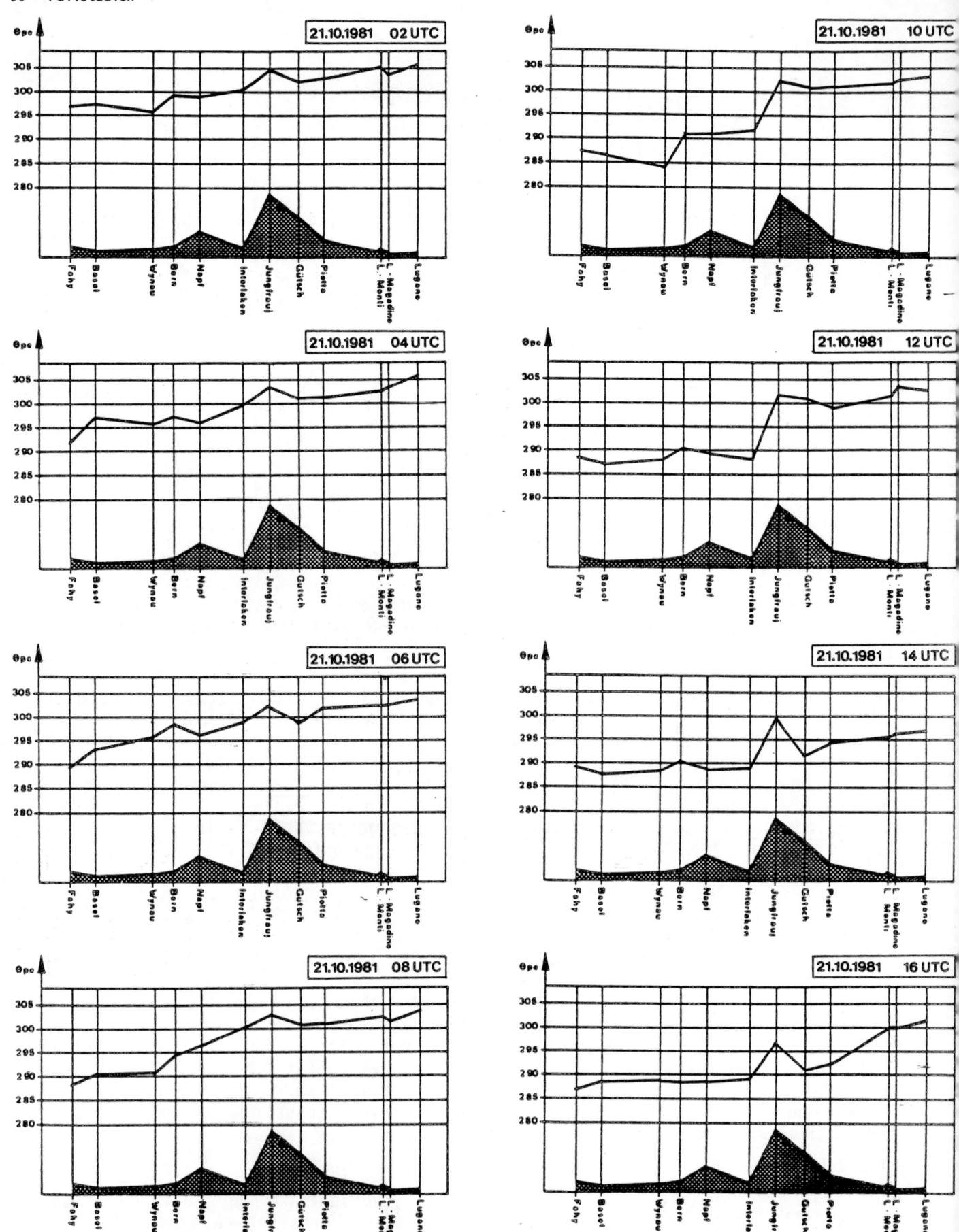

Fig. 4.12: Profil der äquivalent-potentiellen Temperatur θ_{pe} (K) aus FLÜKIGER (1987). Stationen Fahy (597 m), Basel-Binningen (317 m), Wynau (416 m), Bern-Liebefeld (567 m), Napf (1406 m), Interlaken (578 m), Jungfraujoch (3576 m), Gütsch (2284 m), Piotta (1016 m), Locarno-Monti (380 m), Locarno-Magadino (198 m), Lugano (276 m).

Fallstudien 91

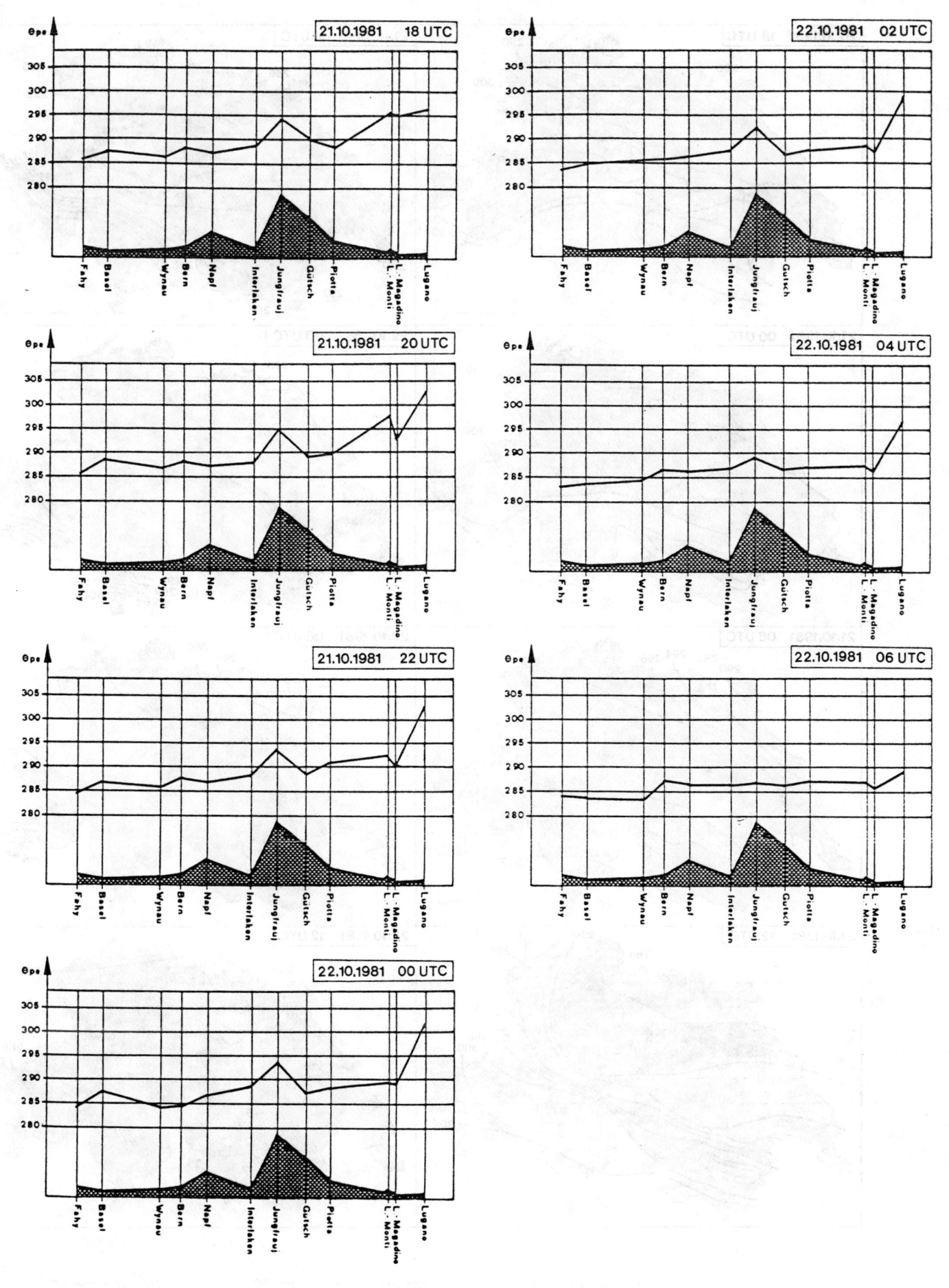

(Fig. 4.12, Fortsetzung.)

92 Fallstudien

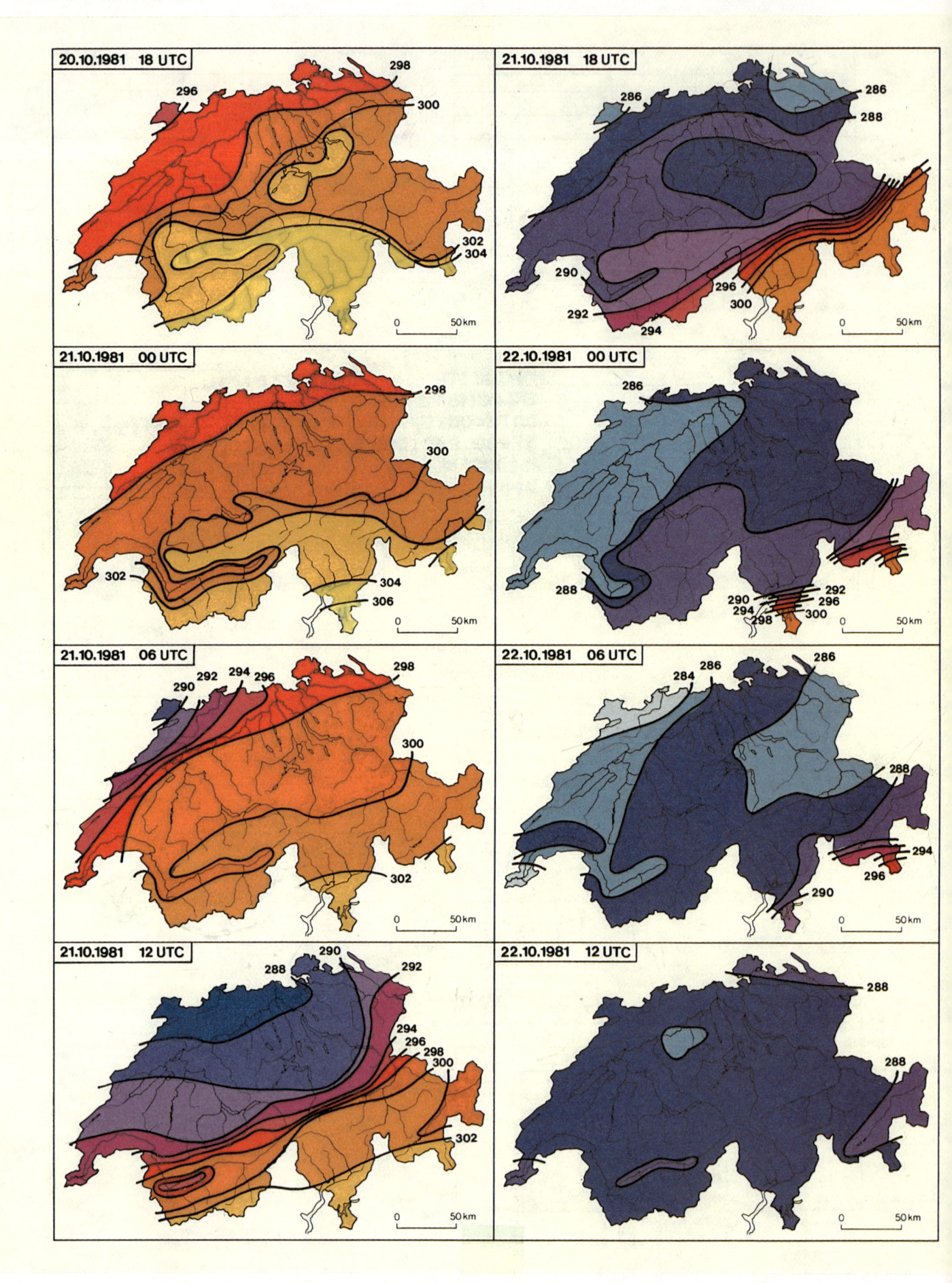

Fig. 4.13: Karten der äquivalent-potentiellen Temperatur θ_{pe} (K) vom 20.10.81, 18 UTC bis zum 22.10.81, 12 UTC in 6-Stunden-Intervallen. Reduktionshöhe 700 m ü.M.

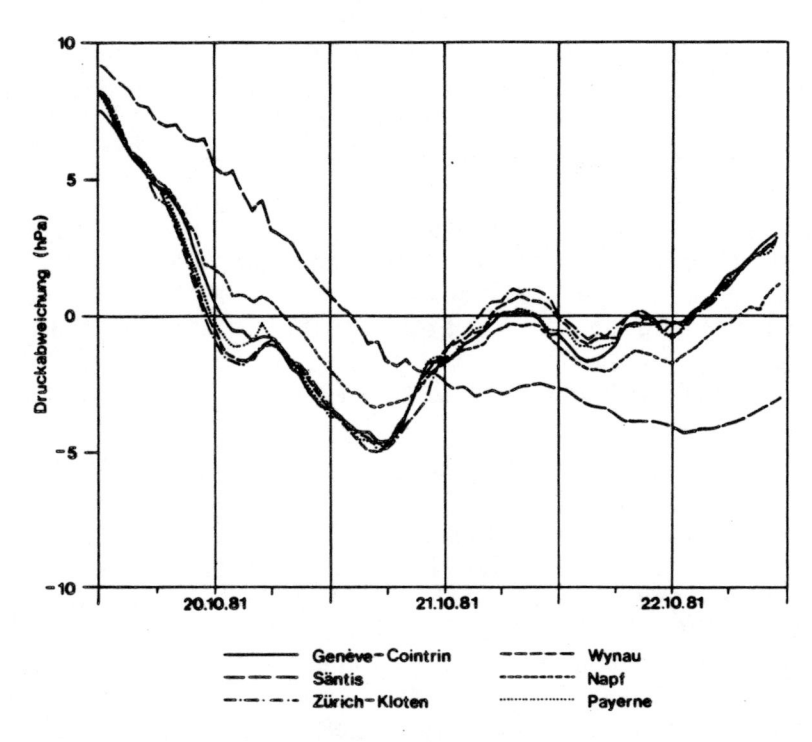

Fig. 4.14: *Verlauf der Druckabweichung vom jeweiligen Stationsmittel über die Untersuchungsperiode für Mittelland und Voralpen. Stationen wie in Fig. 4.11.*

Beim Druckverlauf kann das Druckminimum an den tiefergelegenen Stationen leicht fixiert werden. In Fig. 4.14 tritt es etwa um 06 UTC auf. In den (nicht abgebildeten) Jurastationen tritt das Druckminimum etwa drei Stunden früher, in den Alpentälern drei bis sechs Stunden später auf, wobei gerade in den letzteren das

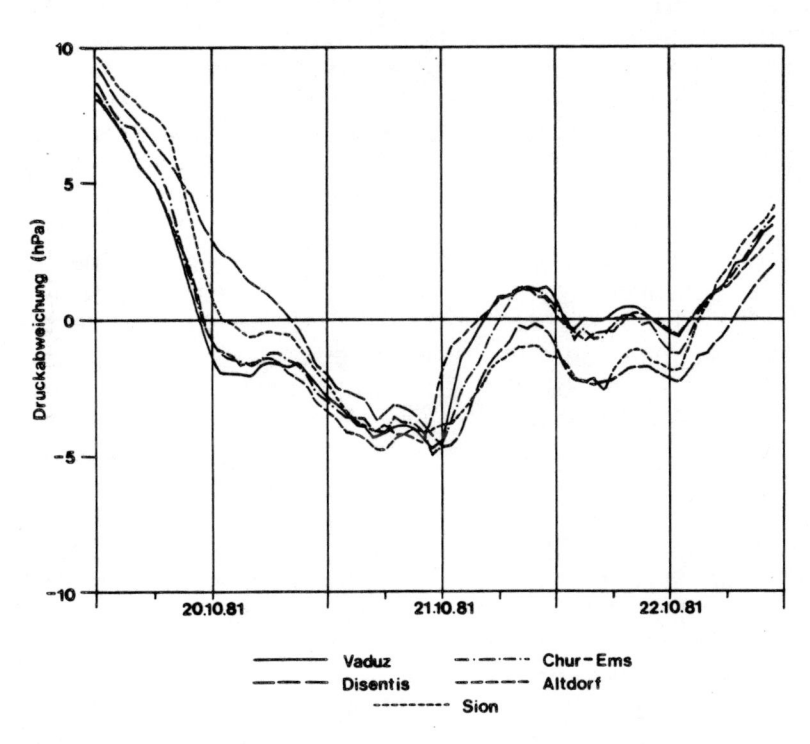

Fig. 4.15: *Verlauf der Druckabweichung (hPa) vom jeweiligen Stationsmittel über die Untersuchungsperiode für die Alpentäler. Stationen Vaduz (463 m), Chur-Ems (556 m), Disentis (1180 m), Altdorf (451 m), Sion (481 m).*

Druckminimum teilweise drei bis vier Stunden vor dem kräftigeren Anstieg erreicht wird. Diese Tatsache kann damit erklärt werden, dass dem fronttypischen Druckgang (Trog) die halbtagesperiodische Druckschwankung überlagert ist (PHILLIPS und DAVIES, 1984), welche diesen in gewissen Fällen überkompensiert (z.B. Altdorf, Fig. 4.15). Im Mittelland fällt hingegen der postfrontale Druckanstieg gerade mit dem halbtagesperiodischen Anstieg zusammen, sodass eine Verstärkung auftritt.

In Fig. 4.14 fällt des weitern auf, dass die Gipfelstationen Napf und Säntis sich von den andern Stationen unterscheiden. Während Napf einen zu den Flachlandstationen synchronen, aber in der Amplitude leicht gedämpften Verlauf zeigt, hebt sich der Säntis vollständig ab. Er erreicht sein Minimum erst am 22. kurz nach Mittag. Der 700 hPa-Trog folgt also mit rund 24 Stunden Verzögerung hinter der Bodenfront. Im Widerspruch dazu beginnt der Temperatursturz aber am 21. bereits um 10 UTC!

Untersucht man nun die Entwicklung des Bodendruckfeldes (Fig. 4.16), so stellt man fest, dass sich anfänglich keinerlei Spuren einer Front erkennen lassen. Erst am 21. um 12 UTC ist ein deutlicher Druckgradient über den Alpen zu erkennen. Dieser verlagert sich in den folgenden 24 Stunden noch leicht nach Süden, verliert aber etwas an Intensität, indem sich die Isobaren nicht mehr so dicht aneinanderreihen. Gleichzeitig sinkt am 22. im Tessin und in Südbünden der Druck noch ab, was bereits die Entstehung der Leezyklone belegt. Hinter der Front, also im Mittelland, ist die Druckverteilung sehr flach. Die Sequenz der Druckfelder demonstriert sehr anschaulich, wie die Alpen den Vorstoss der Kaltluft abbremsen, wodurch sich der Druckgradient quer zu den Alpen verstärkt, und dass die dabei entstehende Leezyklone einen weiteren Druckabfall im Süden zur Folge hat. Gleichzeitig wird auch die Schwierigkeit offensichtlich, das Druckminimum als allgemeingültiges Kriterium für Kaltfronten zu akzeptieren.

d) Niederschlag

Parallel mit der Front bewegt sich auch eine Niederschlagszone durch das Land. Am 20. um 18 UTC melden die Stationen der NW-Schweiz Regen und Nieselregen. Über Nacht dehnt sich diese Zone auf die ganze Schweiz mit Ausnahme des südöstlichen Bündnerlandes aus. Lugano meldet am 21. um 06 UTC Gewitter. Möglicherweise ist das eine Folge der einer Kaltfront oft vorauseilenden Labilisierung der Atmosphäre. Im Verlauf des 21. hören die Niederschläge im Jura wieder auf; das Niederschlagsband wandert nach SE. Infolge der Jahreszeit fallen die Niederschläge in den höheren Lagen als Schnee.

e) Windverhältnisse

Wie äussert sich eine Front im Windfeld? In den gängigen Theorien macht sie sich durch einen Windsprung (Rechtsdrehung) bemerkbar, mit einem Geschwindigkeitsminimum hinter der Front (Kaltfront erster Art). Da diese Vorstellungen für die Verhältnisse über flachem Gelände gelten, ist zu erwarten, dass über komplexer Topographie Unterschiede auftreten. Um das zu untersuchen, sei im folgenden zuerst das Höhenwindfeld und später das Bodenwindfeld diskutiert.

1) Höhenwindfeld

Wie die Windprofile (Fig. 4.17) der Sondierungen von Payerne zeigen, herrscht noch am 21. um 12 UTC eine kräftige SW-Strömung über dem ganzen untersuchten Höhenbereich. Im Gegensatz zur Sondierung vom Vortermin hat aber der Wind zugenommen, vor allem in den Höhen über 2000 m ü.M. Am Mittag des 21. ist die Front bereits in Payerne vorbeigezogen. Eine Winddrehung in etwa 2000 m ü.M. zeigt an, dass die Kaltluft mindestens diese Mächtigkeit erreicht hat. Darüber herrscht nach wie vor Warmluftadvektion aus SW vor. Zwölf Stunden später liegt die Scherungszone bereits auf etwa 4000 m ü.M., und am Mittag des 22. steigt sie auf

Fallstudien 95

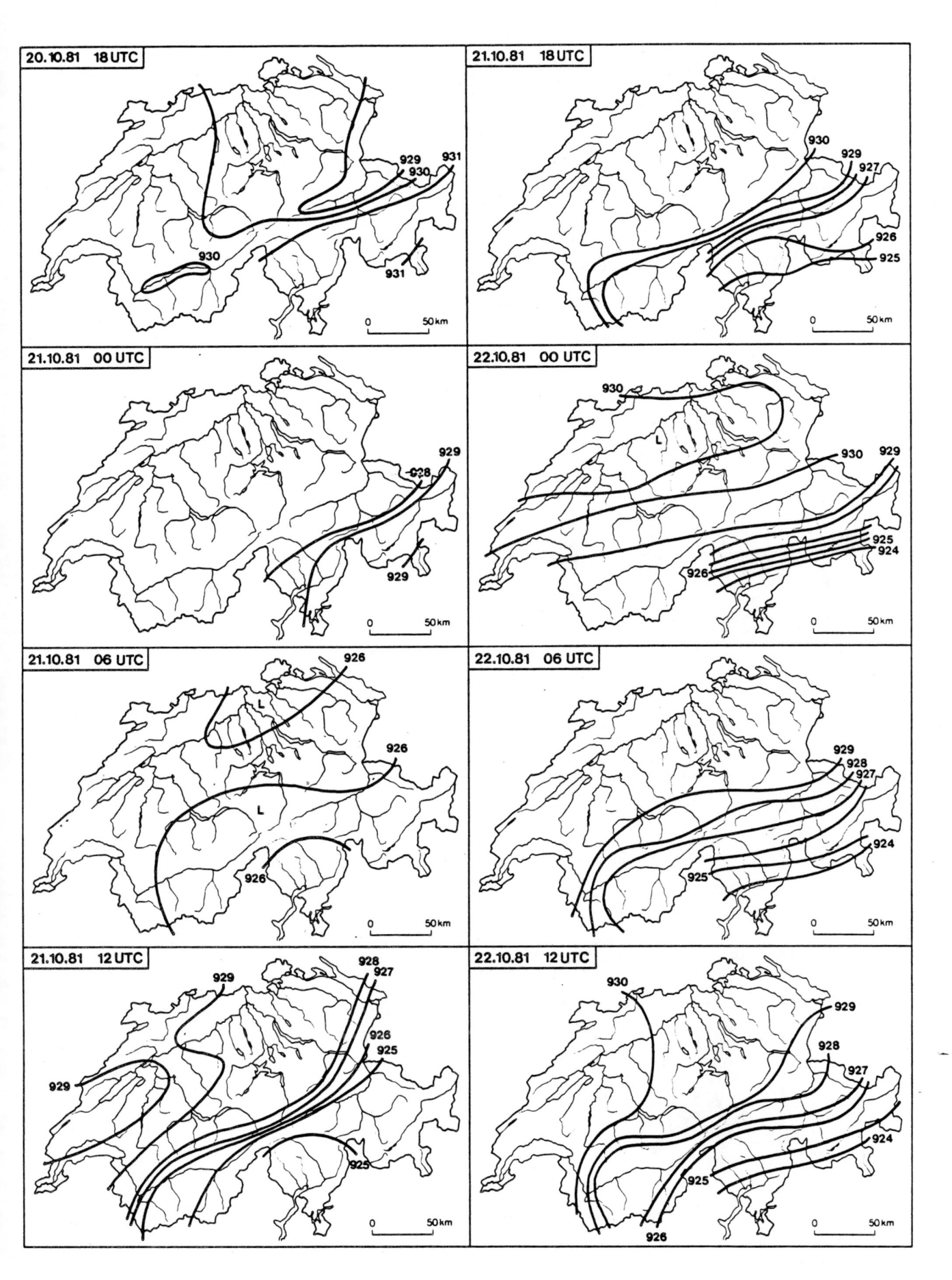

Fig. 4.16: Druckkarten (hPa) vom 20.10.81, 18 UTC bis 22.10.81, 12 UTC in 6-Stunden-Intervallen. Reduktionshöhe 700 m ü.M.

96 Fallstudien

etwa 5500 m. Dies stimmt mit Eigenschaften des Temperaturprofils (nicht abgebildet) in der Tendenz überein.

Das Aufgleiten der Warm- über die Kaltluft zeigt sich auch im Höhenstromfeld (Fig. 4.18). Am Mittag des 21., als die Kaltfront etwa den Alpenrand erreicht hat, melden alle Mittellandstationen in Gipfellage einen NW- oder W-Wind, während die hochgelegenen Alpenstationen S-Wind verzeichnen. Dieser S-Wind kommt durch die Ablenkung des geostrophischen Windes zustande, welche durch die Topographie bedingt ist. In Fig. 4.18 wurde deshalb angenommen, dass die höhere Strömung sich über dem Mittelland wieder in eine Richtung ablenkt, welche in etwa parallel zu den 700 hPa-Isohypsen ist, wie das durch die Payerne-Sondierung demonstriert wird.

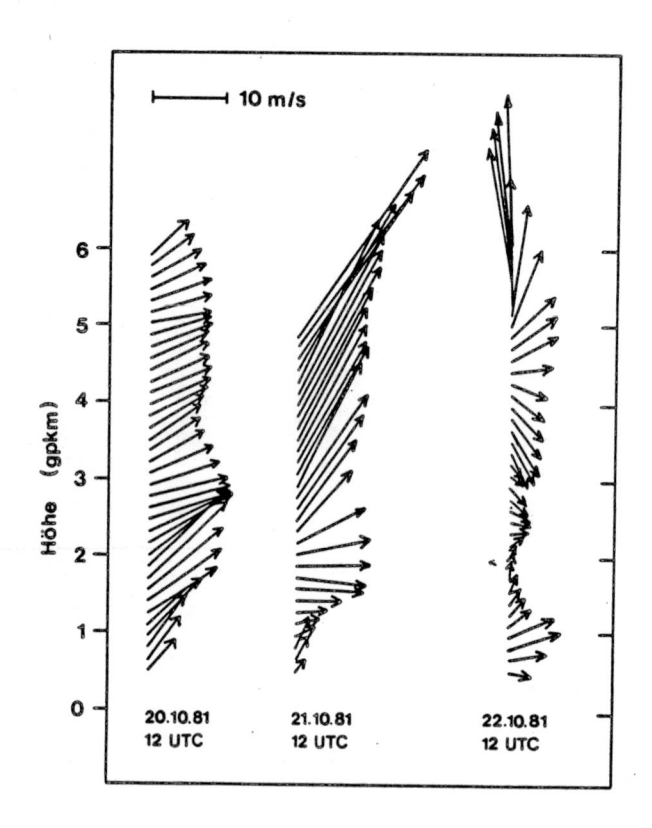

Fig. 4.17:   *Windprofile der Sondierungen von Payerne, auf 150 m-Schichten interpoliert.*

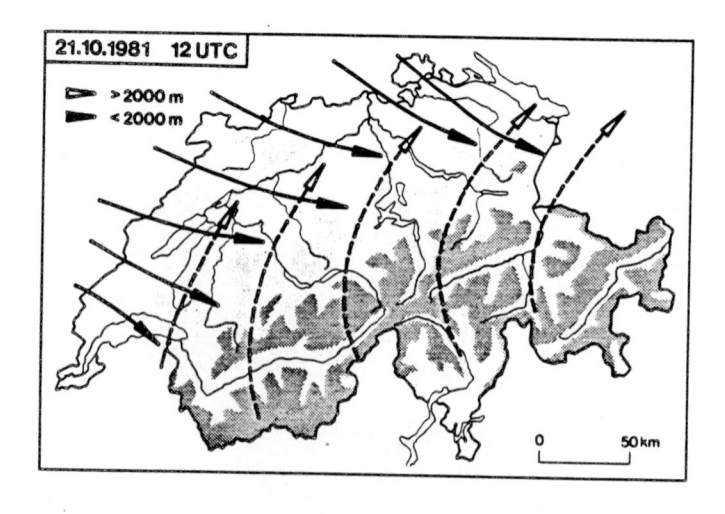

Fig. 4.18:   *Höhenwindfeld für den 21.10.81, 12 UTC.*

2) Bodenwindfeld

Am Abend des 20. - die Front hat die Schweiz noch nicht erreicht - sind im Jura und im tiefergelegenen Mittelland kräftige SW-Winde vorhanden, während in den Alpentälern in erster Linie Kalmen und extrem schwache Winde gemeldet werden (Fig. 4.19). Bloss im Bündnerland treten kräftigere Winde und Geschwindigkeiten um 5 ms^{-1} auf. Diese Winde zeigen deutliche Kanalisierungseffekte auf, korrelieren aber im übrigen gut mit dem Druckfeld (Konvergenz gegen das Druckminimum in Chur). Die vielen Kalmen und die Schwachwindgebiete lassen darauf schliessen, dass sich bereits eine bodennahe Inversion gebildet hat, welche zur Entkopplung des Bodenwindes vom synoptischen Strömungsfeld geführt hat. Interessanterweise sind die Schwachwinde nach allen Richtungen hin orientiert, d.h. es treten sowohl Berg- als auch Talwinde bzw. Hangauf- und Hangabwinde auf. Eine gesicherte Erklärung hierfür kann aufgrund der angewendeten Methodik nicht gegeben werden. Sie muss aber wohl im Wechselspiel von synoptischen und thermisch-induzierten Druckgradienten gesucht werden.

Am 21. um 06 UTC hat die Kaltluft den Jura bereits überschritten. Dahinter ist eine schwache Rechtsdrehung und in der Tendenz ein Auffrischen des Windes festzustellen, vor allem in der Region Basel und in der Ajoie. Vor der Front überwiegen die Kalmen und die Schwachwinde, sowie frontparallele SW-Winde. Im Obertessin und in Südbünden treten S-Winde auf. Um 12 UTC hat die Front die Alpen erreicht und ist bereits in die Täler vorgedrungen. Hinter der Front wird die Richtung vor allem durch die Kaltluftadvektion bestimmt. Kalmengebiete bilden die Ausnahme. Erwähnenswert ist die kräftige W-Strömung in der NE-Schweiz, welche vermutlich vom Schwarzwald bewirkt wird. Südlich der Alpen, also vor der Front, herrschen südliche bis südwestliche Winde mit eher kleinen Windgeschwindigkeiten vor.

Um 18 UTC schliesslich hat sich der Wind im Mittelland wieder deutlich beruhigt, Kalmengebiete und schwache Winde überwiegen. Die Zone kräftiger Winde ist inzwischen bis in die Bündneralpen vorgestossen. Auch diese Situation korreliert sehr gut mit der Druckkarte gleichen Datums (Fig. 4.16).

Aus diesen Ergebnissen lassen sich nun einige Charakteristiken herauslesen, welche uns als besonders interessant erscheinen:

- Die untersuchte Kaltfront hinterlässt ein deutliches Signal im Windfeld, wobei die Störungen dieses Signals gross und nicht homogen über die Schweiz verteilt sind. Trotzdem darf das Windverhalten nur mit grösster Vorsicht als Kriterium für den Frontdurchgang verwendet werden, am besten zusammen mit dem Temperaturkriterium. Die Stationsmessungen stellen nämlich ein integrales Bild der Windsituation dar, in welchem die lokalen topographischen Verhältnisse durchaus die Grössenordnung der synoptischen Effekte übertreffen können.

- Die Orographie der Schweiz verhindert, dass die Rechtsdrehung des Windes bei Frontdurchgang beobachtet werden kann. Fig. 4.20 zeigt, dass vor allem in den Alpentälern Winddrehungen um 180° keine Seltenheit sind, und dass es Stationen gibt, wo überhaupt keine Drehung auftritt.

- Die Auswirkungen der Topographie auf die Windgeschwindigkeit sind nicht so leicht nachzuweisen. Es ist nämlich schwierig, genügend grosse Kollektive von Stationen mit ähnlicher Umgebung zu bilden. So sind die Ergebnisse von Fig. 4.21 mehr als Tendenz denn als gesicherte Fakten zu deuten, sind doch die Standardabweichungen durchaus in der Grössenordnung der Mittelwerte. Die Kurven repräsentieren die Kollektivmittelwerte von Stationen mit ähnlicher Geländecharakteristik. Es wurden Stationen mit deutlichem Temperatursturz ausgewählt, sodass der Frontdurchgang eindeutig festgelegt werden konnte. Dann wurde über die entsprechenden Temine relativ zum Frontdurchgang gemittelt. Es zeigt sich nun, dass Gipfelstationen eher ein Windminimum nach Frontdurchgang aufweisen, während die Talstationen ein kräftiges Auffrischen verzeichnen, welches zwei bis drei Stunden anhält und dann

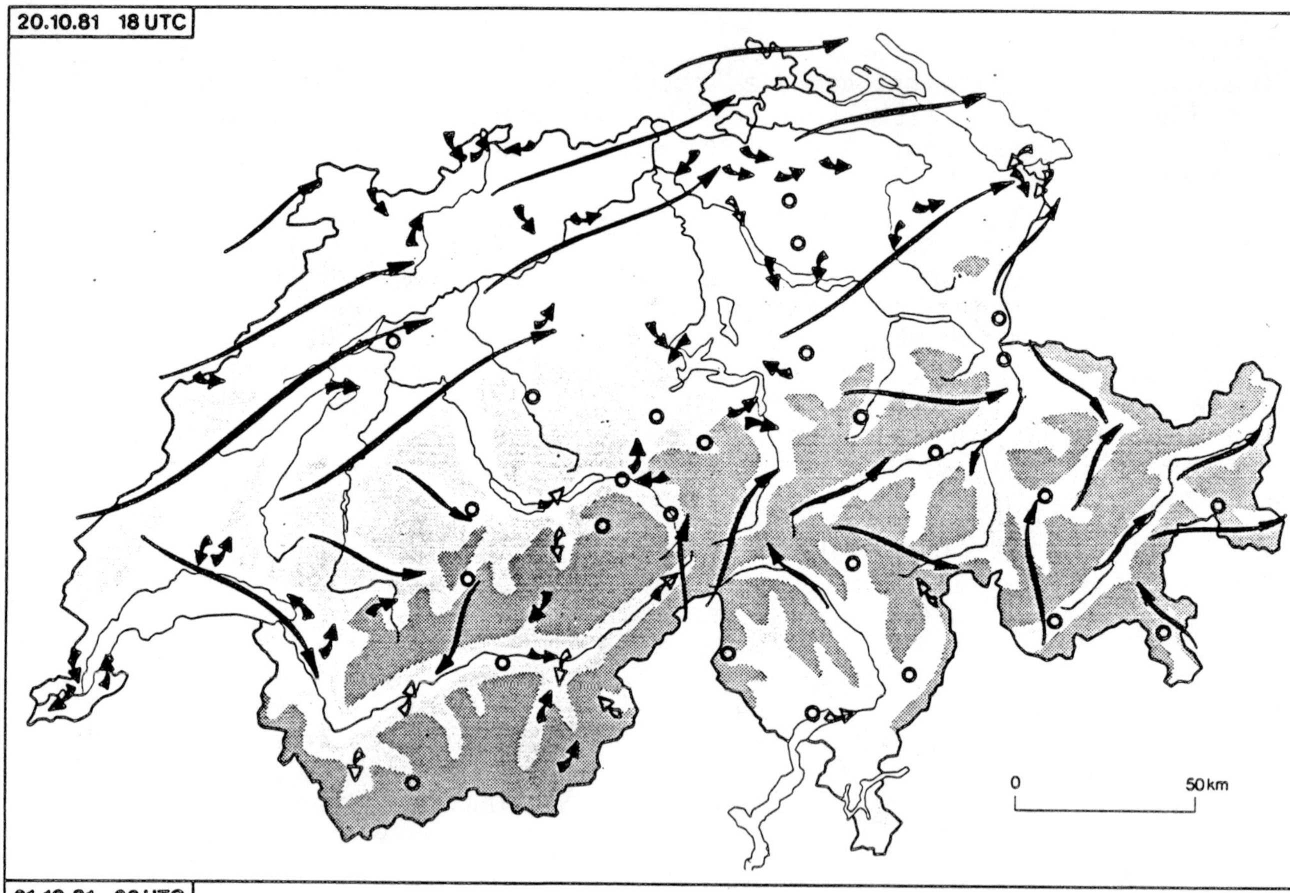

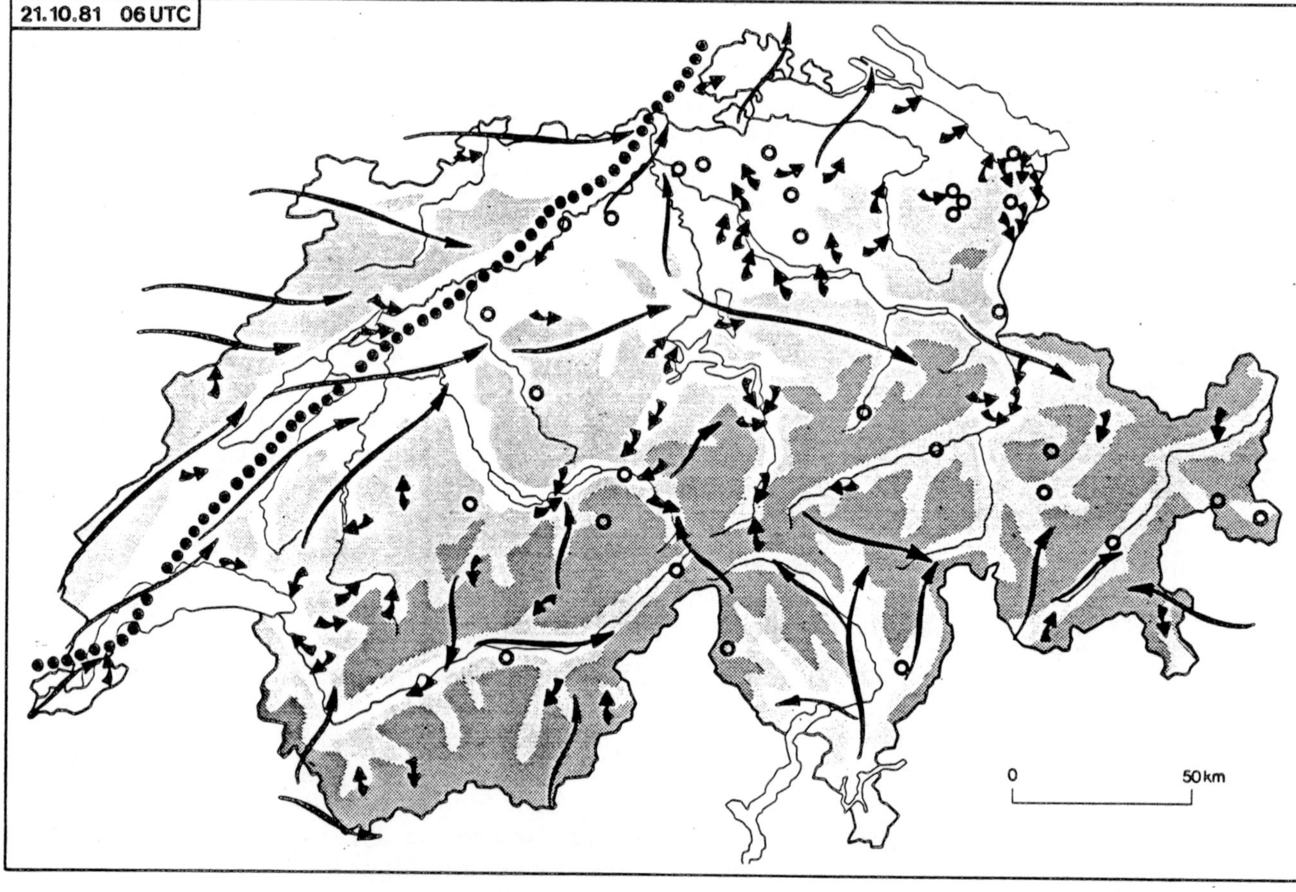

98 Fallstudien

Fig. 4.19: Bodenwindfelder für die Zeit vom 20.10.81, 18 UTC bis 21.10.81, 18 UTC in 6-Stunden-Intervallen. Lange Pfeile bedeuten Windgeschwindigkeiten > 2 ms^{-1}, kleine Pfeile solche < 2 ms^{-1}, wobei ausgefüllte hang- bzw. talabwärts weisen. Kreise stehen für Kalmen. Die punktierte Linie gibt die Lage der Kaltfront wieder.

Fallstudien 99

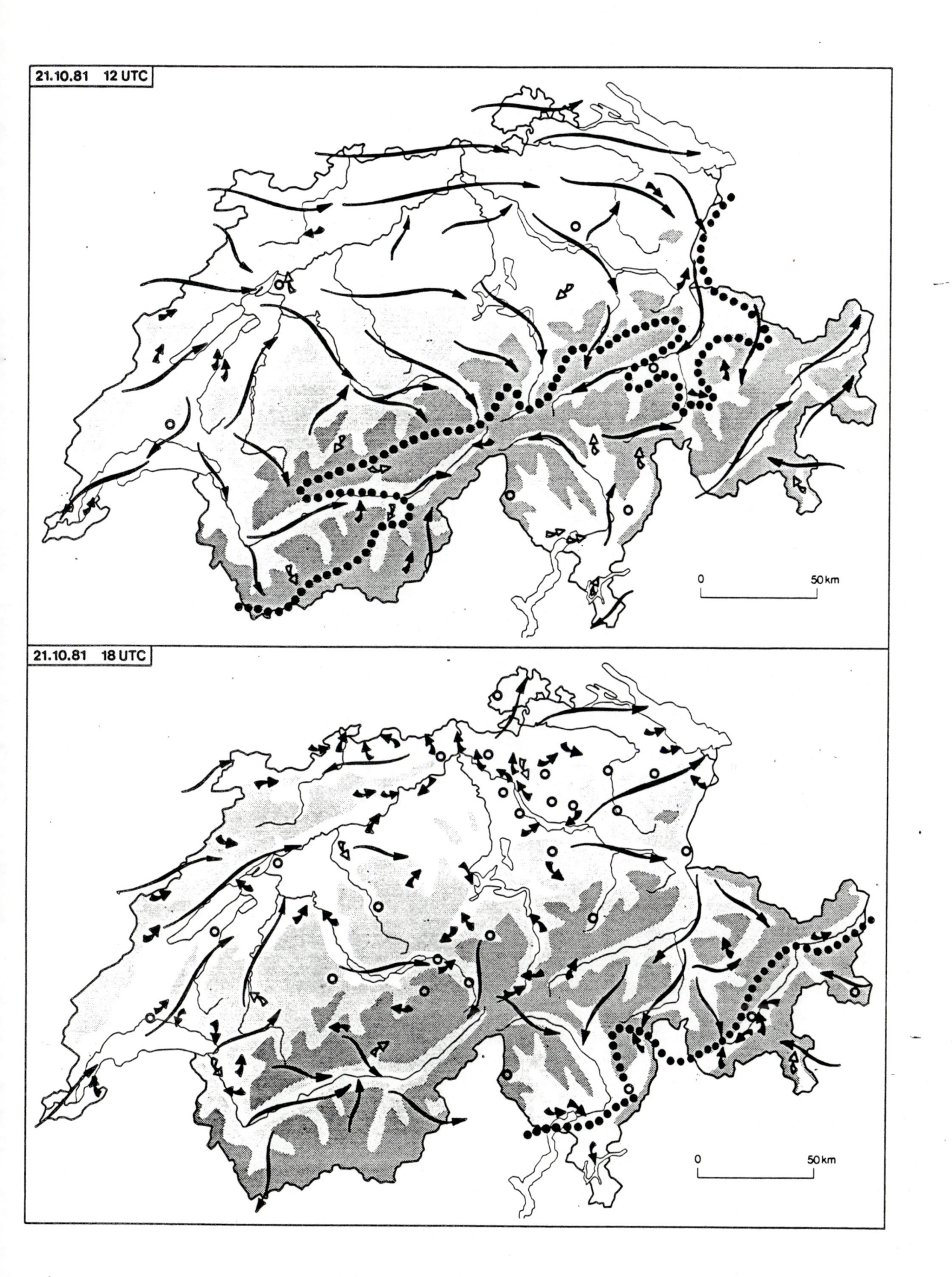

| 21.10.81 12 UTC |
| 21.10.81 18 UTC |

(Fig. 4.19, Fortsetzung)

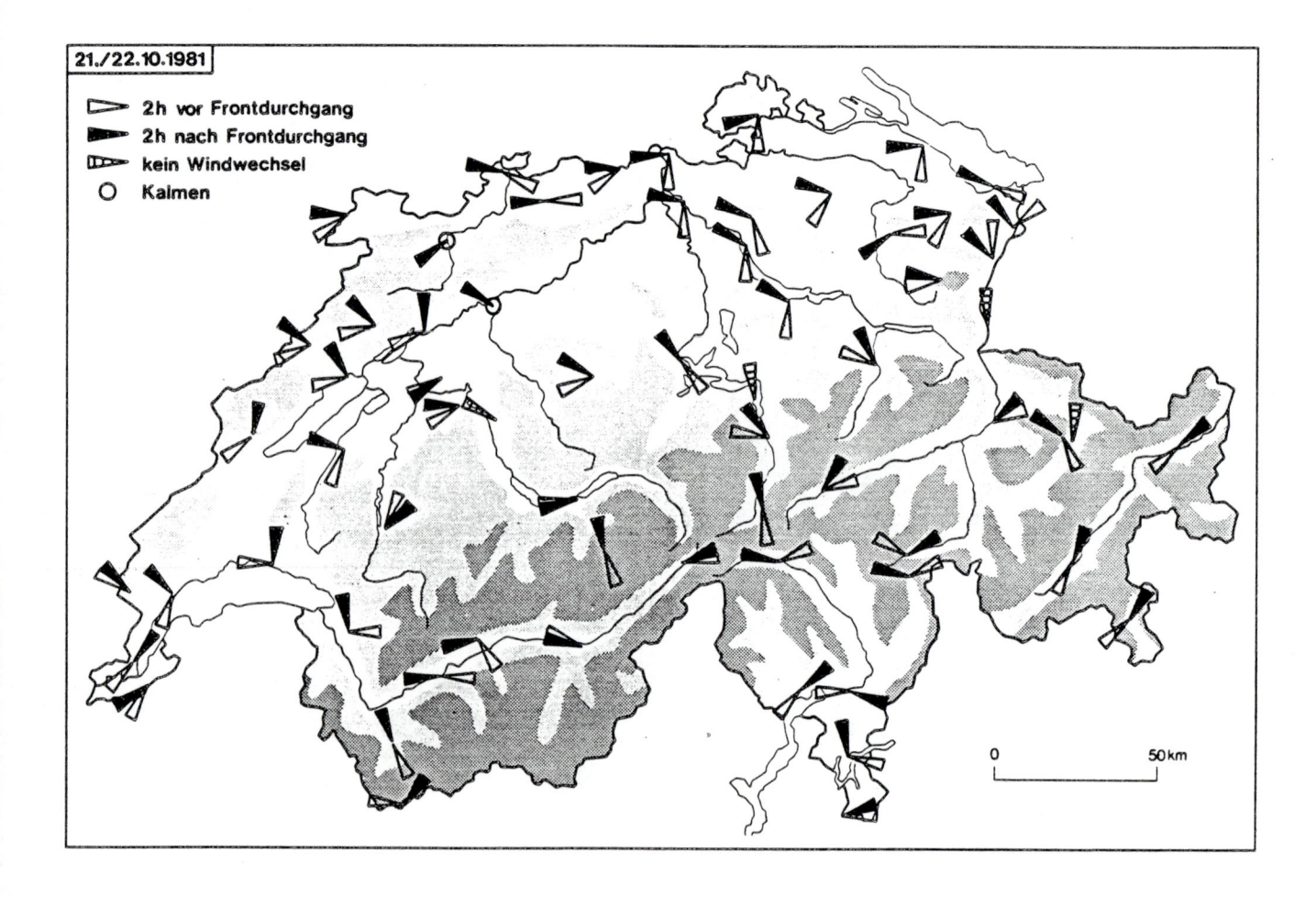

nachlässt. Die Mittellandstationen zeigen eine allmähliche Windzunahme. Hier wird die Interpretation noch zusätzlich erschwert durch den Zeitpunkt des Frontdurchgangs am Morgen. Ein Teil der schwachen präfrontalen Winde ist sicher die Folge von frühmorgendlichen Kaltluftseen bzw. der grossen Stabilität der Grenzschicht in Bodennähe. Trotzdem scheinen gewisse Eigenheiten der Topographie sich im Windverhalten zu zeigen, und es wären weitere Untersuchungen erwünscht, welche die aufgeführten Ideen bestätigen oder widerlegen.

Fig. 4.20:   Windrichtungen 2 Stunden vor und nach Frontdurchgang.

f) Weitere Anmerkungen zur Frontenvorstellung

Wie wir bis jetzt gesehen haben, zeigt die untersuchte Kaltfront deutliche Spuren im Druck-, Temperatur- und Windverhalten der einzelnen Stationen. Trotzdem ist das Bild von Kaltfronten, welches dabei entsteht, nicht völlig einheitlich und widerspruchsfrei. Die Störungen durch die Topographie sind beträchtlich und verursachen erhebliche Interpretationsschwierigkeiten. Es zeigt sich unter anderem, dass die Druckminima und die Zeiten, bei denen die Temperatur zu fallen beginnt, nicht zusammenfallen. Dies mag teilweise ein Effekt der Daten (Stundenmittelwerte) sein, muss aber auch in der physikalischen Struktur der Fronten liegen. Ähnliche Ergebnisse wurden von LÜTHI (1987) gefunden. Versucht man, wenigstens eine Tendenz herauszuarbeiten, so findet man, dass die Stationen im Mittelland und in den Tälern des Alpennordhangs und Graubündens ein "Vorangehen" des Druckminimums um im Mittel 0.7 Stunden aufweisen. In den Höhenstationen, im Wallis und auf der Alpensüdseite zeigt sich hingegen eine "Verspätung" des Druckminimums um durchschnittlich über eine Stunde, wobei der Druckanstieg teilweise nur gering ist. Wie weit hier der normale Tagesgang von Temperatur und

Druck hineinspielt, lässt sich noch nicht abschätzen, aber der Einfluss dürfte nicht zu vernachlässigen sein. An einigen Stationen in den Alpentälern ist der richtige Zeitpunkt des Frontdurchgangs nicht sehr klar, da die Front unter Umständen zweimal vorbeizieht: im Wallis beispielsweise einmal von Martigny, einmal von der Grimsel her.

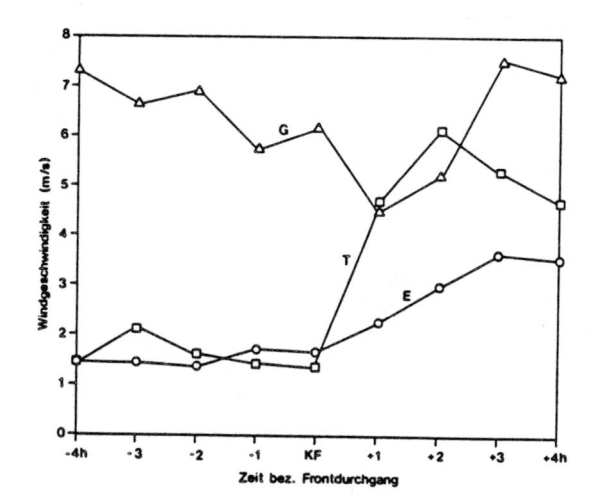

Fig. 4.21: *Verhalten der Windgeschwindigkeit bei Frontdurchgang. G=Gipfelstatione (3), T=Talstationen (5), E=Stationen in der Ebene (6). KF=Zeitpunkt des Kaltfrontdurchgangs. Mittelbildung über jeweils gleiche Zeitabstände vom Frontdurchgang.*

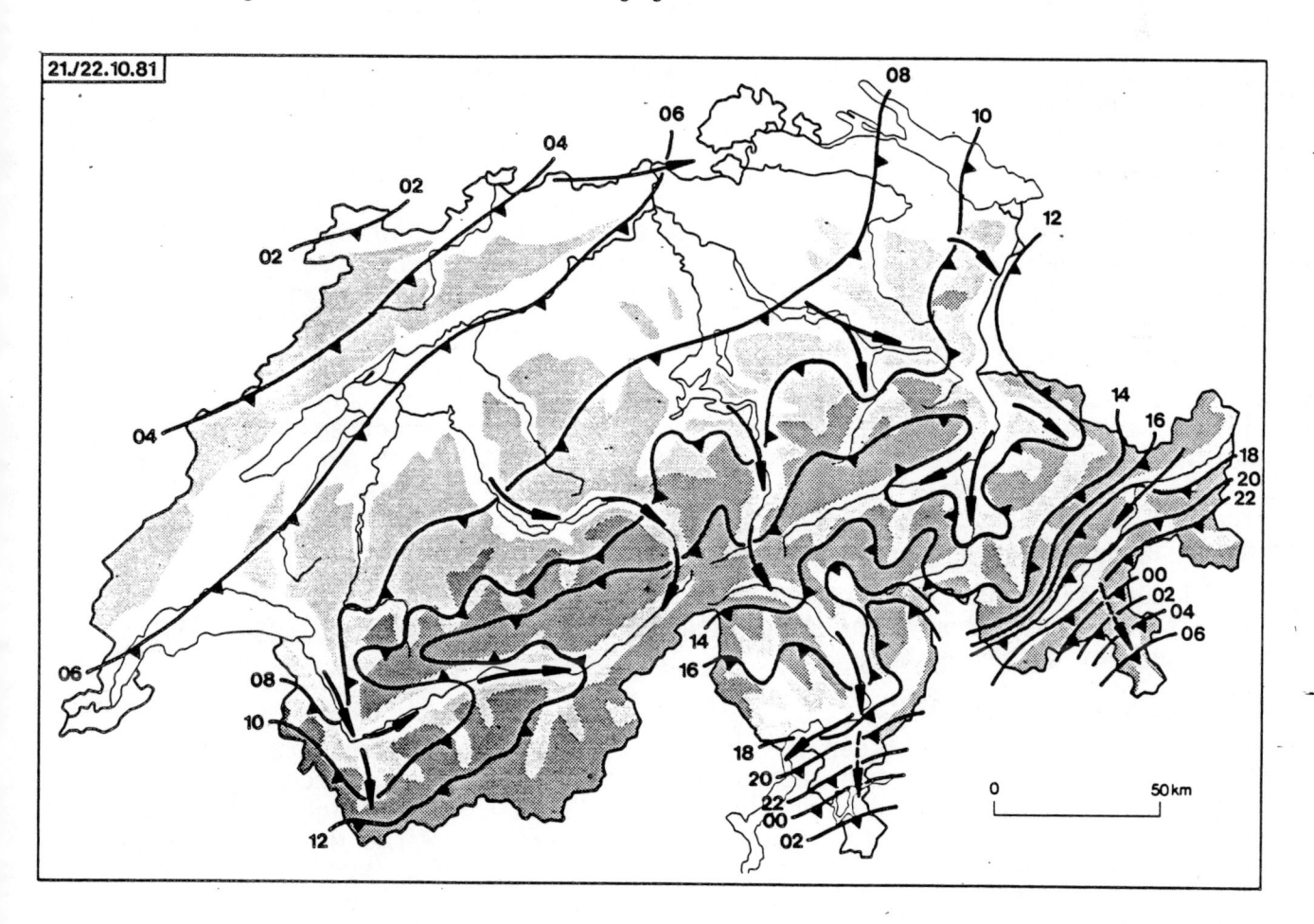

Fig. 4.22: *Isochronen der Kaltfront vom 21./22.10.1981. Zeitangaben in UTC.*

Abschliessend sei nochmals erwähnt, dass im untersuchten Fall der Temperatursturz das beste Kriterium darstellt, gefolgt von Windänderung und Druckminimum. Die Vorstellung, dass eine kalte Luftmasse an den Alpen gestaut wird und zuerst das Mittelland und die Alpentäler auffüllt, bis sie schliesslich durch die tiefsten Lücken im Gebirge überfliessen kann, konnte in dieser Untersuchung gestützt werden.

Als Synthese aller Kriterien sei nun nochmals der Versuch einer Darstellung des Vorankommens der Front mit einer Isochronenkarte gezeigt (Fig. 4.22). Deutlich erkennbar wird die Verlangsamung der Front über den Alpen, das Vordringen in die Täler und das Überfliessen der Pässe.

g) Folgerungen für die Durchlüftung

Vom lufthygienischen Standpunkt her gesehen dürfen die Fronten als *unkritisch* bezeichnet werden, sorgt doch der Luftmassenwechsel für eine genügende Zufuhr von frischer Luft. Durch die auffrischenden Winde können lokale Inversionen weggeräumt werden.

Trotzdem können Komplikationen in diesem vereinfachten Schema auftreten,

- wenn die Kaltluftmasse schon sehr stark vorbelastet ist (grossräumiger Transport);
- wenn die Front nicht sehr kräftig ist und deshalb über eine Inversionsschicht hinweggleitet, ohne die Luft am Boden auszuräumen.

Die Frage, ob bei Frontdurchgängen stratosphärisches Ozon bis in Bodennähe gelangt, kann an dieser Stelle nicht beantwortet werden.

Da Fronten meistens mit Niederschlägen verbunden sind, kommt als weiterer Faktor noch die reinigende Wirkung der verschiedenen Auswaschprozesse hinzu.

4.4.3. Föhn

Bei der Gebirgsüberströmung entstehen im Lee des Gebirges Fallwinde, welche normalerweise zu einer deutlichen Erwärmung und einer Vergrösserung der Sichtweite infolge der geringen Feuchte der Luft führen. Wegen der absinkenden Luftmassen lösen sich die Wolken auf, und es entsteht ein Föhnfenster. Der Wind zeichnet sich durch eine ausgeprägte Böigkeit aus.

Diese "klassische" Vorstellung des Föhns ist in den letzten Jahren zum einen korrigiert, zum andern erweitert worden. War früher die thermodynamische Theorie mit Aufsteigen im Luv allgemein anerkannt, wird sie heute durch ein verbessertes Modell mit blockierter Kaltluft im Luv ergänzt, über welche die "Föhnluft" hinwegstreicht. Diese Vorstellung ist auch in der Lage, jene Föhnfälle zu erklären, bei denen im Luv keine Niederschläge fallen.

Hier soll nun ein Föhnfall untersucht werden, welcher als Präfrontalföhn an sich typisch ist, bei dem aber doch einige Besonderheiten im Niederschlagsverhalten schön aufgezeigt werden können.

a) Allgemeine Wetterübersicht

In der Zeit vom 4. bis 8. Oktober 1981 erstreckt sich ein Frontensystem von Spanien quer über den Kontinent bis nach Osteuropa. Im Warmsektor zwischen den beiden Fronten liegen die Alpen. In der Höhe bildet sich eine kräftige SW-Strömung aus, welche sich über die ganze Troposphäre erstreckt und warme Meeresluft mitführt. Zwischen dem Tief über den Britischen Inseln und dem Hoch über Italien herrscht ein Druckgradient vor, der ziemlich genau senkrecht zu den Alpen steht. Das S-N-Druckgefälle und die südwestlichen Höhenwinde sind charakteristisch für einen seichten Föhn in den Alpen. Das Vordringen der Kaltfront bringt am 6. das Föhnende ("präfrontaler Föhn").

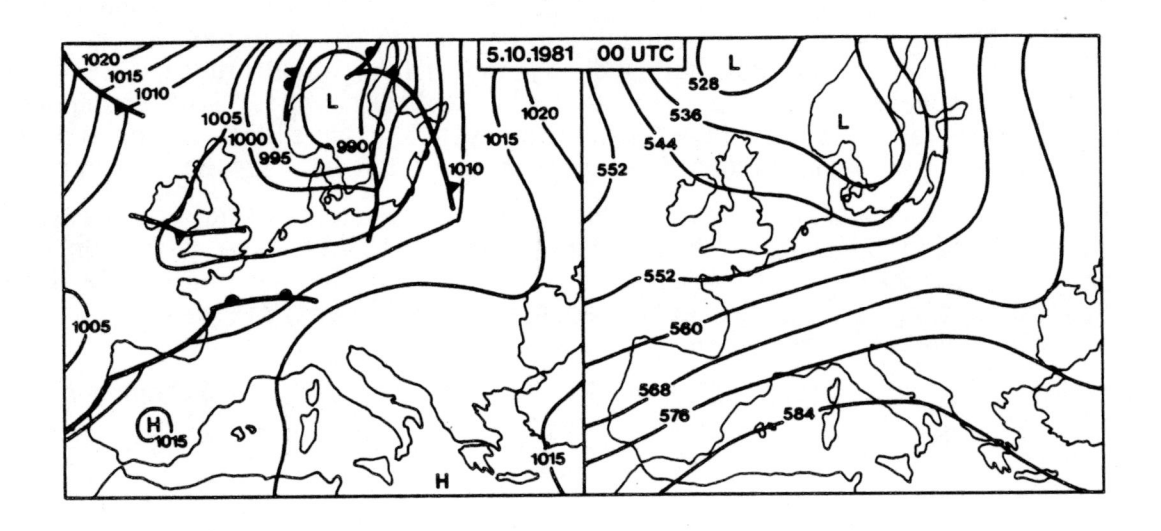

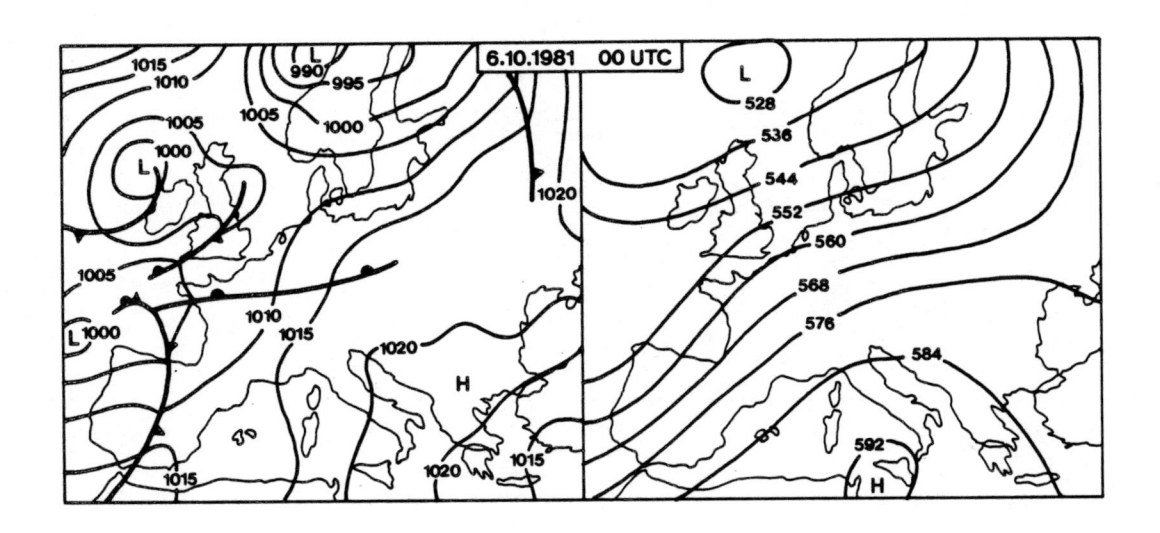

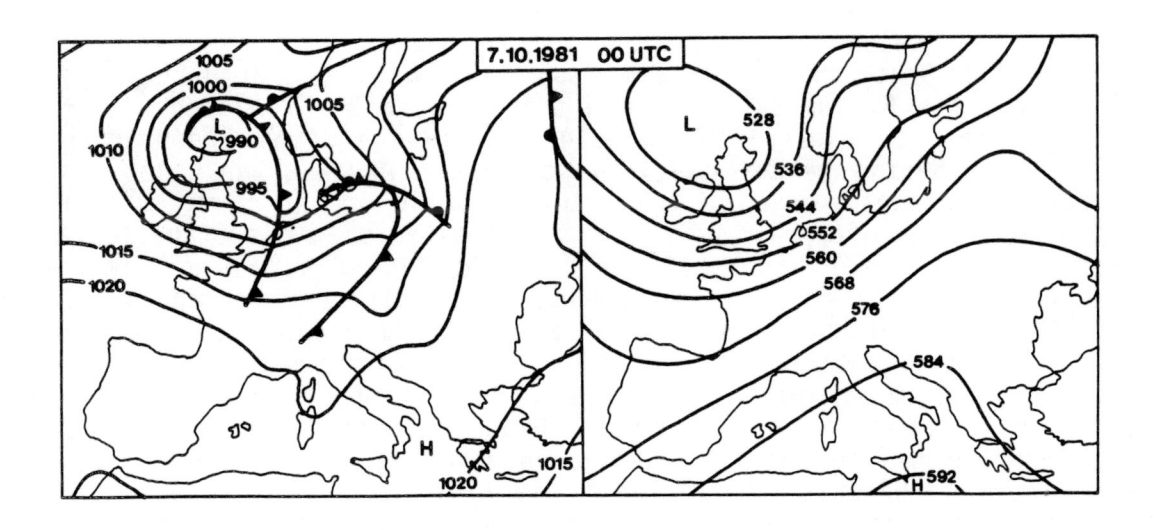

Fig. 4.23: Wetterkarten vom 5.-7.10.1981, je 00 UTC. Links: Bodendruckfeld. Rechts: 500 hPa-Isohypsen.

104 Fallstudien

Im Detail sieht der Ablauf der Ereignisse folgendermassen aus (Fig. 4.23): Am 5. liegt die Warmfront breitenparallel über dem Schwarzwald. Das Alpenvorland zeigt aufgelockerte Bewölkung, während im Süden und weiter im Norden der Himmel bedeckt ist. Die Sondierungen von München und Payerne (nicht abgebildet) weisen in den untersten 3000 m höhere Temperaturen auf als Stuttgart. Die Sondierung von Mailand fehlt leider, aber im Tessin werden Niederschläge gemeldet. Gegen Mittag setzt sich vor allem in den östlichen Alpentälern der Föhn bis zum Boden durch.

Am 6. erreicht der Föhn seine stärkste Phase. Wie die Sondierung von Mailand (nicht abgebildet) zeigt, liegt um Mitternacht eine Kaltluftmasse über der Poebene, welche bis etwa 2700 m hinaufreicht und praktisch völlige Windstille aufweist. Am Spätnachmittag und im Verlaufe des Abends überquert die Kaltfront die Alpen. Damit bricht der Föhn zusammen.

Am 7. kommt der Alpenraum wieder unter Hochdruckeinfluss, und die Föhnphase ist zu Ende.

b) **Druck**

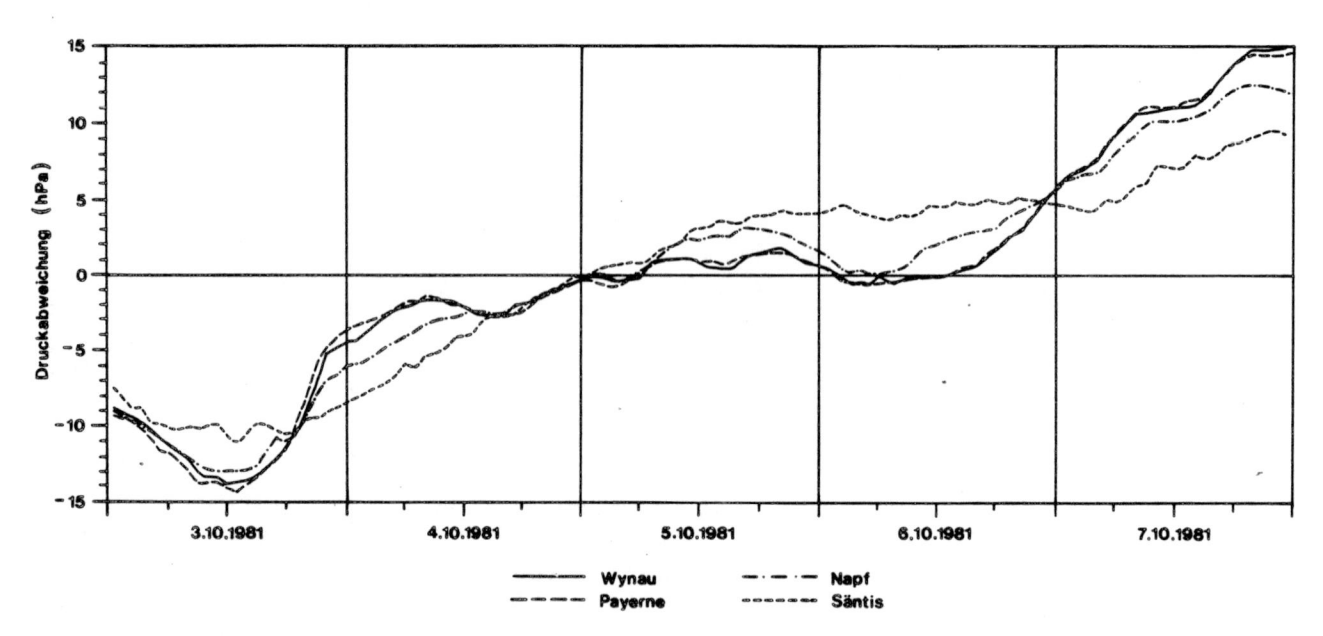

Fig. 4.24: Verlauf der Druckabweichung vom jeweiligen Stationsmittel über die Zeit vom 3. bis 7.10 1981. Stationen Wynau (416 m), Payerne (491 m), Napf (1406 m) und Säntis (2500 m).

Nach der Kaltfront, welche am Nachmittag und Abend des 3. die Schweiz durchquert, beginnt der Druck zuerst massiv, später verlangsamt anzusteigen (Fig. 4.24). Vom 5. auf den 6. ist sogar in den tiefergelegenen Stationen ein Druckfall zu verzeichnen. In diese Phase hinein fällt die maximale Ausprägung des Föhns. Die Station Säntis meldet deutlich schwächere Druckschwankungen als die übrigen Stationen. Dieses Verhalten zeigt auf, wie die grösserräumige (synoptische) Druckänderung abläuft, während die Mittellandstationen die Staueffekte der Alpen verdeutlichen. In der Nacht auf den 4. staut sich die Kaltluft im Norden der Alpen, am 6. herrscht dort ein Unterdruck, weil die Überströmung von Süden her geschieht. Fig. 4.25 zeigt den Verlauf der Druckdifferenzen zwischen Lugano und Schaffhausen, sowie zwischen Piotta und Altdorf. Beide Gradienten wurden auf eine Strecke von 100 km normiert. In der maximalen Föhnphase, also in der Nacht vom 5. auf den 6., erreicht der normierte Druckgradient zwischen Altdorf und Piotta 17.3 hPa/100 km, zwischen Schaffhausen und Lugano 4.8 hPa/100 km. Das liefert einen ersten Hinweis darauf, dass die kräftigsten Druckgradienten auf den unmittelbaren Alpenraum konzentriert sind. Gleichzeitig ist auch leicht zu erkennen, dass bei Kaltfrontdurchgang die Druckgradienten praktisch verschwinden.

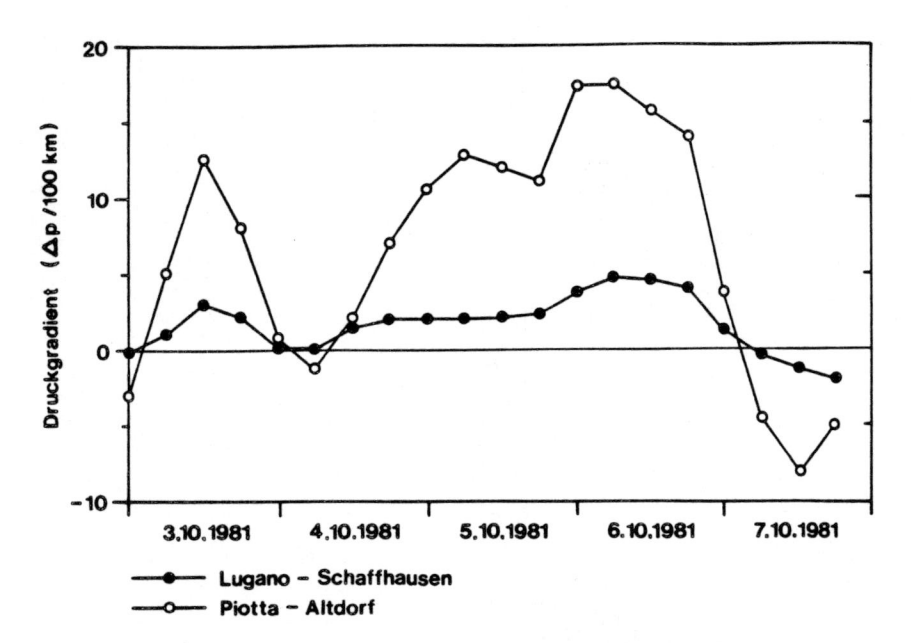

Fig. 4.25: Zeitlicher Verlauf der Druckgradienten Lugano-Schaffhausen und Piotta-Altdorf, normiert auf 100 km. 6-Stunden-Intervalle. Reduktonshöhe 700 m ü.M.

Die Druckkärtchen (Fig. 4.26) untermauern diesen Sachverhalt. Die stärkste Scharung der Isobaren liegt in den Alpen (eher etwas nördlich des Hauptkammes), während im Mittelland nur geringe Druckunterschiede vorhanden sind. Interessant ist dabei, dass im Mittelland häufig wieder erhöhte Druckwerte gemeldet werden, sodass die Zone tiefsten Druckes in etwa über den nördlichen Voralpen in einem Streifen Walensee - Vierwaldstättersee - Brienzer-/Thunersee liegt.

Der stärkste Druckgradient bildet sich im Gotthardgebiet und bleibt dort während etwa 30 Stunden örtlich stationär, wobei er sich am 6. noch verstärkt. Einzig in der Frühe des 5. (nicht abgebildet) konzentrieren sich die Isobaren über Nordbünden. Dies dürfte die Ursache dafür sein, dass sich der Föhn in Chur früher bemerkbar macht als in Altdorf.

Mit der vorrückenden Kaltfront flachen die Druckgradienten fast völlig ab und drehen später in die entgegengesetzte Richtung.

c) Niederschläge und Bewölkung

Im Zusammenhang mit der Kaltfront vom 3. fallen praktisch in der ganzen Schweiz Niederschläge, aber bereits am 4. werden tagsüber keine mehr gemeldet. Am 5. verzeichnen einzelne Stationen auf der Nordseite Regen, wobei die Regenmenge sehr bescheiden ausfällt. Die Bewölkung lockert sich auf, vor allem in den Föhntälern. Auf der Alpensüdseite bleibt es weiterhin bedeckt. Lugano und Locarno melden etwas Regen. In der Nacht auf den 6. fallen keine Niederschläge, und die Schweiz ist praktisch wolkenfrei. Im Verlauf des Tages nimmt aber von Westen her die Bewölkung zu, und im Tessin beginnt es zu regnen. Mit der vorrückenden Kaltfront fallen schliesslich im ganzen Land Niederschläge.

Die Rolle des Niederschlags bei Föhnsituationen ist während der letzten Jahre erneut eingehender untersucht worden. Wichtige und interessante Aspekte wurden für diesen Föhnfall von SCHÄR und DAVIES (1986) und von SCHÄR (1988) diskutiert. In beiden Studien wird aufgezeigt, dass Kondensationsprozesse einen erheblichen Einfluss auf die Wellenbildung bzw. deren Modifikation haben können. Kondensationsprozesse führen zu einer Verminderung der statischen Stabilität der Atmosphäre. Bereits vorhandene Wellen werden dahingehend modifiziert, dass die Windgeschwindigkeiten im Lee abnehmen. Während im Fall der trockenen Überströmung bei ungefähr konstantem Druckgradienten eine mittlere Geschwindigkeit von etwa

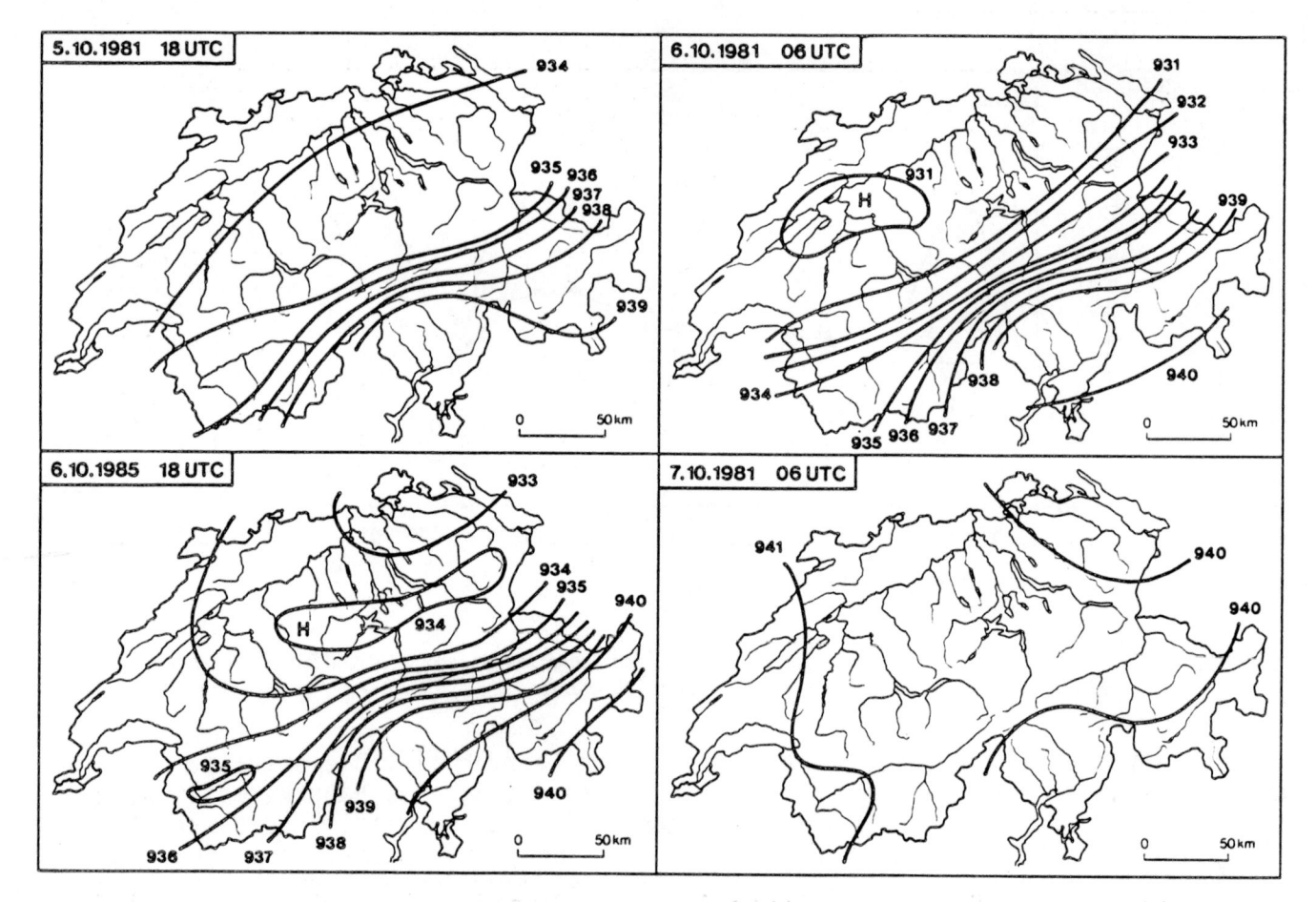

Fig. 4.26: Druckkarten (hPa) für die stärkste Föhnphase (6.10.81, 06 UTC) und nach Kaltfrontdurchgang (7.10.81, 06 UTC). Reduktionshöhe 700 m.

14 ms^{-1} in Altdorf gemessen wurde, sinkt die mittlere Windgeschwindigkeit am 6. ab Mittag rasch auf etwa 9 ms^{-1}, was im Rahmen der obengenannten Argumente als Folge der im Tessin einsetzenden Niederschläge gedeutet werden kann (Fig. 4.27).

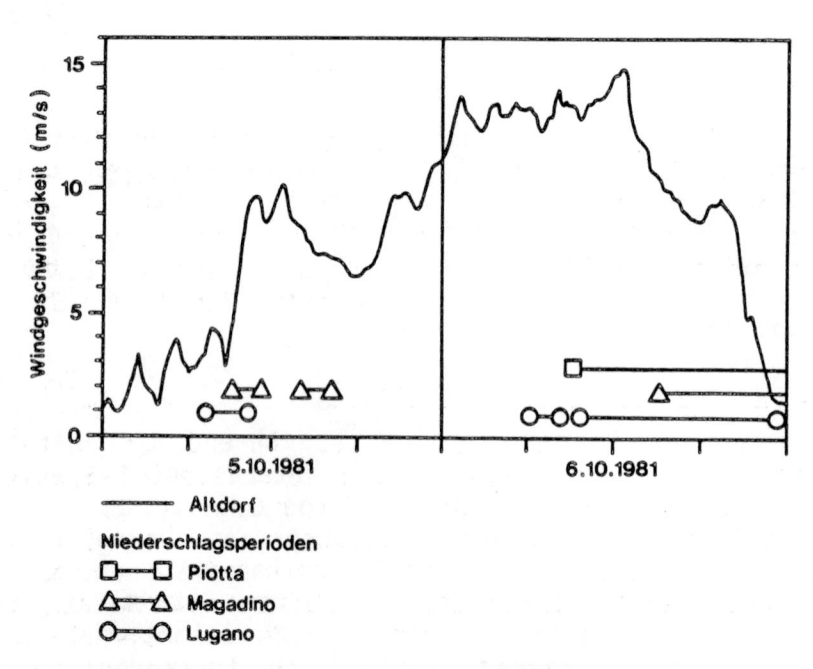

Fig. 4.27: Windgeschwindigkeiten in Altdorf und Niederschlagsphasen im Tessin. Graphik nach SCHÄR und DAVIES (1986).

d) Temperatur und Feuchte

Wie bereits in der Einleitung erwähnt wurde, charakterisieren die beiden Parameter Temperatur und Feuchte den Föhn besonders gut. Da beide stark miteinander verbunden sind, sollen sie auch gemeinsam besprochen werden. In der äquivalentpotentiellen Temperatur, wie sie für die Kärtchen in Fig. 4.29 verwendet wird, sind beide Informationen miteinander verknüpft.

Vorerst sei jedoch der Verlauf der potentiellen Temperatur diskutiert. In Fig. 4.28 ist zu erkennen, dass sich der Föhn in Disentis zuerst, und zwar bereits am 4. um etwa 11 Uhr, durchsetzt. Die übrigen Stationen zeigen noch den normalen Tagesgang. Sieben Stunden später steigt die Temperatur in Chur sprunghaft an, allerdings nur um etwa 4 K. Gleichzeitig geht aber die Feuchte auf Werte um 60% zurück, sodass auch hier Anzeichen des Föhns zu erkennen sind. Am frühen Morgen des 5. beginnt die Temperatur sowohl in Vaduz als auch in Altdorf zu steigen. Sie pendelt sich dann etwa 15 K höher bei 300 K ein, wo sie bis zum Föhnende relativ konstant bleibt. Die Station Sion zeigt weiterhin den normalen Tagesgang

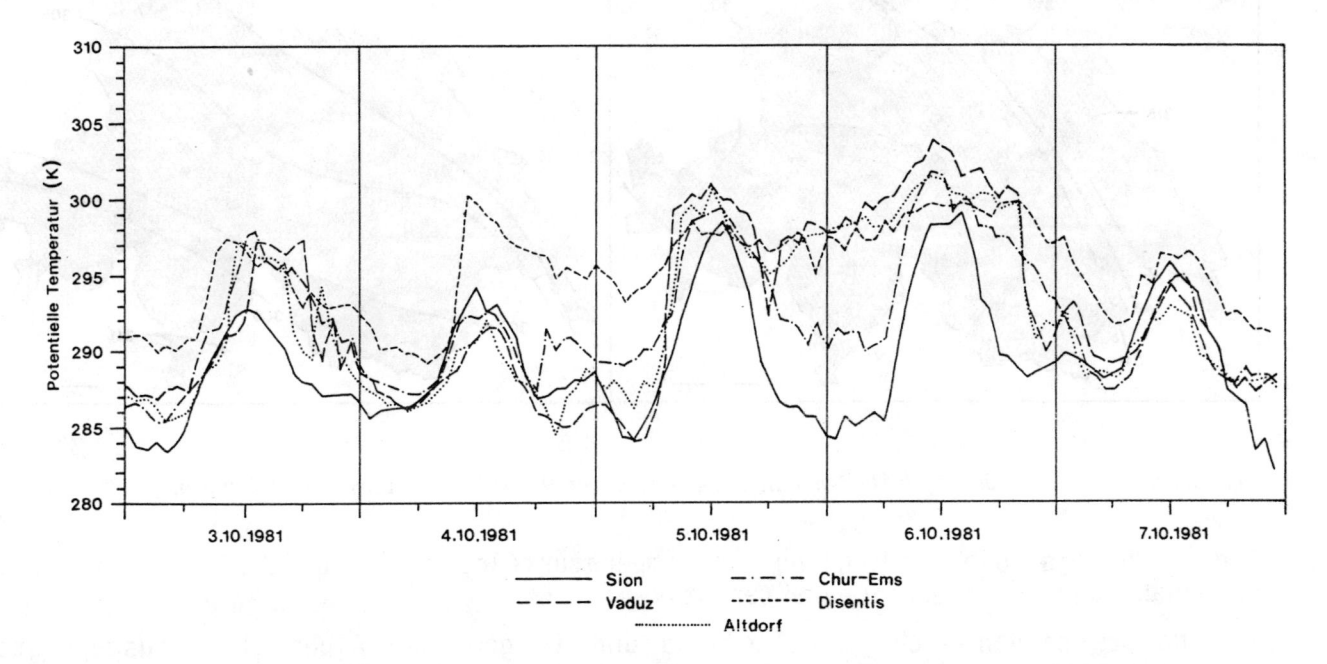

Fig. 4.28:   *Verlauf der potentiellen Temperatur θ vom 3.-7.10.1981 in den Alpentälern. Stationen: Sion (481 m), Altdorf (451 m), Disentis (1180 m), Chur-Ems (556 m), Vaduz (463 m).*

(auch in der Feuchte!) und lässt den Schluss zu, dass der Föhn über das Wallis hinwegbläst, ohne bis ins Tal durchzugreifen. Die Feuchtewerte zeigen eine starke negative Korrelation mit den Temperaturen. Im Unterschied zu den Alpentälern zeigen die Mittellandstationen (nicht abgebildet) kein aussergewöhnliches Verhalten. Bloss bei den Gipfelstationen Säntis und Napf wird die Zufuhr trockener Luft in der Nacht vom 5. auf den 6. ersichtlich. Das bedeutet, dass der Napfgipfel aus dem Kaltluftsee im Mittelland herausragt.

Die Station Chur fällt dadurch auf, dass sie zwar einen deutlichen Temperaturanstieg und Feuchterückgang verzeichnet, aber trotzdem noch einen Tagesgang aufweist. Dieses Verhalten lässt vermuten, dass nachts in Chur der Föhnluft noch Kaltluft aus den Bündner Tälern (v.a. aus dem Vorderrheintal) beigemischt ist, während tagsüber der Kaltluftzufluss wegen der Erwärmung wegfällt. Allerdings ist damit noch nicht erklärt, weshalb dann in Vaduz kein (evtl. abgeschwächter) Tagesgang zu erkennen ist. Möglich wäre, dass sich eine stagnierende Luftmasse im Raum Chur gebildet hat, welche nachts überhaupt nicht in Richtung Vaduz abfliessen kann, weil weiter nördlich die absinkende Föhnluft blockierend wirkt. Diese Spekulationen seien hier aber nicht weiter verfolgt, sondern im folgenden die flächenhaften Temperaturverhältnisse in der Schweiz diskutiert.

108 Fallstudien

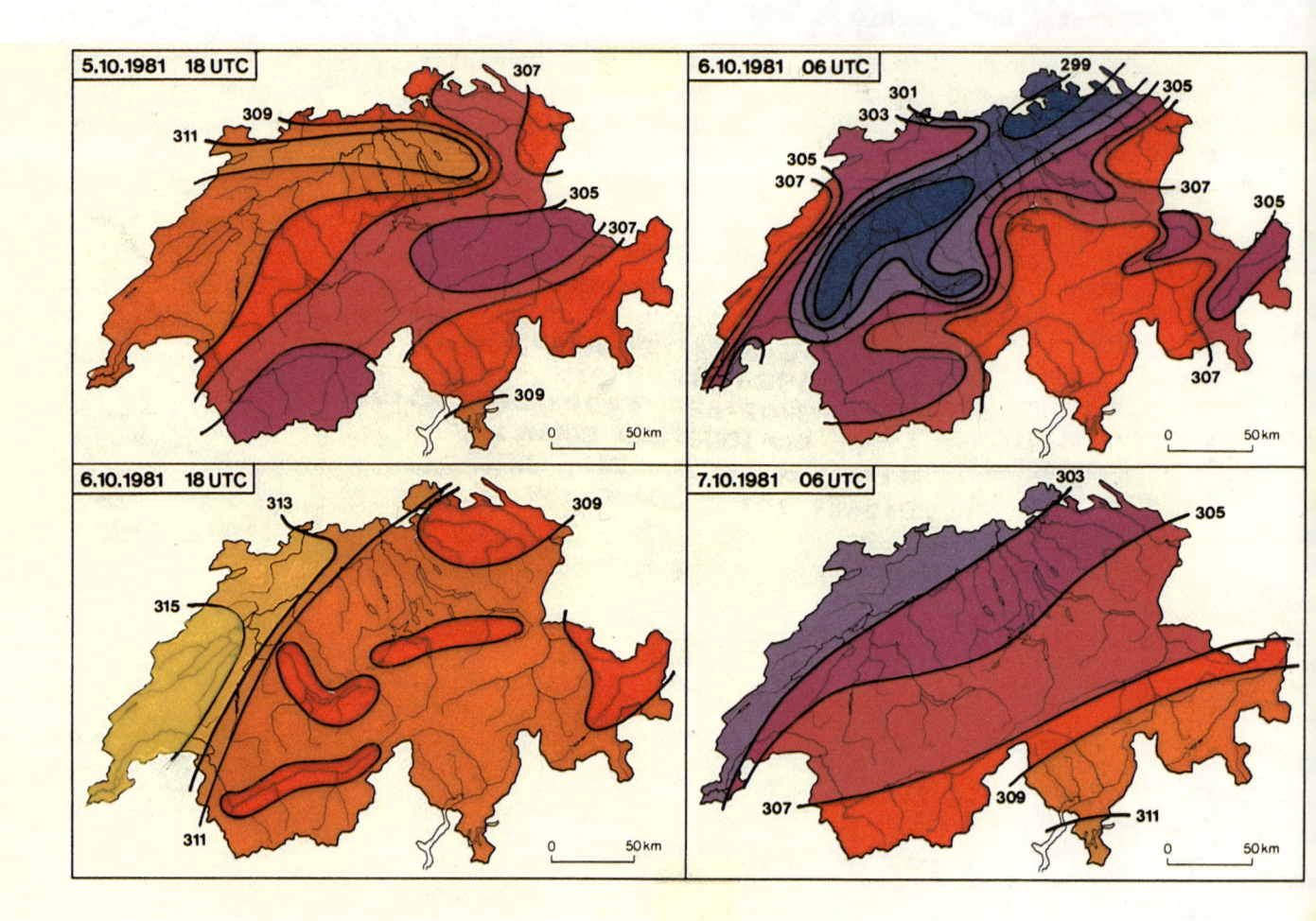

Fig. 4.29:   Karten der äquivalent-potentiellen Temperatur θ_{pe} (K). Reduktionshöhe 700 m ü.M.

Fig. 4.29 zeigt die Entwicklung des Temperaturfeldes. Dies gilt für die stärkste Föhnphase und zeigt drei Charakteristiken:

1. Nachts bilden sich im Mittelland und in gewissen Alpentälern ausgeprägte Kaltluftseen. Diese Kaltluftmassen heben die Föhnströmung vom Boden ab. Vor allem in Tälern, die quer zur Stömungsrichtung liegen, können solche stagnierenden Luftmassen beobachtet werden (Engadin, Vorderrheintal, Wallis).

2. Am Mittag haben sich die Kaltluftseen aufgelöst, und die Temperaturgradienten sind wesentlich geringer (nicht abgebildet).

3. Am 6.10. um 18 UTC zeigt sich im Westen bereits die vorrückende Kaltfront. Die hohe Feuchte bewirkt, dass die äquivalent-potentielle Temperatur zuerst sogar noch etwas ansteigt. In der Nacht auf den 7. verursacht die Kaltluft dann aber einen Temperatursturz von rund 10 K. Bewölkung und Niederschläge verhindern die Bildung eines Kaltluftsees.

Vor allem am Mittag des 6. ist die Erhaltung der äquivalent-potentiellen Temperatur in sehr guter Näherung erfüllt: Süd- und Nordseite der Alpen unterscheiden sich nur geringfügig. Dies steht allerdings eher im Widerspruch zu den neuesten Erkenntnissen, wonach die im Lee absinkende Luft meistens aus grösserer Höhe im Luv herstammt.

Als Ergänzung sei hier noch kurz auf das Vorrücken der Kaltfront am 6. eingegangen. Über die Frontkriterien sind Angaben in der Fallstudie zum 20.-22. Oktober 1981 (Kap. 4.4.2.) zu finden. Im Mittelland zeigt der massive Rückgang der potentiellen Temperatur (nicht abgebildet), dass die Kaltluft Genf, Payerne und Wynau um 12 UTC, Zürich-Kloten um 13 UTC erreicht. Die Tagesgangkurve ist dann deutlich gestört. Vaduz und Altdorf melden den Temperatursturz abends um 20 UTC, während er in Chur im Tagesgang untergeht, d.h. nicht zu erkennen ist. Diese Ergebnisse verbessern die Angaben, welche in einer früheren Untersuchung (FURGER et al., 1986) gemacht wurden.

e) **Wind**

1) Höhenstromfeld

Das Höhenstromfeld ist für den 6. (06 UTC) exemplarisch in Fig. 4.30 dargestellt. In der ausgeprägten Föhnphase von 5.-6. ändern sich die Strömungsverhältnisse in allen Standardniveaus nur unwesentlich, sodass eine Beschränkung auf den genannten Termin gerechtfertigt ist. Die Sondierungen von Payerne (Fig. 4.31) zeigen ein ziemlich homogenes Höhenprofil mit südwestlichen Winden. Die

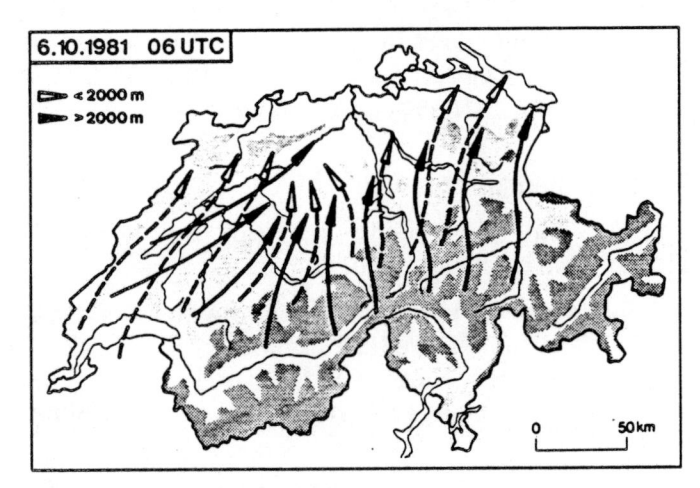

Fig. 4.30:   Höhenströmung für den 6.10.1981, 06 UTC.

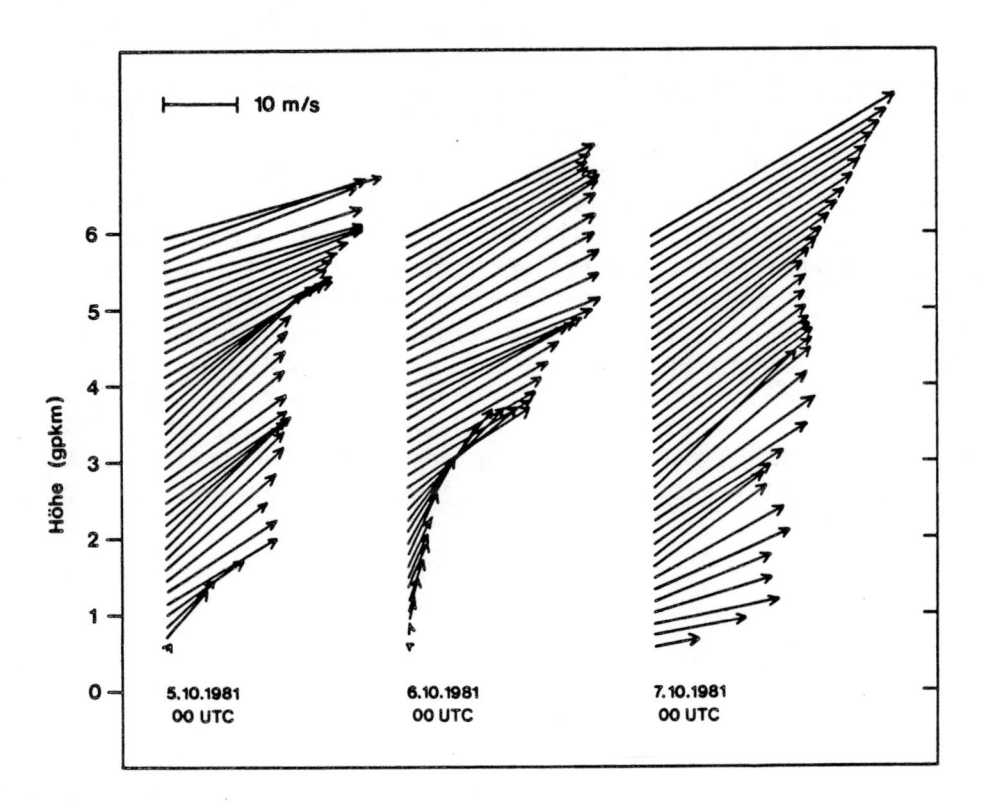

Fig. 4.31:   Windprofile der Sondierungen von Payerne für den 5.-7.10.1981, je 00 UTC. Daten auf 150 m-Schichten interpoliert.

Alpen bewirken, dass die Winde in eine S-N-Strömung umgelenkt werden, wobei zu erwarten ist, dass diese Strömung nicht sehr weit über die Orographie hinausreicht. Somit ist der vorliegende Fall als seichter Präfrontalföhn zu bezeichnen, da die Höhenströmung praktisch parallel zu den Alpen verläuft.

2) Bodenstromfeld

Schliesslich bleibt noch das Bodenstromfeld zu diskutieren. Wir beschränken uns hier auf den 6. Oktober, da an diesem Tag die stärkste Föhnphase erreicht wird und gleichzeitig mit der vorrückenden Kaltfront der Zusammenbruch des Föhns studiert werden kann.

In Fig. 4.32 sind die Bodenstromfelder für den 6. um 06 und 12 UTC dargestellt. Zum ersten Termin, also in der stärksten Föhnphase, dringt der Föhn in allen S-N-orientierten Tälern bis zum Grund durch. Auf der Alpensüdseite und in querverlaufenden Tälern (Wallis, Vorderrheintal) werden Kalmen oder bloss schwache Winde gemeldet. Im Mittelland liegt eine Kaltluftmasse, in welcher ebenfalls häufig Kalmen und nur schwache Winde vorkommen. Der Föhn wird daher vom Boden abgehoben und bläst über den Kaltluftsee hinweg. Der Jura liegt wieder im Bereich der SW-Winde drin.

Drei Aspekte sind hier besonders erwähnenswert:

- Der Föhn reicht in der Zentral- und Ostschweiz stärker ins Mittelland hinein, d.h. er drängt die Kaltluft weiter nach Norden ab.

- Als Folge davon tritt ein kräftiger Kaltluftabfluss durch das Rheintal in Richtung Basel auf. Der Kaltluftabfluss erreicht dabei eine Stärke, die die üblichen Geschwindigkeiten um einiges übertrifft, und das, obwohl die Druckgradienten in dieser Gegend extrem klein sind: Basel-Schaffhausen -0.6 hPa, Windgeschwindigkeit in Möhlin 5.3 ms^{-1}.

- Am Rand des Kaltluftsees können vereinzelt Gegenströmungen beobachtet werden: Deutlich sichtbar sind sie in Aigle, bei Brienz, Wädenswil und bei Altenrhein. Diese Gegenströmungen sind zu erwarten, wenn die Föhnluft beim Aufgleiten an deren Untergrenze Kaltluft mittransportiert und aus Gründen der Massenkontinuität am Boden ein Nachfliessen gegen die Föhngrenze bewirkt.

Am Mittag hat sich die Situation verändert. Der Kaltluftsee wurde ausgeräumt, und die Winde in Bodennähe haben aufgefrischt. In den Föhntälern herrscht immer noch das gleiche Bild, aber im Mittelland existiert nun eine mässige SW-Strömung. Aufgrund der äquivalent-potentiellen Temperatur lässt sich zeigen, dass die Föhnluft vor allem in einem breiten Korridor nördlich des Gotthard das ganze Mittelland durchquert, sodass durch die Ablenkung dieser Strömung an Jura und Schwarzwald eine SW-Strömung verursacht wird. Kalmen treten nur noch in stark reliefiertem Gelände auf. Die Kaltfront hat zu diesem Zeitpunkt bereits den Jura überschritten. Deshalb ist im Jura Kaltluftadvektion mit aufgefrischten Winden zu beobachten. Mit der stärksten Ausprägung des Föhns in der NE-Schweiz wird dort die Front um Stunden verzögert. In Güttingen erfolgt der Temperatursturz erst zwischen 15 und 16 UTC.

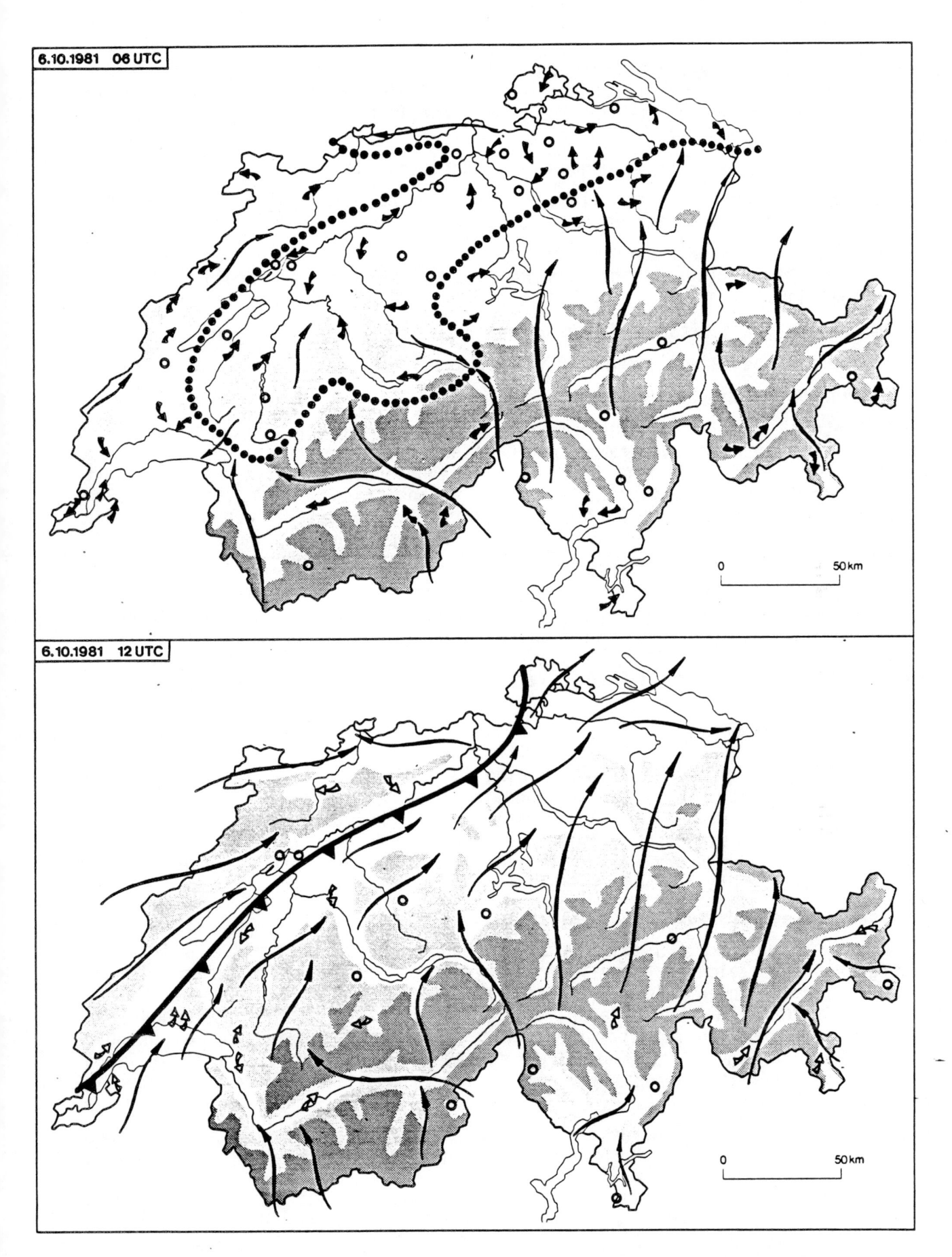

Fig. 4.32: Bodenströmungsmuster für den 6.10.1981, 06 und 12 UTC. Lange Pfeile: Windgeschwindigkeiten >2 ms^{-1}; kurze Pfeile: Windgeschwindigkeiten <2 ms^{-1}, wobei ausgefüllte eine Hang- oder Talaufwärtskomponente andeuten, leere Pfeile eine Abwärtskomponente. Kreise: Kalmen. Die punktierte Linie markiert die Grenze des Kaltluftsees, die ausgezogene Linie die Kaltfront.

Der Kaltluftabfluss durch das Rheintal bei Basel ist weiterhin deutlich zu erkennen. Mit dem Vorrücken der Kaltfront bricht der Föhn schliesslich auch in den Alpentälern zusammen. Dies geschieht allerdings erst in der Nacht auf den 7. Gleichzeitig bringt die Front für die ganze Schweiz Niederschläge. Die Druckgegensätze werden ausgeglichen.

Zusammenfassend lassen sich folgende Punkte herausarbeiten:

- Es handelt sich um einen "seichten" Föhn, welcher sich vor allem in den Alpentälern mit S-N-Orientierung am schönsten ausprägt.

- Im Mittelland ist ein deutlicher Tagesgang zu erkennen, d.h. der Föhn setzt sich nur zur Mittagszeit bis zum Boden durch, nachdem der Kaltluftsee ausgeräumt ist.

- Am Rand des Kaltluftsees können Gegenströmungen beobachtet werden.

- Im Rheintal bei Basel ist ein kräftiger Kaltluftabfluss festzustellen.

f) Folgerungen für die Durchlüftung

Die Erkenntnis, dass die Föhnluft meistens aus einer höheren Schicht (über der planetaren Grenzschicht) herstammt und über die blockierte Luft in der Poebene hinwegfliesst, lässt auf eine bloss geringe Vorbelastung durch Ferntransport nördlich des Alpenhauptkamms schliessen. Im Gegensatz dazu sind aber vor allem im Kaltluftsee des Mittellandes hohe Belastungen zu erwarten, welche durch die Emissionen in dieser Gegend selber stammen. Es ist auch zu erwarten, dass mit dem Kaltluftabfluss in Richtung Basel diese Schadstoffe mitverfrachtet werden.

Dass der Föhn Bodeninversionen verstärken und damit die lufthygienische Situation drastisch verschlechtern kann, wurde schon in anderen Studien aufgezeigt (HOINKA und RÖSLER, 1987). Da der Föhn im Winterhalbjahr recht häufig auftritt (Maxima im November und April; WMO 1982), darf die Bedeutung dieser Wetterlage wegen der hohen Emissionen (Heizung, Verkehr) nicht unterschätzt werden.

4.4.4. Westlage

Die vorliegende Fallstudie behandelt eine Wetterlage, welche in unserem Land recht häufig auftritt. Westlagen gehören mit einem Anteil von 7.7 % (1981-85) in der Alpenwetterstatistik (SCHÜEPP, 1979) zu den advektiven Lagen, d.h. Lagen mit hinreichend grossen Windgeschwindigkeiten. Sie sind deshalb nicht von kritischer Bedeutung für Immissionsprobleme. Trotzdem sollen sie hier abgehandelt werden, um einen Vergleich mit den anderen Fallstudien zu gewährleisten.

a) Allgemeine Wettersituation 29.-31.10.1981

Die dritte Oktoberdekade ist als eine Periode hoher Niederschläge und tiefer Temperaturen zu bezeichnen, in welcher sich die über die Schweiz ziehenden Fronten in kurzen Abständen folgen. Die dabei herangeführte Kaltluft führt zu Temperaturen, die unter der Norm liegen, und ermöglicht auch ein recht frühes Einschneien der Alpen. So meldet die Station Gütsch ob Andermatt am 28. Oktober eine Schneedecke von 130 cm. Gegen Ende der Dekade etabliert sich eine kräftige Westströmung über Mitteleuropa, was auch in der Schweiz zu starken Westwinden in der ganzen Troposphäre führt.

Aufgrund dieser Situation wurde die Fallstudie auf die Zeit vom 29.-31. Oktober festgelegt. Während dieser Periode wandert ein Tiefdrucktrog im 500 hPa-Niveau (Fig. 4.33) langsam über die Schweiz. Dies ist im Verlauf der Druckabweichung (Fig. 4.35) klar zu erkennen. Das Druckminimum wird am 30. um die Mittagszeit erreicht. Der Trog ist aber nur schwach ausgebildet, sodass die Höhenströmung ihren zonalen Charakter beibehält. Auf dem 500 hPa-Niveau halten die Westwinde von 20 bis 25 ms^{-1} die ganze Zeit an und führen mildere Luft über den Kontinent. Im Bodenniveau ziehen mehrere Fronten über Mitteleuropa hinweg nach Osten. Nach der Okklusion vom 28., welche in der Schweiz noch reichlich Niederschläge in

Form von Schnee in der Höhe und Regen in den tieferen Lagen verursacht, streift am 30. morgens eine Kaltfront das Land. Auf diese folgt am 31. bereits wieder eine Warmfront. Diese Fronten beeinflussen nur die Alpennordseite und sorgen dort für schlechtes Wetter. So ist die Alpennordseite nur am 29. wolkenlos, später aber vollständig bedeckt. Die Alpensüdseite meldet für diese Zeit besseres Wetter.

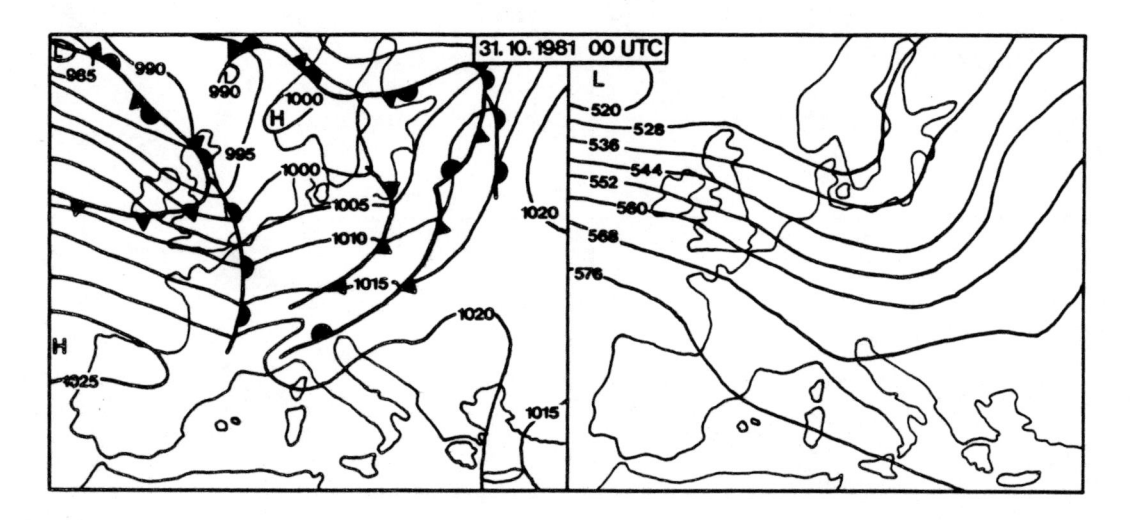

Fig. 4.33: Wetterkarten für den 31.10.81, 00 UTC. Links: Bodendruckkarte. Rechts: 500 hPa-Isohypsen.

Die Temperaturen verzeichnen einen generellen Anstieg (Fig. 4.36), sodass sie in den letzten drei Oktobertagen fast durchwegs wieder über der Norm liegen. Da die Druckverteilungen in der Höhe und am Boden einander sehr ähnlich sind (Gleichstromlage) und sich durch kräftige Gradienten auszeichnen, treten entsprechend hohe (West-) Windgeschwindigkeiten in allen Niveaus auf. Schaffhausen meldet z.B. 9 ms^{-1} am 30. in der Frühe. Am 31. nehmen die Windgeschwindigkeiten eher wieder ab. Die Radiosondierungen von Payerne zeigen ein etwa homogenes Westwindfeld, das wenig Scherungen in Richtung und Geschwindigkeit aufweist. Die grössten Windgeschwindigkeiten werden am Mittag des 30. erreicht (Fig. 4.38).

b) **Druckfeld**

Betrachtet man die Analysen des Luftdruckes im Bodenniveau (Fig. 4.34), so kann man leicht erkennen, wie der Tiefdrucktrog über die Schweiz wandert. Bereits am 29. sinkt der Druck in der Nordwestschweiz, und nur in Mittelbünden bleibt er praktisch konstant. Am 30. wird auf der Mittagskarte im Kanton Schaffhausen (Lohn SH, 932.2 hPa) das Minimum erreicht. Dann beginnt der Druck von Westen her wieder anzusteigen. Dieser Anstieg dauert den ganzen 31. an und ist stärker als der vorangehende Druckfall.

Drei Besonderheiten sind erwähnenswert:

- Der langsame, unstetige Druckfall vom 29. ist sehr deutlich auch in den Druckkurven (Fig. 4.35) zu erkennen. Die halbtagesperiodische Schwankung ist dem allgemeinen Trend, wie er durch den Trog verursacht wird, überlagert. Vor allem in den Alpentälern tritt dieses Phänomen besonders schön zu Tage (nicht abgebildet).

- Während am 29. und 30. der Druckgradient in guter Näherung eine S-N-Orientierung aufweist, dreht er am 31. in eine W-E-Richtung. Wahrscheinlich ist das der Grund für ein Auffrischen der Winde an verschiedenen Mittellandstationen an diesem Tag.

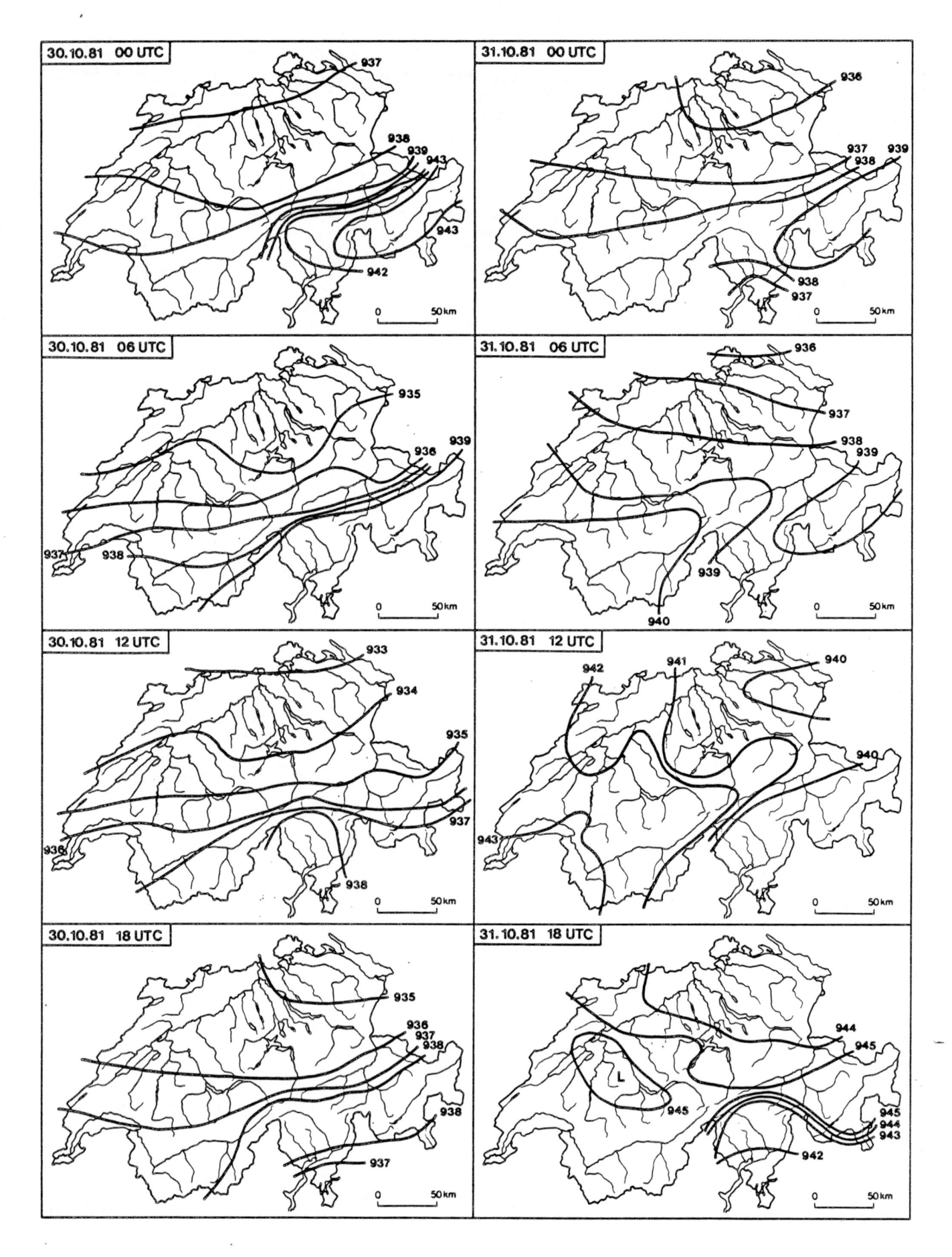

Fig. 4.34: Druckkarten vom 30.10.81, 00 UTC bis 31.10.81, 18 UTC. 6-Stunden-Intervalle. Reduktionshöhe 700 m ü.M.

- Die Alpen treten in den Druckfeldern immer deutlicher hervor, sei es als Zone stärkerer Gradienten, sei es als Gebiet höheren Druckes. Da der Druck in den Karten auf eine mittlere Höhe von 700 m reduziert wurde, und Stationen oberhalb 1200 m vernachlässigt wurden (ausser im Engadin), darf der Reduktionsfehler als klein angenommen werden. Deshalb können die beobachteten Merkmale dahingehend interpretiert werden, dass die meteorologischen Verhältnisse des Mittellandes sich von denen der Alpensüdseite deutlich unterscheiden. Als Konsequenz sind die Windverhältnisse im Tessin wesentlich verschieden von jenen im Mittelland, sodass eine getrennte Behandlung möglich wird.

c) **Temperatur**

Da am 29. noch grosse Landesteile nur leichte Bewölkung melden, was auf eine gute Besonnung schliessen lässt, ist für diesen Tag auch ein deutlicher Tagesgang der potentiellen Temperatur zu erkennen (Fig. 4.36). Gegen Mitternacht wird der nächtliche Temperaturrückgang aber gestoppt, und von da an steigt die Temperatur im Mittelland allmählich, aber gleichmässig an. In den Alpentälern ist die "ruhige Phase" auf etwa 12 Stunden verkürzt und dauert vom 30., 18 Uhr, bis 31., 06 Uhr. Am 31. zeigt sich unter dem Einfluss des Hochs erneut ein schwacher Tagesgang.

Die äquivalent-potentielle Temperatur zeigt ein ähnliches Verhalten (Fig. 4.37). Beachtenswert ist einzig, dass sich im Mittelland kein ausgeprägter Kaltluftsee ausbildet.

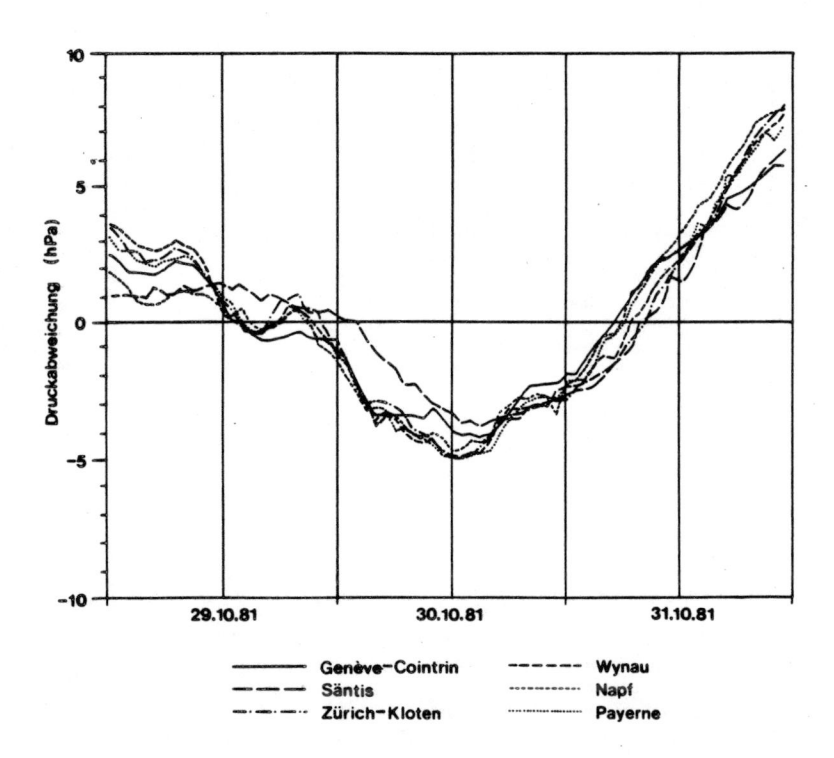

Fig. 4.35: *Verlauf der Druckabweichung vom jeweiligen Stationsmittel über die Untersuchungsperiode. Stationen: Genève-Cointrin (416 m), Payerne (491 m), Wynau (416 m), Zürich-Kloten (432 m), Napf (1406 m), Säntis (2500 m).*

d) **Niederschläge**

Der 29. weist (mit ganz wenigen Ausnahmen in der Nordostschweiz) noch keine Niederschläge auf. Erst in der Nacht zum 30. setzen dann kräftigere Niederschläge ein, welche erst am 31. wieder abklingen. Dabei erhalten die Jurastationen und das nördliche Mittelland wesentlich grössere Mengen als etwa die Alpentäler

116 Fallstudien

(Tab. 4.1). In höheren Lagen (Säntis, Jungfraujoch) fallen die Niederschläge als Schnee, in tieferen Lagen als Regen oder Nieselregen.

Station	29.10.81	30.10.81	31.10.81
Basel - Binningen	1.6	34.4	0.3
Zürich SMA	0.0	24.5	3.3
Chur - Ems	0.0	0.9	0.6

Tab. 4.1: *Niederschlagsmengen in mm für ausgewählte Stationen, jeweils von 18 UTC des Vortages bis 18 UTC des laufenden Tages.*

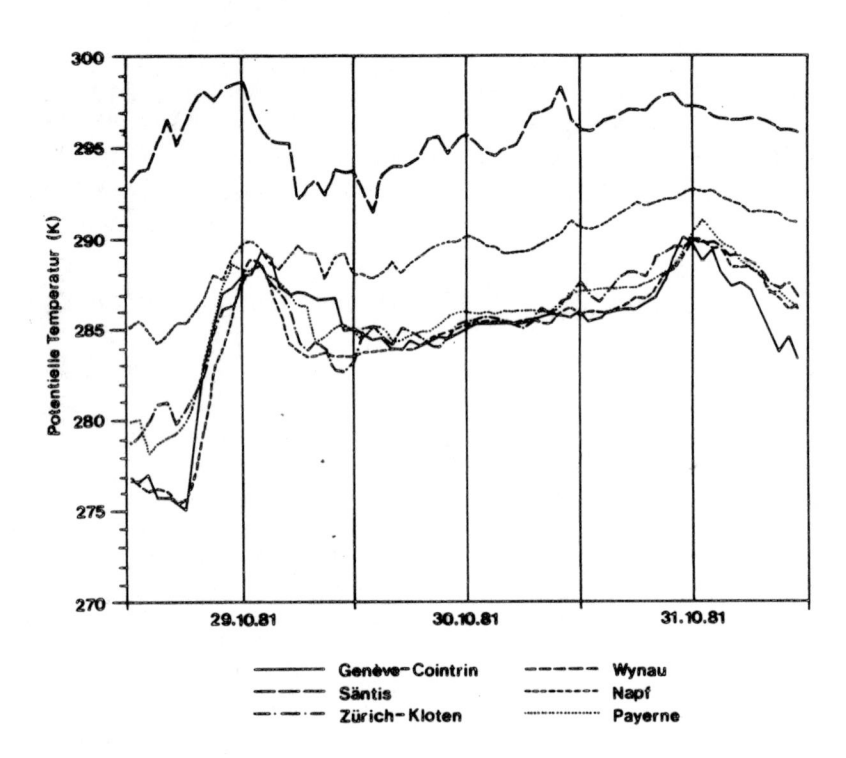

Fig. 4.36: *Potentielle Temperatur θ vom 29.-31.10.81. Stationen wie in Fig. 4.35.*

e) **Windfelder**

1) Höhenstromfeld

In der Zeit vom 29. - 30.10.81 liegen die Alpen vollständig im Bereich einer hochreichenden Weststömung. Sowohl die Sondierung von Payerne (Fig. 4.38) als auch die Wetterkarten zeigen vernachlässigbare Winddrehungen in den untersten Kilometern, was auf eine angenähert barotrope Situation hinweist. Entsprechend sind die Strömungsverhältnisse auf verschiedenen Höhen ähnlich. Dies wird in Fig. 4.39 dargestellt, welche als für die ganze Periode repräsentatives Beispiel gelten kann.

Nicht überraschend ist dabei das Auftreten einer Zone in den Hochalpen, wo extreme Richtungsabweichungen vom geostrophischen Wind des 700 hPa-Niveaus auftreten. So weist die Station Gütsch fast konstant einen SE-Wind auf, der im Verlauf des 31. auf Nord dreht. Die lang anhaltende Richtungskonstanz muss als Kanalisierungseffekt gedeutet werden. Ein Vergleich der bimodalen Windrose dieser Station bestätigt diese Ansicht. Aus diesem Grund muss auf eine detaillierte Angabe von Stromlinien im Gebirge verzichtet werden, da die Stationsdichte dafür nicht ausreichend ist.

Fallstudien 117

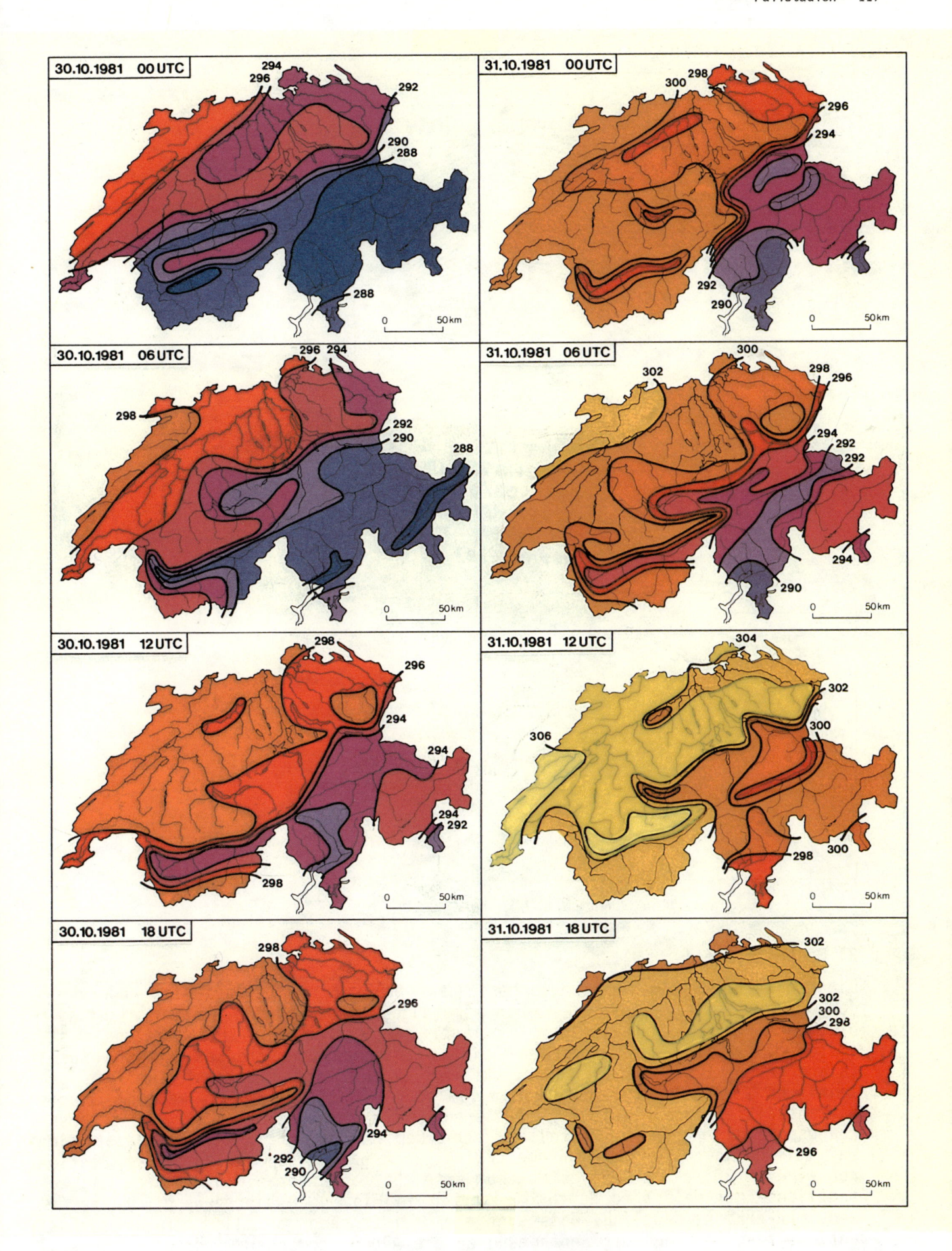

Fig. 4.37: Karten der äquivalent-potentiellen Temperatur θ_{pe} (K) vom 30.10.81, 00 UTC bis zum 31.10.81, 18 UTC in 6-Stunden-Intervallen. Reduktionshöhe 700 m ü.M.

118 Fallstudien

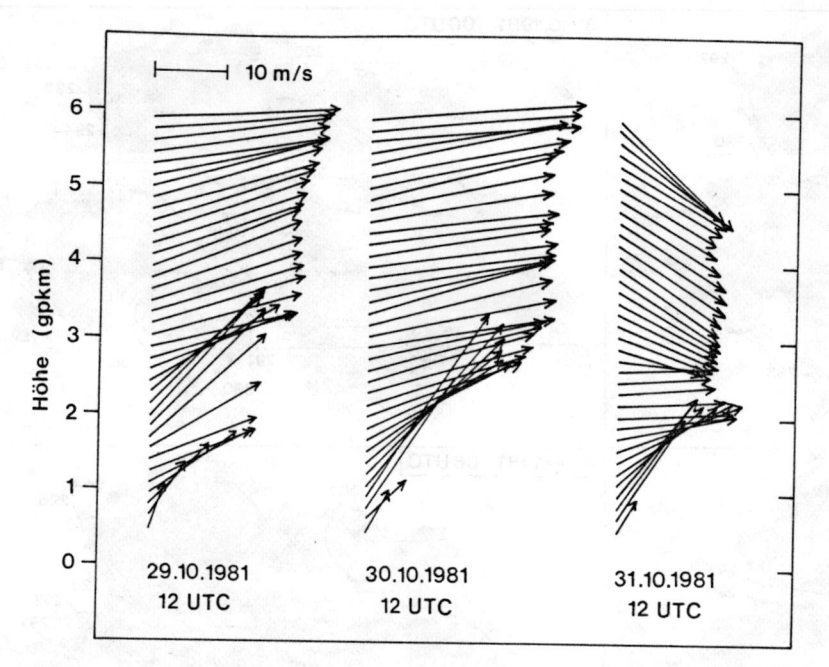

Fig. 4.38:   Windprofile der Radiosondierungen von Payerne vom 29.-31.10.81, jeweils 12 UTC.

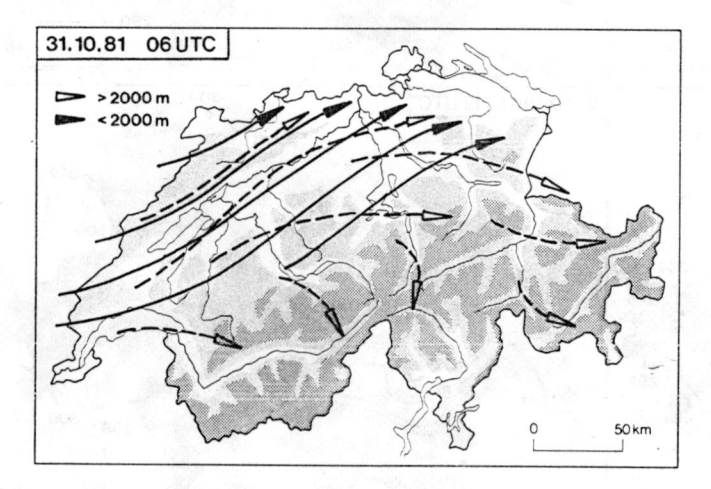

Fig. 4.39:   Höhenwindfeld für den 31.10.1981, 06 UTC.

2) Bodenstromfeld

Die zeitliche Abfolge des Wettergeschehens bewirkt nur geringfügige Änderungen der Charakteristiken des bodennahen Windfeldes. Insbesondere die Windrichtungen bleiben im Mittelland ziemlich konstant. Die Windrichtung ist meistens West, ausser im Wallis und im oberen Rheintal zwischen Schaffhausen und und Basel (siehe unten). Die Windgeschwindigkeiten zeigen eine stärkere räumliche und zeitliche Variabilität, wobei vor allem auch ein Tagesgang mit Maximum um die Mittagszeit erkennbar ist. Die mittleren Windgeschwindigkeiten für die Untersuchungsperiode liegen im Mittelland über dem Monatsmittel. Dennoch lässt sich kein eindeutiger Trend der Windgeschwindigkeit nachweisen. An einzelnen Stationen wird am 30. ein relatives Maximum erreicht, an anderen ein Minimum. Die wesentlichen Merkmale sind durch die Karten in Fig. 4.40 hinreichend wiedergegeben. Man erkennt deutlich, dass sich die Weststömung vor allem dem Jurasüdfuss entlang ausbildet und mit Annäherung an die Alpen schwächer wird, offenbar weil dort die Rauhigkeit des Geländes zunimmt. In den Alpentälern sind die topographischen Störungen so gross, dass die kräftigen Westwinde sich nur in den höhe-

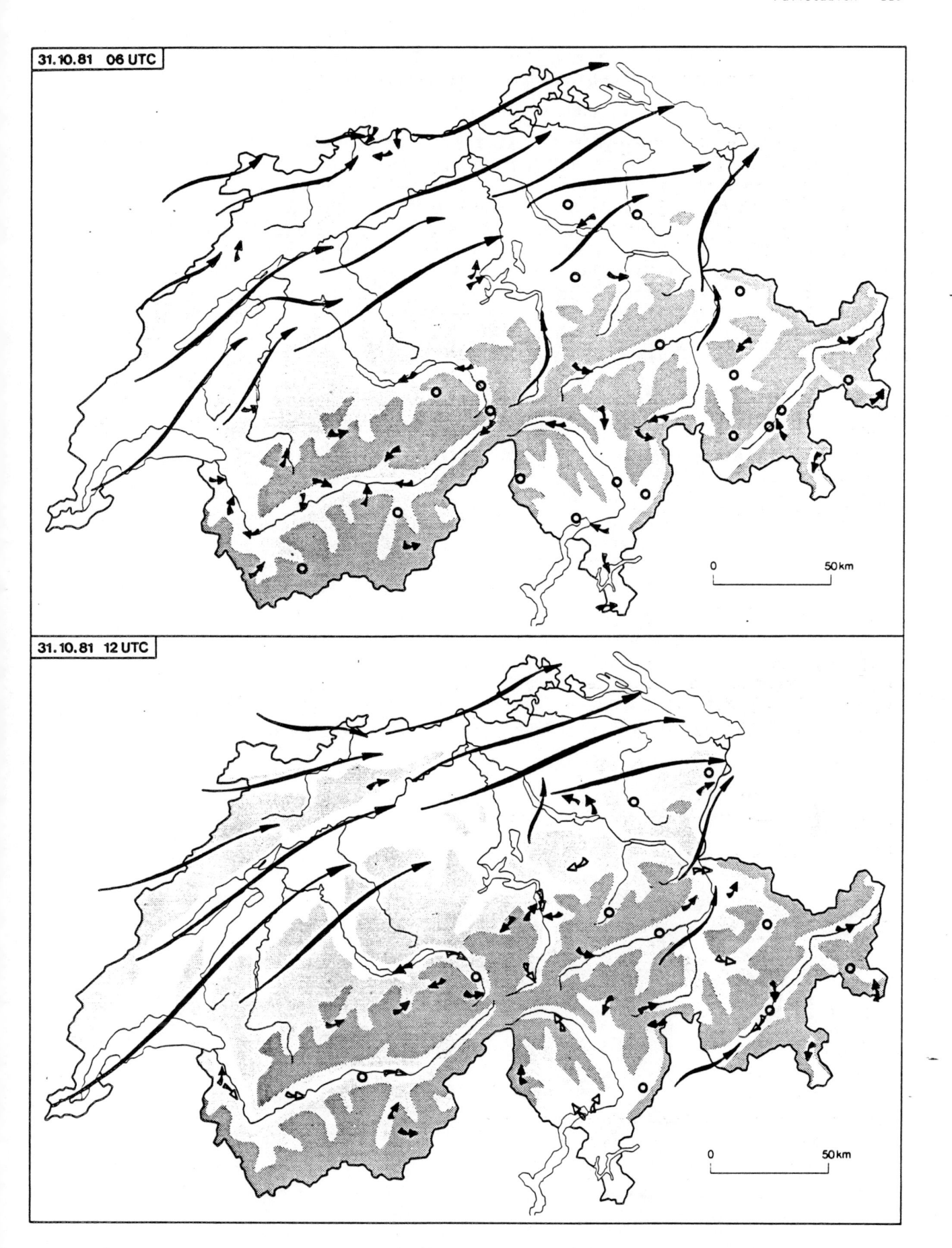

Fig. 4.40: Bodenströmungsmuster für den 31.10.81, 06 UTC (oben) und 12 UTC (unten). Lange Pfeile bedeuten Windgeschwindigkeiten >2ms^{-1}, kleine Pfeile solche <2ms^{-1}, wobei ausgefüllte hang- oder talaufwärts weisen, leere in die umgekehrte Richtung. Kreise bedeuten Kalmen.

ren Lagen bemerkbar machen. In den tieferen Tälern bilden sich teils lokale Windsysteme, teils Stagnationsgebiete mit Windstille aus.

Unter den auffälligsten Erscheinungen sind die folgenden erwähnenswert:

Das *Auftreten von Stagnationsgebieten* ist für die Alpentäler während der ganzen Zeit zu beobachten. Es gibt aber nur wenige Stationen, welche für die ganze Untersuchungsperiode Windstille melden (z.B. Grono GR), was einen Hinweis darauf gibt, dass die Stagnationsphasen sich sowohl zeitlich wie räumlich ändern. Die Anzahl Stationen, welche Windstille melden, zeigt markante Unterschiede zwischen dem Mittelland und den Alpen. Während im Alpenraum die Zahl mehr oder weniger konstant bleibt mit einem Mittelwert von 16.9 ± 3.6, ist sie im Mittelland mit 2.3 ± 2.7 wesentlich tiefer und von relativ grösserer Variabilität. Dies ist an sich nicht überraschend, da im Flachland eine Bodeninversion leicht wegerodiert werden kann, während in einem Gebirgstal neben einer Inversion auch die abschirmende Wirkung der Berge ein Durchgreifen der synoptischen Winde zu verhindern hilft. Je nach Topographie und Bodenrauhigkeit bleiben deshalb die Kaltluftmassen in einem Tal liegen (Stagnation) oder fliessen talauswärts (Bergwind). Im Mittelland ist mittags ein ausgeprägtes Kalmenminimum festzustellen.

Der *Tagesgang der Windgeschwindigkeiten* mit einem Maximum um die Mittagszeit ist zwar im Mittelland deutlich zu erkennen, aber dennoch sind die Variabilitäten an und zwischen den einzelnen Stationen gross. Ein Vergleich mit den Schwankungen des Druckgradienten Payerne-Zürich zeigte, dass das beschriebene Windverhalten nicht auf sich ändernde Druckverhältnisse zurückgeführt werden kann, sondern als Folge der sich ändernden Stabilität der planetaren Grenzschicht gedeutet werden muss. Die Schwankungen in den Druckgradienten weisen nämlich keine offensichtlichen Periodizitäten auf.

Windverhalten und Druckfeld zeigen im allgemeinen einen bilderbuchhaften Zusammenhang. So kann die eigenartige Situation im Rheintal zwischen Basel und Schaffhausen leicht erklärt werden, wenn man den Lauf des Druckgradienten verfolgt (Fig. 4.41). Mit dem Durchzug des Trogs dreht die Strömung während der Untersuchungsperiode langsam von Ost nach West, wobei am 30. noch mehrere Rich-

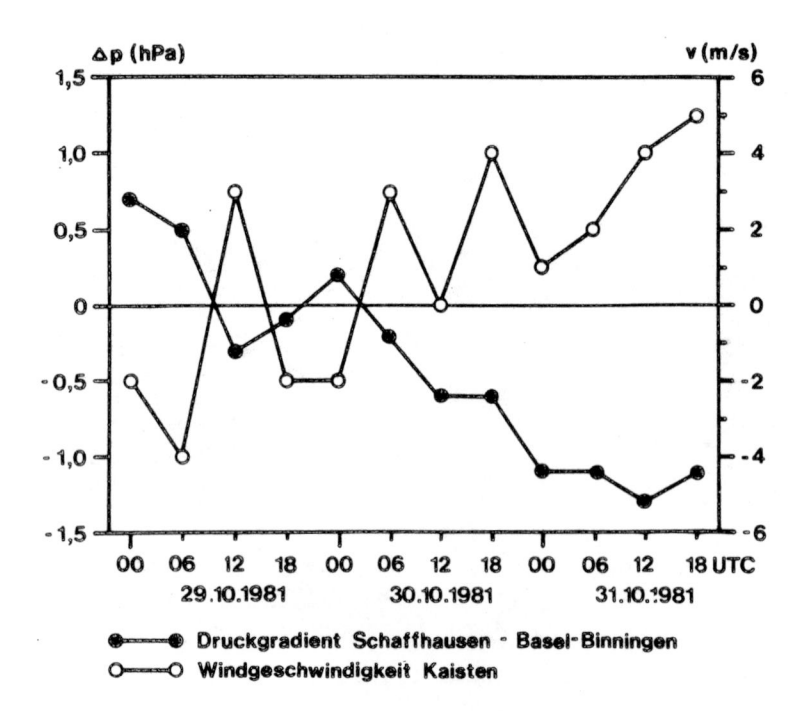

Fig. 4.41:   *Druckdifferenzen Schaffhausen - Basel-Binningen und Windgeschwindigkeit (u-Komponente) in Kaisten.*

tungswechsel auftreten. Eine Regressionsrechnung zwischen Druckgradienten und u-Komponente für die Station Kaisten ergab immerhin ein Bestimmtheitsmass r^2 von 0.6 . Auch im Wallis lassen sich die Ostwinde so erklären, dass dort ein synoptischer Druckgradient Ost-West herrscht, welcher für die talauswärts gerichteten Winde verantwortlich ist. Vor allem im Unterwallis sind die Winde zu stark, um als Kaltluftabfluss (Bergwind) gedeutet zu werden. Da sich der Druckgradient mit fortschreitender Zeit abschwächt und in eine S-N-Richtung dreht - also quer zum Tal - kommen die Winde im Rhonetal allmählich zum Erliegen und werden durch lokale Windsysteme ersetzt.

Die zeitliche Änderung des Druckfeldes, insbesondere die Drehung des Gradienten von Süd-Nord nach West-Ost im Mittelland, erklärt auch, weshalb die Winde anfänglich eine Tendenz zu SW-Richtungen aufweisen. Infolge des S-N-Gradienten werden die Luftmassen gegen den Jura geführt und dort nach Osten umgelenkt. Im Verlauf des 30. dreht sich der Druckgradient, wonach tatsächlich eine Drehung des Windes im Uhrzeigersinn erfolgt.

f) Folgerungen für die Durchlüftung

Die grösstenteils überdurchschnittlichen Windgeschwindigkeiten im Mittelland sind dahingehend zu interpretieren, dass bei Westlagen für diesen Raum nicht mit lufthygienisch kritischen Situationen gerechnet werden muss. Das Fehlen von Stagnationsgebieten um die Mittagszeit kann als Indikator für eine gute Durchlüftung betrachtet werden. Auffällig hohe Schadstoffkonzentrationen müssten deshalb bei Westlagen von grossräumigen Transportvorgängen herrühren.

In den Alpentälern ist die Situation anders. In der untersuchten Zeitspanne konnten stärkere Winde nur an exponierten Stellen durchgreifen, während vielerorts Windstille oder höchstens schwache Lokalwinde herrschten. Emissionen werden deshalb nur in der nächsten Umgebung verteilt, was lokal zu höheren Immissionen führen kann.

4.4.5. Windschwache Hochdrucklage

a) Allgemeine Wettersituation 6. - 8.9.1981

Das Hoch, welches sich über der Nordsee zunächst nach Süden verlagert hat, wandert nach dem 3. langsam nach Osten in die Ukraine. Damit baut sich der Druck auf der Rückseite allmählich ab. Die Druckgegensätze verflachen, bis mit der heranrückenden Front die Wetterverhältnisse definitiv umstellen. Diese Zwischenhochphase bildet den Gegenstand dieser Untersuchung. Im Detail sehen die Verhältnisse wie folgt aus:

Am 6. liegt der Kern des Hochdruckgebietes über Polen. Im Alpenraum herrschen sehr schwache Druckgradienten vor. Diese Verhältnisse gleichen sich bis in grosse Höhen, was in den schwachen Winden der Sondierungen von Payerne zum Ausdruck kommt (Fig. 4.42). Durch die Subsidenz in der Höhe wird die Wolkenbildung verhindert; am Boden bildet sich eine Strahlungsinversion.

Das Tief über dem Atlantik erreicht am 7. den Ärmelkanal. Die zugehörige Warmfront verläuft am Mittag quer durch Frankreich bis zu den Pyrenäen (Fig. 4.43). Im Vorfeld dieser Front tritt allmählich zunehmende Bewölkung auf. Die Höhenwinde im Alpenraum bleiben weiterhin schwach.

Am 8. ist die Warmfront bereits von der Kaltfront eingeholt worden (Okklusion). Am Mittag liegt die Kaltfront nördlich des Jura. Die Winde drehen auf West und frischen auf. Die Bodeninversion in Payerne wird weggeräumt. Damit ist die Hochdrucklage in Mitteleuropa beendet.

122 Fallstudien

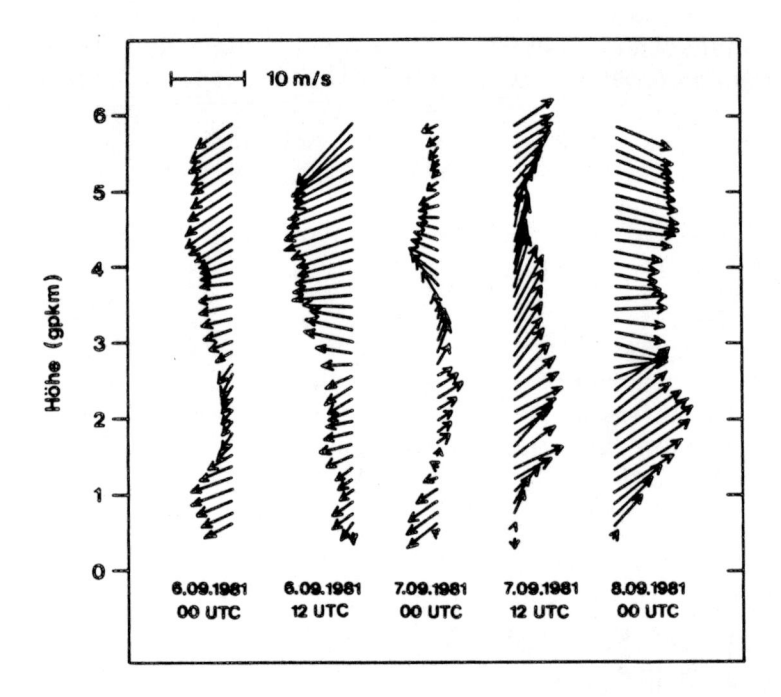

Fig. 4.42: Windprofile der Sondierungen von Payerne, auf 150 m-Schichten interpoliert.

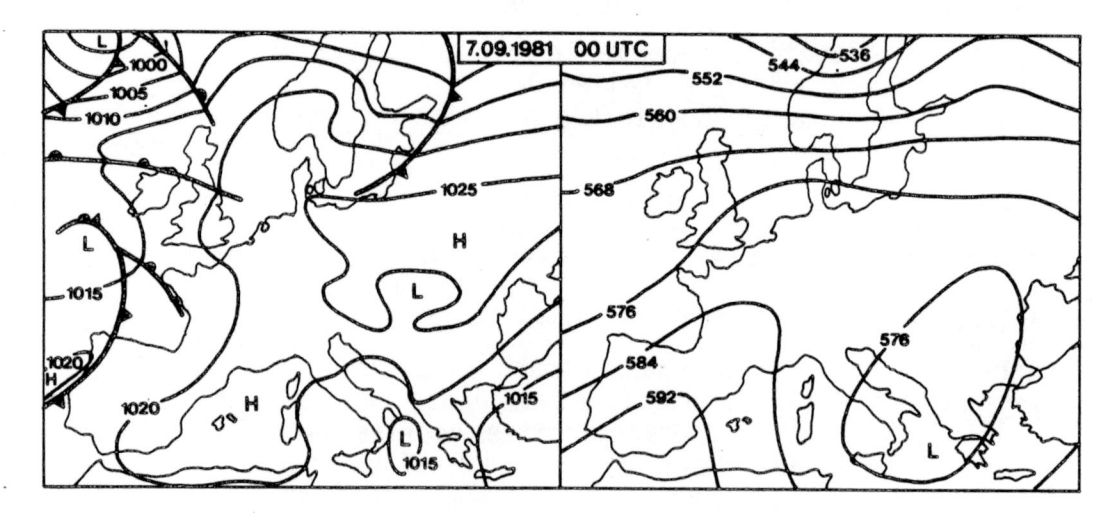

Fig. 4.43: Wetterkarten vom 7.9.81, 00 UTC. Links: Bodendruckanalyse. Rechts: 500 hPa-Isohypsen.

b) Druck

Wie aus Fig. 4.44 ersichtlich ist, bleibt der Druck während der Untersuchungsperiode etwa auf dem gleichen Wert, wobei der Tagesgang besonders schön hervortritt. Die drei dargestellten Stationen zeigen das Verhalten dieses Parameters, wie es für den jeweiligen Geländetyp charakteristisch ist. Die Station Payerne repräsentiert die Mittellandstationen ohne wesentliche Abweichungen. Im Gegensatz dazu steht Sion als Station in einem Gebirgstal: von den untersuchten Stationen weist Sion die grösste Amplitude auf. In bezug auf den Ablauf (Phase) verhält sich Sion normal, sodass diese Station zu Demonstrationszwecken gut geeignet ist. Napf zeigt ein Verhalten, wie es für höhergelegene Stationen typisch ist. Die Angleichung an die Verhältnisse in der freien Atmosphäre äussert sich in einem schon stark gedämpften Tagesgang. Zusätzlich ist eine leichte Phasenverschiebung von etwa einer Stunde auszumachen, wobei sich hier wiederum die Datengrundlage (Stundenmittelwerte) bemerkbar macht. Deshalb kann zur Zeit nichts Genaueres über die wirkliche Verspätung des Druckgangs in der Höhe gegenüber den Flachlandstationen ausgesagt werden. Eine mögliche Erklärung für dieses Verhalten wäre, dass die Luft, welche am Boden erwärmt wird und konvektiv aufsteigt, zu einer (verzögerten) Druckzunahme infolge Massenzuwachses in der Höhe führt.

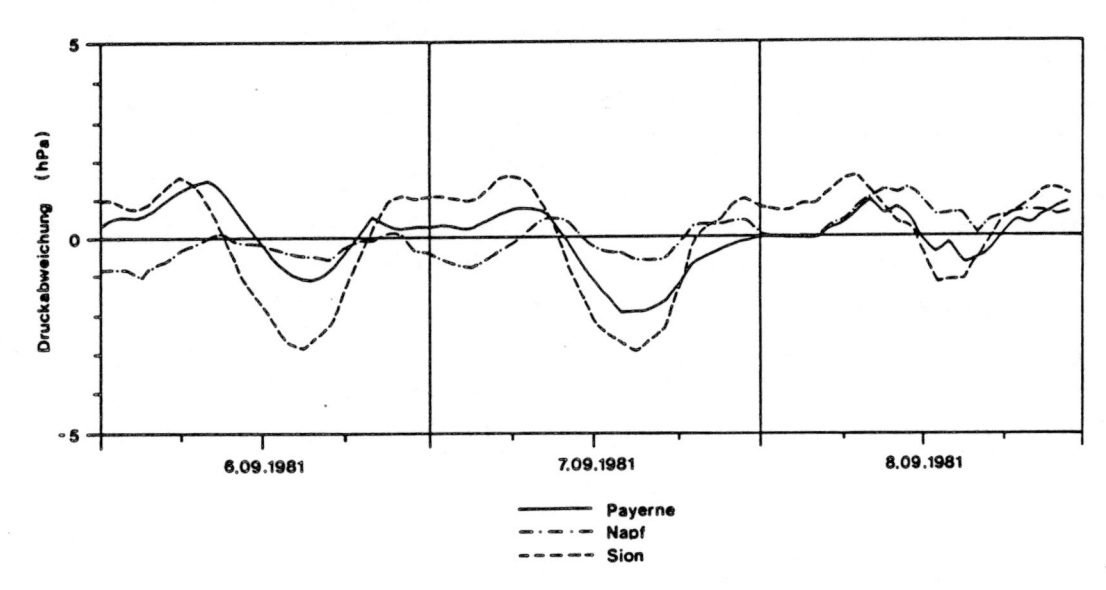

Fig. 4.44:   Verlauf der Druckabweichung vom jeweiligen Stationsmittel über die Untersuchungsperiode.
             Stationen: Payerne (491 m), Napf (1406 m), Sion (481 m).

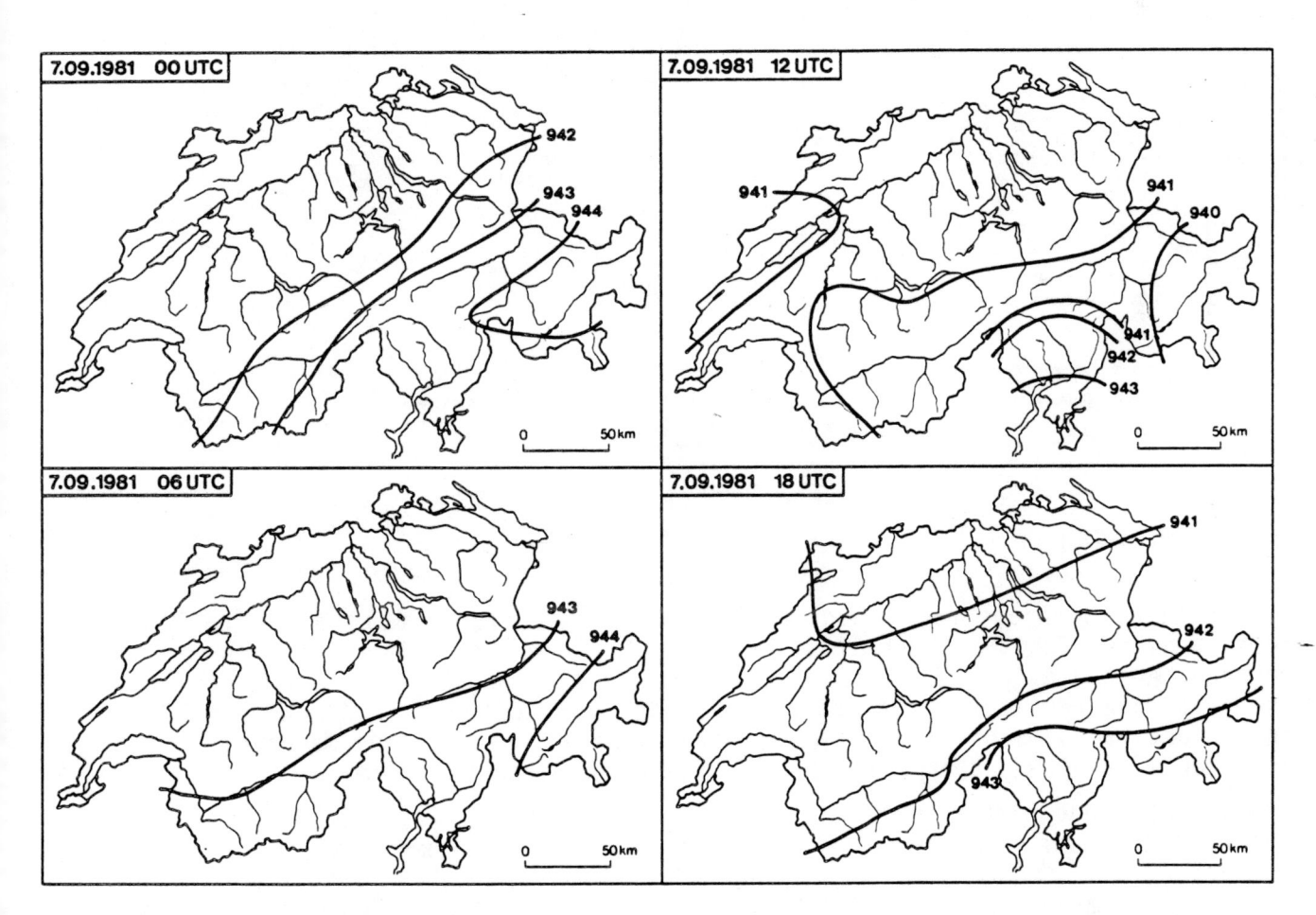

Fig. 4.45:   Druckkarten (hPa) für den 7.9.81 in 6-Stunden-Intervallen. Reduktionsniveau 700 m ü.M.

Dass die wirklichen Verhältnisse aber viel komplizierter sind, erwächst allein schon aus der Tatsache, dass im Druckverhalten immer auch schon der Temperaturverlauf mit einbezogen ist (siehe unten). Diese Zusammenhänge waren der Gegenstand der Untersuchungen von FREI (1988).

Im Gegensatz zum zeitlichen Verlauf des Druckes verrät die synoptische Betrachtung der verschiedenen Stationen, also der Druckkärtchen (Fig. 4.45), kaum Aufregendes. Die flache Druckverteilung mit einem schwachen SE-NW-Gradienten zeigt keine wesentliche Veränderung im zeitlichen Ablauf. Einzig die Ausbildung des "Hitzetiefs" über den Alpen um die Mittagszeit fällt auf und weist auf die Lokalzirkulationssysteme (Berg/Talwinde, Hangwinde) hin.

c) Temperatur und Feuchte

Gleich vorweg muss hier erwähnt werden, dass auf eine Darstellung des Temperaturfeldes (äquivalent-potentielle Temperatur) verzichtet wurde, da die Situation zu komplex ist. Die Entwürfe zeigten eine verwirrende Vielfalt von Spitzen und Löchern im Feld, weil das Lokalkolorit der Stationen für diese Wetterlage dominant ist.

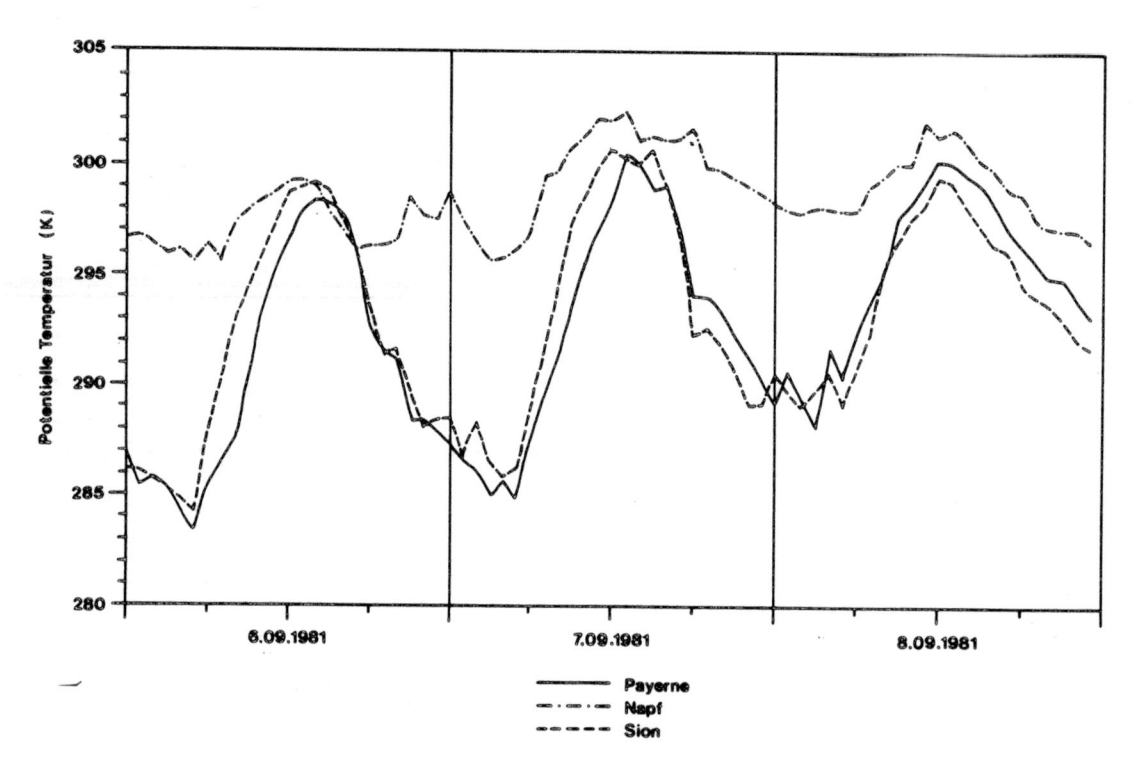

Fig. 4.46:   Potentielle Temperatur θ vom 6.-8.9.81. Stationen wie in Fig. 4.44.

Beim zeitlichen Ablauf der potentiellen Temperatur (Fig. 4.46) sehen die Dinge anders aus. Der Tagesgang der Stationen Payerne, Sion und Napf zeigt sich wie im Lehrbuch. Auch die Abnahme der Amplitude mit der Höhe wird klar ersichtlich. Das Zusammenfallen der Kurven von Payerne und Napf zur Zeit des Tagesmaximums lässt den Schluss zu, dass die durchmischte Schicht im Mittelland eine Mächtigkeit von über 1000 m erreicht, aber erst in den frühen Nachmittagsstunden.

Interessant - und bisher nicht erklärt - ist allerdings, dass das Temperaturmaximum auf dem Napf jenem von Payerne etwas vorausgeht. Dieser Befund ist im Moment leider nur visuell aus der Grafik belegt, weil die Zeit für eine Fourieranalyse nicht mehr ausreichte. RICHNER und PHILLIPS (1984) erwähnen, dass in der freien Atmosphäre theoretisch ein Nachgehen des Temperaturmaximums mit zunehmender Höhe zu erwarten ist, die Beobachtungen aber ein Vorauseilen ergeben. Bloss für das 850 hPa-Niveau wird eine Verzögerung um etwa eine halbe Stunde angegeben. Napf liegt mit einem Mittelwert von 866 hPa (für diese Untersuchungsperiode) also in der Nähe dieser Standardfläche. Umso überraschender ist, dass auch diese Station den Mittellandstationen eher vorauseilt. Zudem läuft das Temperaturmaximum dem Druckmaximum hinterher, und zwar um etwa 1-2 Stunden. Eine Erklärung für dieses Verhalten steht leider noch aus. Immerhin ergeben sich daraus Fragen für zukünftige Untersuchungen.

Die Feuchte ihrerseits zeigt den üblichen Tagesgang und ist - wie zu erwarten - gut mit der Temperatur korreliert. Im Mittelland wird nachts praktisch Sättigung erreicht, was sich an einzelnen Stationen mit der Bildung von Bodennebel bestätigt.

d) Bewölkung und Niederschlag

Die im Hoch absinkenden Luftmassen verhindern die Bildung von Wolken. Lediglich in Bodennähe kann es durch Ausstrahlung in der Nacht zur Nebelbildung kommen. Am 6. melden die meisten Mittellandstationen Bodennebel, welcher sich aber bis zum Mittag vollständig auflöst. In der Ostschweiz werden ebenfalls Wolkenfelder beobachtet, aber am Nachmittag ist praktisch die ganze Schweiz wolkenlos. In der Nacht auf den 7. bilden sich erneut Bodennebel, allerdings nur an wenigen Stationen. Am Mittag macht die aufziehende Bewölkung bereits auf die Warmfront aufmerksam. Die Bewölkung ist aber nicht stratiform, wie die hohe mittlere Sonnenscheindauer von 8.6 ± 1.5h für 41 Stationen zeigt.

Über Nacht nimmt die Bewölkung zu, sodass am 8. bereits viele Stationen stark bewölkt oder bedeckt melden. Mit der vorrückenden Kaltfront, welche tagsüber die Schweiz durchquert, werden Niederschläge initiiert, welche in höheren Lagen als Schnee oder Nieselregen fallen. Chur und Altdorf melden sogar Gewitter.

Insgesamt sind also die Bewölkungsverhältnisse so, dass damit aufgrund des Strahlungshaushaltes thermotopographische Winde induziert werden können.

e) Wind

1) Höhenstromfeld

Die Druckgradienten auf dem 700 hPa-Niveau sind so gering, dass es nicht möglich ist, ein verfeinertes Höhenstromfeld zu zeichnen. Wir wollen hier nicht einfach die 700 hPa-Isohypsenkarte nachzeichnen, sondern zur Illustration ein paar Zahlen angeben.

Am 7. um 06 UTC verzeichnen vier von 13 Bergstationen Windstille. Der Mittelwert der Windgeschwindigkeiten über alle 13 Stationen beträgt 2.2 ± 2.5 ms^{-1}; die vorherrschende Windrichtung ist aus Sektor West. Tagsüber schwanken die Richtungen stark, die mittlere Geschwindigkeit um 12 UTC beträgt 2.6 ± 2.9 ms^{-1}.

Diese Werte sind zu vergleichen mit den Monatsmittelwerten für die Standardflächen der Sondierungen von Payerne und für die "Bergstationen" (vgl. Kap. 4.3.3.): Payerne verzeichnete für den Mittagstermin einen Monatsmittelwert von 7 ms^{-1} auf 850 hPa, respektive 11 ms^{-1} auf 700 hPa. Das Mittel für die 13 ausgewählten Stationen beträgt 7.5 ± 4.9 ms^{-1}. Die grosse Streuung kommt dadurch zustande, dass die "Bergstationen" aus sehr verschiedenen Höhenlagen stammen. Die angeführten Zahlen beweisen, dass für die Hochdrucklage bis in grosse Höhen hinauf stark unterdurchschnittliche Windgeschwindigkeiten auftreten.

2) Bodenstromfeld

Wie weiter oben aufgezeigt, zeichnet sich diese Wetterlage aus durch ihre geringen Druckgradienten einerseits, und durch die schwache Bewölkung andererseits. Die Druckgradienten haben zur Folge, dass die Winde sehr schwach sind und sehr stark von der lokalen Situation (Topographie) beeinflusst werden. Die Bewölkung ihrerseits prägt den Strahlungshaushalt und wirkt damit auf zweifache Weise: Zum einen wird ein Tagesgang in der Stabilität der PBL induziert, welcher direkte

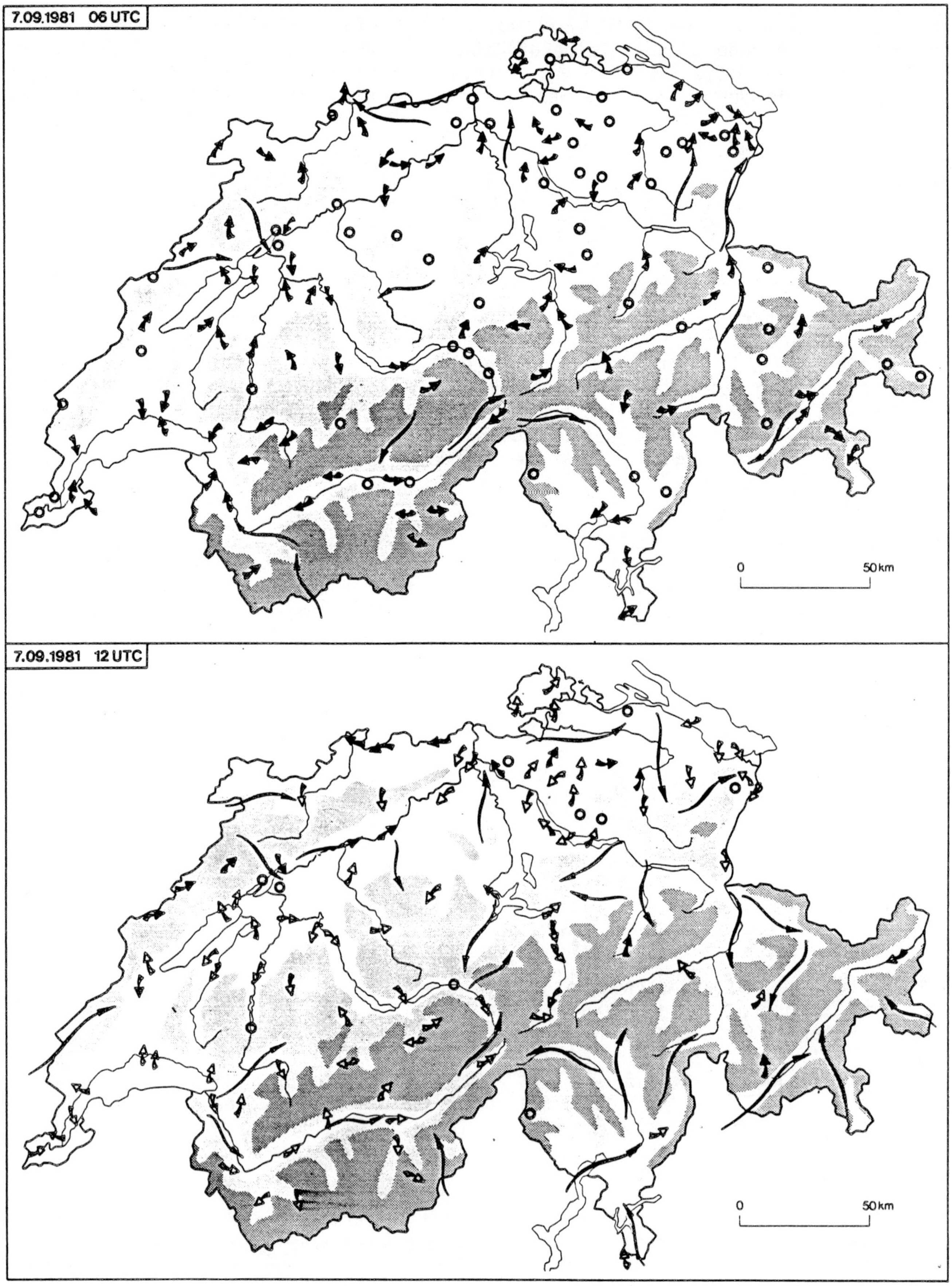

126 Fallstudien

Fig. 4.47: Bodenwindfelder für den 7.9.1981, 06 und 12 UTC. Lange Pfeile bedeuten Windgeschwindigkeiten > 2 ms^{-1}, kleine Pfeile solche < 2 ms^{-1}, wobei ausgefüllte hang- oder talaufwärts weisen, leere in die umgekehrte Richtung. Kreise bedeuten Kalmen.

Auswirkungen auf den Turbulenzzustand und damit den vertikalen Austausch von Schadstoffen hat. Zum andern werden über die unterschiedliche Einstrahlung etc. Temperatur- und in der Folge Druckunterschiede generiert, welche zur Ausbildung von tagesperiodischen, lokalen und regionalen Windsystemen führen. Die Stärke dieser Windsysteme ist abhängig von der eingestrahlten Energie und von der Geländeform. Solche Winde bilden die Grundlage für horizontalen Transport von Schadstoffen.

Beide Faktoren - Tagesgang der Stabilität und thermisch-induzierte Zirkulation - stehen in enger Wechselwirkung miteinander und können sich je nach Situation gegenseitig verstärken oder abschwächen. Im vorliegenden Fall lässt sich der Tagesgang der Stabilität schön demonstrieren. Fig. 4.47 zeigt das Bodenwindfeld für den 7. um 06 UTC. Die Windgeschwindigkeiten sind sehr gering, und viele Stationen melden Windstille. Lediglich im St. Galler Rheintal und zwischen Schaffhausen und Basel zeigen sich systematisch grössere Windgeschwindigkeiten, welche als regionale Kaltluftströme zu bezeichnen sind. Solche Kaltluftströme werden mit Kaltluft aus grösseren (regionalen) Einzugsgebieten gespiesen. Ansonsten sind praktisch alle Windrichtungen vorhanden, sodass die stark zergliederte Orographie deutlich zum Ausdruck kommt.

Am Mittag des 7. sind die Kalmengebiete bis auf wenige Ausnahmen verschwunden. Die schwachen Winde haben ihre Richtung häufig um 180° gedreht und wehen nun hangaufwärts oder taleinwärts (Talwind). Besonders in höheren Lagen wie z.B. den Bündner Alpen haben die Windgeschwindigkeiten zugenommen. Dies steht wiederum im Zusammenhang mit der Verstärkung der Druckgradienten, welche sich vorwiegend auf den Alpenhauptkamm konzentriert (Fig. 4.45) und damit die Bildung des alpinen "Hitzetiefs" anzeigt. Auch im Mittelland haben die Winde etwas aufgefrischt. Der Kaltluftabfluss im Hochrheintal vor Basel hat an Stärke nachgelassen (ist aber nicht verschwunden!).

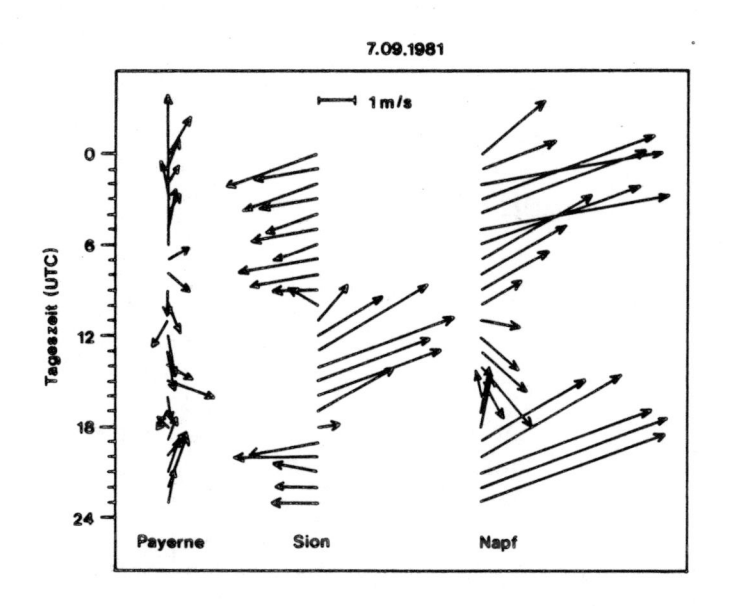

Fig. 4.48: Tagesgang des Windvektors für die Stationen Payerne (491 m), Sion (481 m) und Napf (1406 m).

Um 18 UTC gleicht die Situation wieder derjenigen vom frühen Morgen. Fig. 4.48 zeigt den Tagesgang des Windvektors für die drei Stationen Payerne, Sion und Napf. Während Payerne sehr schwache Winde mit hoher Richtungsvariabilität aufweist, ist in Sion das Berg/Talwindsystem sehr schön ausgeprägt. Der Richtungswechsel ereignet sich dort zwischen 10 und 11 UTC mit dem Wechsel von Berg- zu Talwind und zwischen 18 und 19 UTC in umgekehrtem Sinn. Die Windgeschwindigkeiten in Sion sind im Durchschnitt doppelt so hoch wie in Payerne. Der Napf zeigt einen umgekehrten Geschwindigkeitsverlauf: Minimum tagsüber, Maximum in der

Nacht. Die Erklärung hierfür liegt in der Mächtigkeit der PBL begründet, welche anfangs September ohne weiteres mehr als 1000 m erreichen kann. Somit gelangt der Napf in die turbulentere Zone der durchmischten Schicht, in welcher verstärkte Vertikalbewegungen auf Kosten der Horizontalwinde auftreten ("Abbremsung durch Konvektion").

f) Folgerungen für die Durchlüftung

Die vorliegende Fallstudie beschreibt eine Hochdrucklage mit schwachen östlichen und südlichen Höhenwinden. Die Alpenwetterstatistik nach Schüepp zeigt für diese Wetterlagen Häufigkeiten von zusammen 5.4% (für die Jahre 1981-85); im September treten sie mit 8% erwartungsgemäss häufiger auf.

Ihre Bedeutung besteht aus lufthygienischer Sicht vor allem darin, dass sich wegen der Ausstrahlung in der Nacht Bodeninversionen bilden können. Primäre Luftschadstoffe sammeln sich in dieser sehr stabilen Schicht an und können lokal zu hohen Immissionen führen. Die Aufheizung am Tag lässt dann die Inversion verschwinden, wodurch die Situation etwas entschärft wird.

Die schwachen Winde verunmöglichen einen grösserräumigen Transport von Luftschadstoffen. Die thermisch-induzierten Windsysteme sorgen für den lokalen bis regionalen Austausch von Luftmassen und damit für eine zeitweilige lokale Verdünnung. Es ist aber zu berücksichtigen, dass nach der Umstellung des Windes (z.B. von Tal- auf Bergwind) die weggeführten, belasteten Luftmassen häufig wieder an den Ursprungsort zurückgeführt werden.

Die hohe Sonneneinstrahlung kann starke Ozonbildung bewirken und damit zu hohen Ozon-Konzentrationen führen, welche den Grenzwert massiv überschreiten. Vor allem wenn die Wetterlage über mehrere Tage anhält, kann die Situation kritisch werden, indem sich die Konzentrationen aufschaukeln.

Als Gesamtwertung darf also gesagt werden, dass diese frühherbstliche Hochdrucklage vor allem hinsichtlich des photochemischen Smogs relevant ist.

4.5. Kommentar, Schlussbemerkungen

Zieht man nun aus diesen Fallstudien die Bilanz, so können zwei wesentliche Aspekte unterschieden werden. Der erste, mehr sachliche Aspekt betrifft die wissenschaftlichen Ergebnisse dieser Studie, der zweite, technische Aspekt zieht Folgerungen aus den angewandten Methoden. Beide können jedoch nicht völlig voneinander getrennt werden, sondern stehen in enger Wechselbeziehung zueinander. Zuerst seien die wissenschaftlichen Ergebnisse nochmals kurz zusammengestellt, wobei das Schwergewicht auf deren lufthygienische Relevanz gelegt wird:

- Die *Topographie* macht sich in thermischer und mechanischer Hinsicht so stark bemerkbar, dass sie gut als primäre Einflussgrösse bezeichnet werden darf. Synoptische Gradienten geben zwar einen ersten Eindruck der zu erwartenden Situation, aber nur die kleinräumigen Gegebenheiten ermöglichen eine realistische Abschätzung der Transportvorgänge an einem bestimmten Ort. Lokale Kaltluftseen oder thermisch-induzierte Windsysteme treten häufig auf und sind oft vollständig von grösserskaligen Verhältnissen entkoppelt. Solche Verhältnisse schränken den Einsatz von Gauss-Modellen ein.

- Ebenfalls einen grossen Einfluss hat der *Tagesgang* im Wetterablauf. Die zeitliche Veränderung des Druckes und der Temperaturschichtung (und natürlich auch der anderen meteorologischen Parameter) modifizieren die Ausbreitungsbedingungen erheblich. Als Konsequenz muss deshalb eine Klassifikation, welche bloss eine Klasse pro Tag zuordnet, als zu grob verworfen werden. Eine Berechnung von Tagesmittelwerten täuscht darüber hinweg, dass zu bestimmten Tageszeiten markante Spitzenwerte auftreten können.

Die mehr technischen Aspekte umfassen folgende Punkte:

- Bei den Auswertungen machte sich die fehlende 3. Dimension deutlich bemerkbar. Verschiedene Aussagen aufgrund der Bodenmessungen mussten Vermutungen bleiben. Eine Erfassung der Vertikalen mit räumlich und zeitlich hochauflösenden Messsystemen (SODAR, LIDAR, Profiler, Flugzeuge, usw.) - auch routinemässig - würde hier wesentliche Verfeinerungen und besseres Verständnis der Prozesse bringen.

- Die ANETZ-Daten haben sich ausgezeichnet bewährt für die Untersuchungen zur Dynamik. Eine Verdichtung des Netzes für die Windmessungen wäre noch von Nutzen (sie ist zum jetzigen Zeitpunkt geplant). 1981 waren noch nicht alle Stationen in Betrieb, aber inzwischen gibt es bereits genügend lange Zeitreihen für interessante wissenschaftliche Untersuchungen.

- Eine zuverlässige Interpolation des Windfeldes erscheint aufgrund der gemachten Erfahrungen nur mit einem 3-dimensionalen numerischen Modell möglich.

- Satellitenbilder wurden für diese Fallstudien erst konsultativ zur Beschreibung des Wetterablaufs beigezogen. In Zukunft dürften sich aber ihre Anwendungsmöglichkeiten auch in quantitativer Hinsicht stark verbessern.

Mit diesen Ergebnissen können nun Schwachstellen sowohl in methodischer als auch in sachlicher Hinsicht lokalisiert und eventuell verbessert werden. Die Grenzen, welche durch Handanalysen gesetzt sind, können mit Computersimulationen durchbrochen werden. Grenzen in der zeitlichen und räumlichen Dichte der Beobachtungen können mit neuen Messtechniken überwunden werden.

Literatur

Bosen J.F., 1960: A formula for approximation of the saturation vapor pressure over water. Mon. Wea. Rev., 88, 275-276.

Bouët M., 1942: La bise en Suisse romande. Bull. Soc. Vaud. Sc. nat. 62, 95-118.

Darkow G.L., 1968: The total energy environment of severe storms. J. Appl. Meteor., 7, 199-205.

Flükiger J., 1987: Analyse einer Kaltfront über der Schweiz - eine Fallstudie. Zweitarbeit GIUB, 36 p.

Frei C., 1988: Diagnostische und theoretische Untersuchungen zur Dragoszillation an den Alpen. Diplomarbeit LAPETH, WS 87/88. 48 p.

Furger M., H. Wanner und J. Engel, 1986: Meso-scale analyses of temperature, pressure and wind fields over Switzerland: A case study of a foehn. Proc. Conf. on Scientific Results of the Alpine Experiment (ALPEX) Venice 1985, Vol. II, p. 603-613.

Heeb M., 1989: Die Analyse von Strömungen im Nebel mit Satellitenbildern. Diss. GIUB, 131 p.

Hoinka K.P. und F. Rösler, 1987: The Surface Layer on the Leeside of the Alps during Foehn. Meteor. Atmos. Phys. 37, 245-258.

Lüthi D., 1987: Die Ausbreitung von Kaltfronten innerhalb des ANETZ während ALPEX. Diplomarbeit LAPETH.

de Morsier G., 1989: Ein numerisches Modell für die atmosphärische Grenzschicht. Arbeitsbericht SMA (in Vorb.).

Paegle J., J.N. Paegle, E. Miller und M. McCorde, 1982: A low level jet during ALPEX. GARP-ALPEX No. 7, Geneva. ALPEX Preliminary Scientific Results, 229-248.

Petterssen S., 1956: Weather Analysis and Forecasting. Vol. I: Motion and motion systems. 2nd ed., McGraw-Hill, New York. 428 p.

Phillips P.D. und H.C. Davies, 1984: The ALPEX microbarograph arrays data preparation and some potential applications. Proc. 18th Int. Conf. on Alpine Meteorology, Opatija, Yugoslavia, September 1984.

Richner H. und P.D. Phillips, 1984: A comparison of temperatures from mountaintops and the free atmosphere - their diurnal variation and mean difference. Mon. Wea. Rev. 112 (2/87), 1328-1340.

Schär Ch. und H.C. Davies, 1986: Diabatic effects in air-flow over mountains and its relevance to the alpine foehn. 19. ITAM (Rauris), 115-119.

Schär Ch., 1988: Die Rolle der Wolken in der Föhnströmung. 3. ALPEX-CH Kolloquium, 17. März 1988, Zürich, 14-17.

Schüepp M., 1962: Die Reduktion des Luftdrucks auf das Meeresniveau. Vierteljahresschrift Naturf. Ges. Zürich, 107, 65-100.

Schüepp M., 1979: Witterungsklimatologie. Beiheft zu den Annalen der SMA. Zürich, 93 p.

Schüpbach E., H. Wanner und A. Valsangiacomo, in Vorb.: Lufthaushalt und Luftverschmutzung in der Schweiz. Synthese Teilprogramm Meteorologie des NFP 14. Verlag Paul Haupt, Bern.

Steinacker R., 1987: Orographie und Fronten. Wetter und Leben 39, 65-70.

Weisel E.L., 1986: Untersuchung eines niedertropospärischen Strahlstroms im Alpenvorland. Diss. Univ. Karlsruhe (TH), 145 p.

WMO, 1982: ALPEX Experiment Design. GARP-ALPEX No. 1. Geneva. 99 p. + Anhänge.

5. Nebel

Franz Xaver Troxler und Heinz Wanner

5.1. Einleitung und Zielsetzung

Der Nebel als Kondensationsprodukt der bodennahen Luftschicht ist eng an austauscharme Wetterlagen gekoppelt. In diesem Zusammenhang interessieren vor allem die "Schönwetternebel", die bei antizyklonalen Druckverhältnissen auftreten und oft tagelang das Mittellandbecken und einzelne Alpentäler bedecken. Solche Nebelvorkommen können sich lufthygienisch zu extremen Wettersituationen entwickeln, denn bei Boden- oder Hochnebel ist das für die Durchlüftung zur Verfügung stehende Luftvolumen vertikal stark eingeschränkt, und auch strahlungsbedingte Austauschprozesse treten nur bedingt auf. Nicht selten sind dann Smogperioden, in deren Verlauf sich die Luftschadstoffe der verschiedenen Emittenten (Strassenverkehr, Hausbrand, Industrie, Kehrichtverbrennungsanlagen) anreichern.

Von besonderem Interesse ist die Ansammlung der Luftschadstoffe im Nebel. Im Vergleich zur Konzentration in Regentropfen kann die Konzentration in verdunstendem Nebel bis zu 100 mal höher sein (STUMM et al., 1985). In den nebelreichen Zonen des Mittellandes und der Mittelgebirgslagen dürfen diese hohen Konzentrationen zumindest teilweise für biologische Schäden verantwortlich gemacht werden.

Der Nebel weist einerseits in bezug auf Häufigkeit und Intensität lokal grosse Unterschiede auf, und andererseits bietet er Probleme bei der Erfassung. Die Stationsinformation (Nebelbeobachtung) hat nur in der näheren Umgebung des Beobachtungsortes Gültigkeit. Das gesamte Beobachtungsnetz liefert punktuelle Angaben über die Verteilung der Nebelhäufigkeit. Um das Ziel der Herstellung einer "Nebelkarte Schweiz" für den Klimaatlas zu erreichen, wurde noch eine flächendeckende Information benötigt, welche der Satellit lieferte. Die ganze Nebelkartierung Schweiz reduzierte sich vorerst auf ein methodisches Problem. Auf Grund des vorhandenen Datenmaterials wurden die beiden Verfahren der Nebelauswertung (Stations-, Satellitenbildauswertung) miteinander verbunden. Als Produkt entstand eine reine Nebelhäufigkeitskarte, die als Grundlage diente, innerhalb der verschiedenen Nebelarten die Häufigkeiten anzugeben. Um einen aussagekräftigeren Detaillierungsgrad zu erhalten, erfolgte die eigentliche Nebelkartierung (Nebelart-Nebelhäufigkeit) im Massstab 1:200'000.

Eine raum-zeitliche Analyse der Nebelverhältnisse kann nur mit Hilfe von Satellitenbildern objektiv erfolgen. WANNER und KUNZ (1983) berechneten aus einem Kollektiv von 94 Satellitenbildern verschiedene Nebelbedeckungskarten. Nebst einer Mittelkarte der Nebelbedeckung wurden auch wetterlagenabhängige Nebelkarten erstellt. Die von WANNER und KUNZ berechnete Mittelkarte lieferte die oben erwähnte flächendeckende Information.

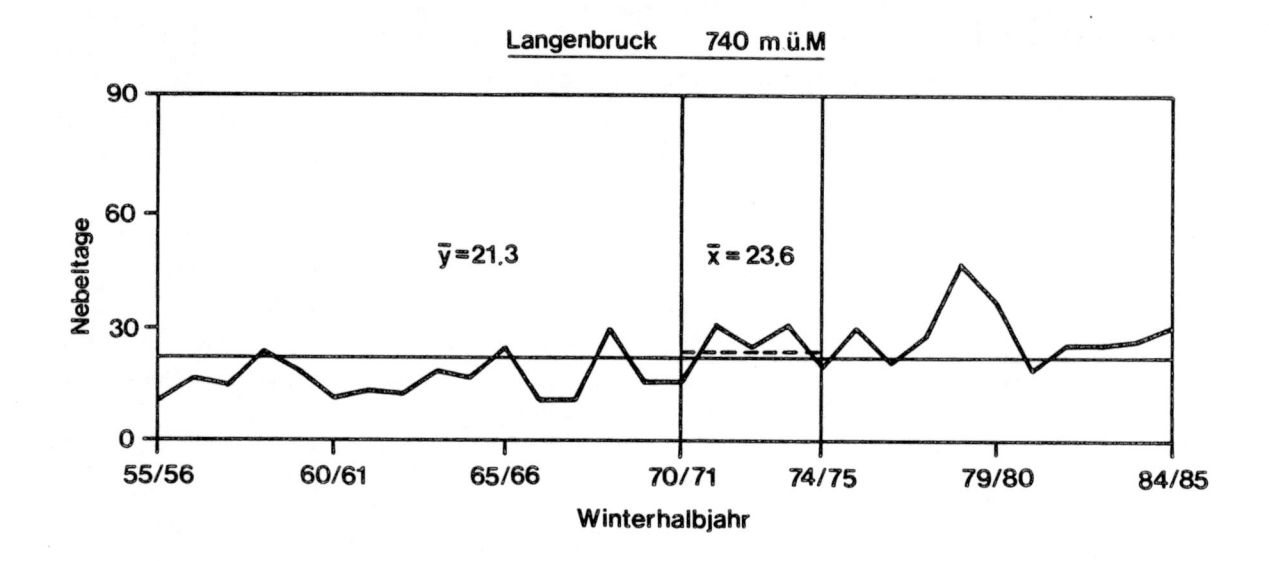

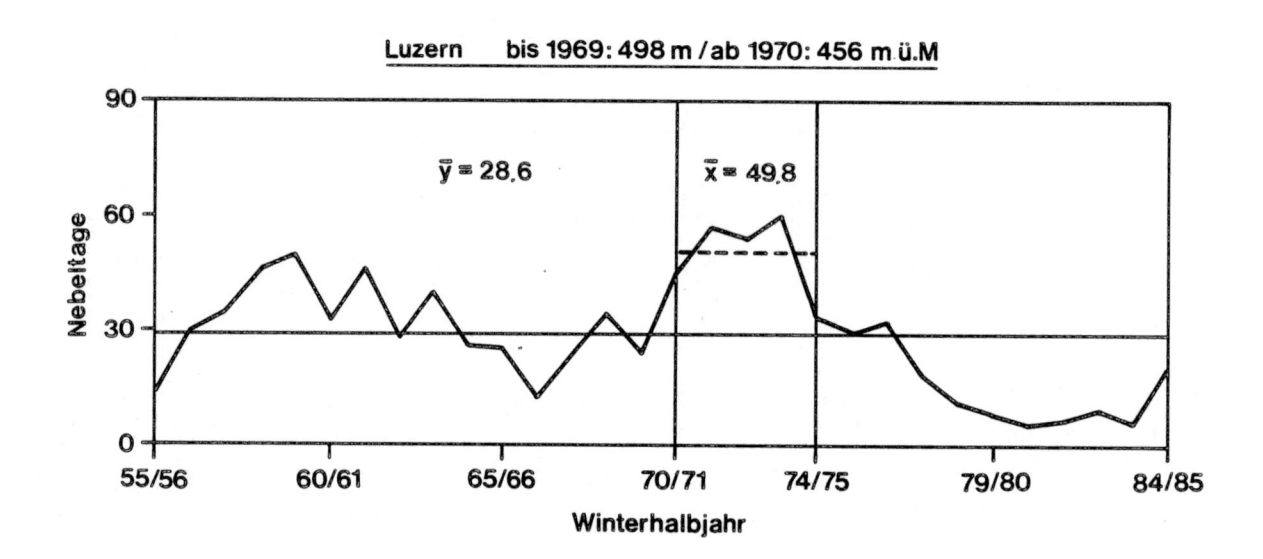

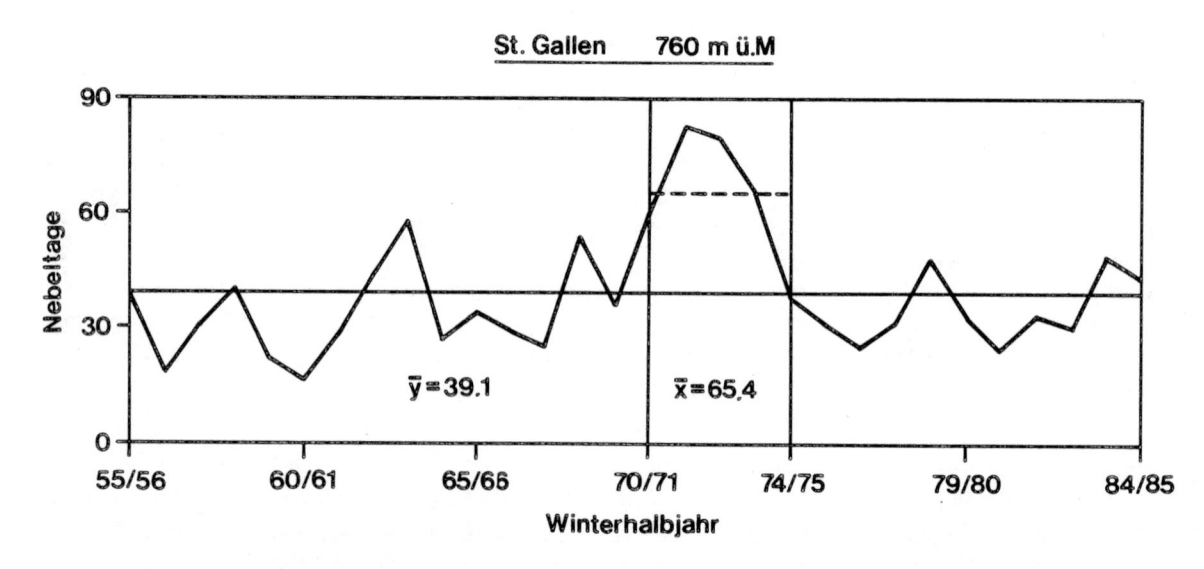

Fig. 5.1: Vergleich der bei der Nebelkartierung benutzten 5-jährigen Beobachtungsreihe (1970/71 - 74/75) mit der 30-jährigen Reihe (1955/56 - 84/85) für drei ausgewählte Stationen im Mittelland. Daten des Winterhalbjahres, Monate Oktober bis März, Morgentermin 06.00 - 07.00 UTC; Quelle: Annalen der Schweizerischen Meteorologischen Zentralanstalt.

In dieser Arbeit werden demnach zwei Typen von Nebelkarten vorgestellt:
1. Mittelwertskarte Nebelart-Nebelhäufigkeit   1:1'250'000
2. Wetterlagenabhängige Karten der Nebelbedeckung   1:1'750'000

5.2. Datengrundlage

Laut Definition wird von Nebel gesprochen, wenn die horizontale Sichtweite weniger als 1000 m beträgt. Die Sichtverminderung wird durch in der Luft schwebende Wassertröpfchen hervorgerufen. Nebel kann demnach als eine dem Boden aufliegende Wolke bezeichnet werden.

Die wichtigsten Datenquellen dieser Arbeit sind in der folgenden Tabelle zusammengestellt:

Synoptische Stationen:	6
Klimastationen:	126
Regenmessstationen:	325
Total:	457
Satellitendaten in 2x2 km² Raster verschiedene NOAA-Satellitenbilder	

Tab. 5.1:   Datenmaterial.

Aus dieser Zusammenstellung wird ersichtlich, dass uns zwei ganz unterschiedliche Informationsquellen zur Verfügung standen: Auf der einen Seite die Stationsbeobachtungen (punktuelle Angaben), auf der andern Seite Satellitenbeobachtungen (flächendeckende Angaben).

5.2.1. Stationsdaten

Diese Nebeldaten wurden während fünf Winterhalbjahren (1970/71 bis 74/75, Monate Oktober bis März) besonders sorgfältig erhoben. Bis auf zwei Ausnahmen, Genf Cointrin und Zürich Flughafen, welche ein Transmissometer und somit ein objektives Mass der Nebelerfassung besitzen, sind sämtliche Nebeldaten Augenbeobachtungen. Die Beobachtung erfolgte durchwegs morgens zwischen 06 und 07 UTC. Trotz dieser Vereinheitlichung unterliegen die Daten subjektiven Einflüssen, die nur schwer auszumachen sind.

An dieser Stelle sei der Begriff "Nebeltag" definiert, wie er bei den Auswertungen verwendet wurde: Ein Tag wird dann als Nebeltag bezeichnet, wenn zur Beobachtungszeit zwischen 06.00 und 07.00 UTC die horizontale Sichtweite weniger als 1000 m beträgt.

Fig. 5.1 vermittelt einen visuellen Eindruck, wie repräsentativ eine 5-jährige Beobachtungsreihe für die Darstellung einer Mittelkarte sein kann. Dargestellt sind drei typische Nebelhäufigkeitsmuster (30-jährige Beobachtungsreihe), wie sie sich bei den Klimastationen ergeben haben. Es werden dabei die Mittelwerte der langen ($\bar{v}$) und der kurzen ($\bar{\chi}$) Messreihe miteinander verglichen.

Die Station Langenbruck ist ein Vertreter jener Gruppe, bei welcher $\bar{\chi}$ (5-jähriger Mittelwert) und $\bar{v}$ (30-jähriger Mittelwert) praktisch identisch ausfallen. Es darf rein visuell von einer guten Repräsentativität der 5-jährigen Reihe gesprochen werden. Bei andern Stationen fällt der Vergleich von $\bar{\chi}$ und $\bar{v}$ ungünstiger aus. Auffallend ist bei jenen Stationen (Luzern, St. Gallen) eine markante Zunahme der Nebelhäufigkeit im Beobachtungszeitraum 1970/71 bis 1974/75. Nebst Beobachter- und Standortwechseln, welche diese Schwankungen zum Teil erklären, könnten etwas übereifrige Nebelbeobachter diesen Anstieg verursacht haben. Diese Vermutung wird dadurch erhärtet, dass nach dieser 5-jährigen Beobachtungszeit der Kurvenverlauf wieder das frühere Aussehen annimmt (z.B. Station St. Gallen). Dennoch darf das Datenmaterial der 5-jährigen Reihe als brauchbar angesehen werden, da einerseits 70 % der Stationen eine gute Repräsentativität aufweisen und andererseits nicht allein auf die Stationswerte abgestützt wird.

Ein Schwerpunkt bei der Nebelkartierung liegt bei der räumlichen Nebelstruktur und weniger bei der exakten Angabe der Nebelhäufigkeit. Die Nebelhäufigkeit wird als Intervallangabe in der Karte erscheinen. In Anbetracht der grossen lokalen Abweichungen, die der Nebel aufweisen kann, soll nicht eine Genauigkeit vorgetäuscht werden, die schwierig zu erreichen ist.

5.2.2. Satellitendaten

Die Information aus den Satellitenbildern lag aufbereitet in Matrixform vor. Pro Quadrat von 2 km Kantenlänge wurde für die ganze Schweiz ein Nebelbedeckungsgrad in Prozent der verwendeten Satellitenbilder berechnet. WANNER und KUNZ (1983) legten ihrer Arbeit ein Kollektiv von 94 Satellitenbildern zu Grunde. Bei der Auswahl der Satellitenbilder wurde eine gut erkennbare und geschlossene Nebeldecke im Mittelland vorausgesetzt. Deshalb blieben Ereignisse mit stärkerer Bewölkung (Hangnebel) unberücksichtigt, was eine geringere Häufigkeit mit zunehmender Höhe zur Folge hatte (Fig. 5.2). Aus der Mittelkarte der Nebelbedeckung wurde nun für sämtliche 457 Stationen derjenige 2x2 km^2 Nebelwert ausgewählt, in welchem die Beobachtungsstation liegt.

Fig. 5.2 zeigt die Höhenverteilung der Nebelhäufigkeit von Stations- und Satellitendaten. Die beiden Kurven weisen recht grosse Differenzen auf. Folgende Gründe können als Erklärung dafür aufgeführt werden:

- Auswahlkriterium der Satellitenbilder; von hoher Bewölkung klar abgrenzbare Boden- oder Hochnebeldecke, Hangnebel blieb unberücksichtigt.

- Überflug des Satelliten vor 10 UTC; vor allem bei stärkerer Einstrahlung kann sich die Nebeldecke gegenüber 06 UTC verändert haben.

- Satellit beobachtet von oben; sämtliche Stationen unter einer Hochnebeldecke liegen vom Satelliten aus gesehen ebenfalls im Nebel.

- nicht identische Beobachtungsreihen; Zeitraum der Satellitenbilder 1973/74 - 1980/81, 5-jährige Beobachtungsreihe 1970/71 - 1974/75.

- für einige Höhenniveaus nur wenige Stationen.

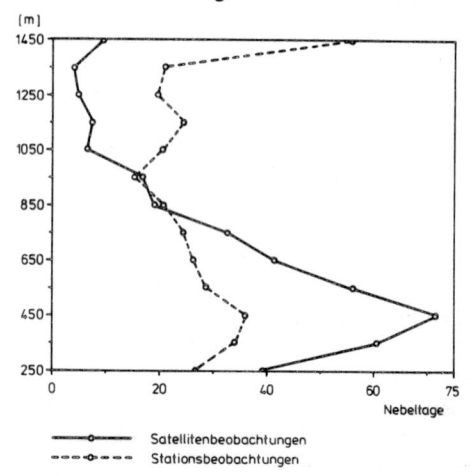

Fig. 5.2:
Höhenverteilung der mittleren Nebelhäufigkeit auf der Alpennordseite. Für Intervalle von 100 zu 100 m wurde der Stations- und Satellitenwert dargestellt.

5.3. Verbindung von Stations- und Satellitendaten

Die hier beschriebene Methode zur Kombination von Stations- und Satellitendaten ist auf die Alpennordseite anwendbar. Die räumliche Einschränkung ergab sich aus dem Datenmaterial. Dieses erlaubte nicht, die gesamte Schweiz mit derselben Methode zu erfassen. Zusätzlich zur horizontalen Einschränkung musste der Untersuchungsraum noch vertikal eingeengt werden. Über 1500 m ü.M. lieferte der Satellit keine relevanten Angaben mehr (Satellitenbildauswahl). In einem Flussdiagramm (Fig. 5.4) sind die einzelnen Arbeitsschritte für die Schätzung der Nebelhäufigkeit eines beliebigen Punkts im Untersuchungsraum aufgeführt. Bevor die beiden Datenquellen miteinander verknüpft wurden, sind fehlende Werte der 5-jährigen Reihe ergänzt worden. Die Verknüpfung erfolgte sodann mit Hilfe einer Regression, in der die Stationswerte in Abhängigkeit der Satellitenwerte geschätzt wurden. Daraus ergibt sich im Modell "Schätzwert 1" (Fig. 5.3). Anschliessend wurden die Residuen (RESIJUAL) berechnet und in Abhängigkeit der Höhe dargestellt. Daraus ergab sich die zweite Modellgleichung und somit "Schätzwert 2" (Fig. 5.5).

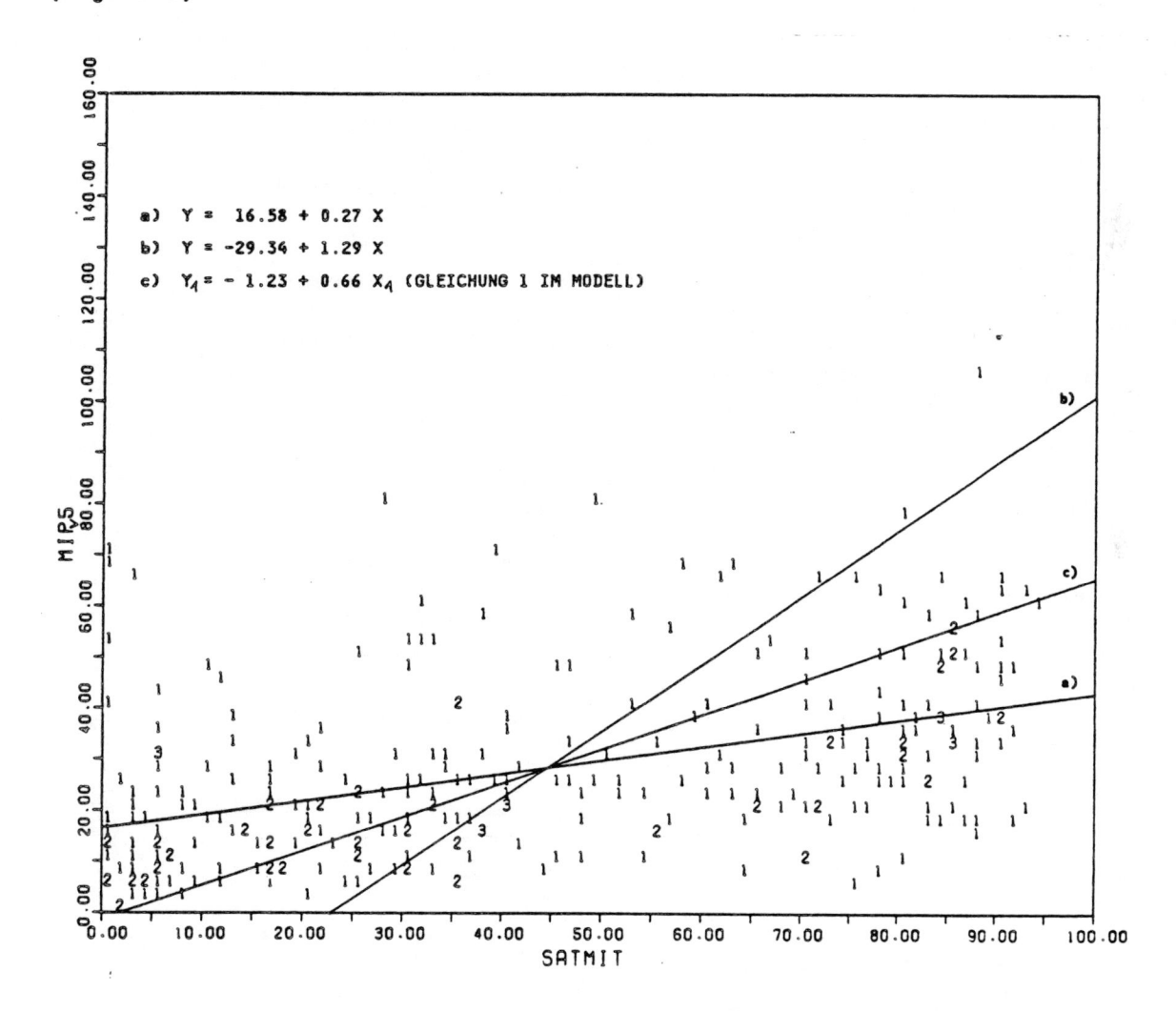

a) $Y = 16.58 + 0.27 X$
b) $Y = -29.34 + 1.29 X$
c) $Y_1 = -1.23 + 0.66 X_1$ (GLEICHUNG 1 IM MODELL)

Y_1: Berechneter Stationswert
X_1: Satellitenwert

Fig. 5.3: Stationsbeobachtungen in Abhängigkeit der Satellitenbeobachtungen: "Schätzwert 1".

Die Summe aus Schätzwert 1 und Schätzwert 2 ist in Fig. 5.6 dargestellt. Für jeden Punkt der Alpennordseite unter 1500 m kann nun eine berechnete Nebelhäufig-

136 Nebel

Stationsdaten pro Winterhalbjahr

```
             [70/71]   [71/72]
        [72/73] [73/74] [74/75]
                   |
                 MIP5
```

Datenergänzung

```
           MIP_v5      SATMIT
```

Verbindung Stations-/Satellitendaten

Gleichung 1 im Modell

```
         MIP_v5(SATMIT)
          Schätzwert 1
```

Bestimmung der Residuen (RESIJUAL)

```
            RESIJUAL
```

Auffinden einer Höhenabhängigkeit der Residuen (RESIJUAL)

Gleichung 2 im Modell

```
         RESIJUAL(HOEHE)
          Schätzwert 2
```

Bestimmung der Residuen (RESHOEHE)

```
            RESHOEHE
```

Regionalisierung

Korrekturwert

```
       Mittleres Residuum
       (RESHOEHE) pro
       Region
```

Berechnung Nebelhäufigkeit pro 2 x 2 km²

```
Berechnete Nebelhäufigkeit pro 2 x 2 km² =
Schätzwert 1 + Schätzwert 2 + Mittleres Residuum (RESHOEHE)
```

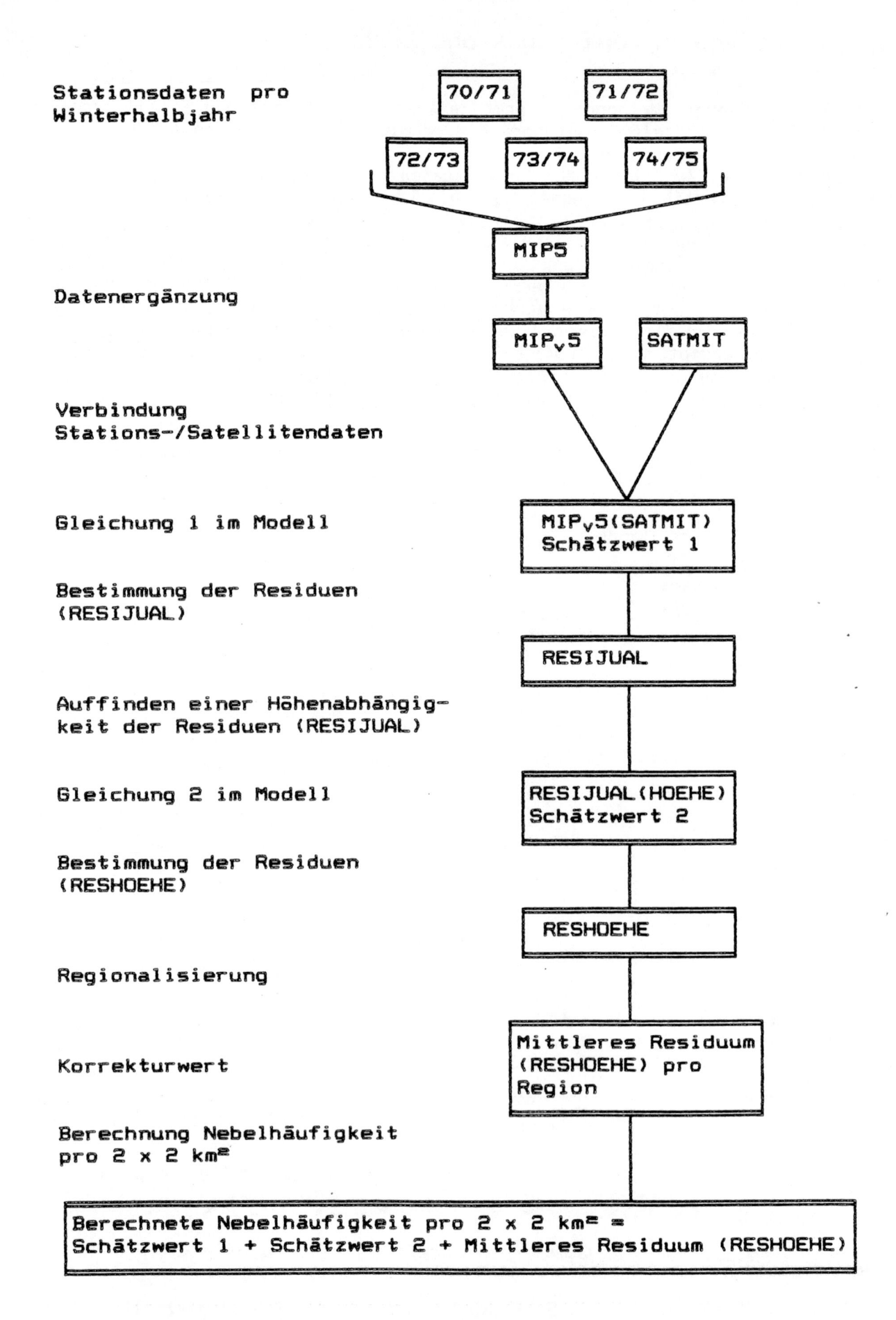

Fig. 5.4:   Flussdiagramm der Arbeitsschritte bei der Nebelkartierung.

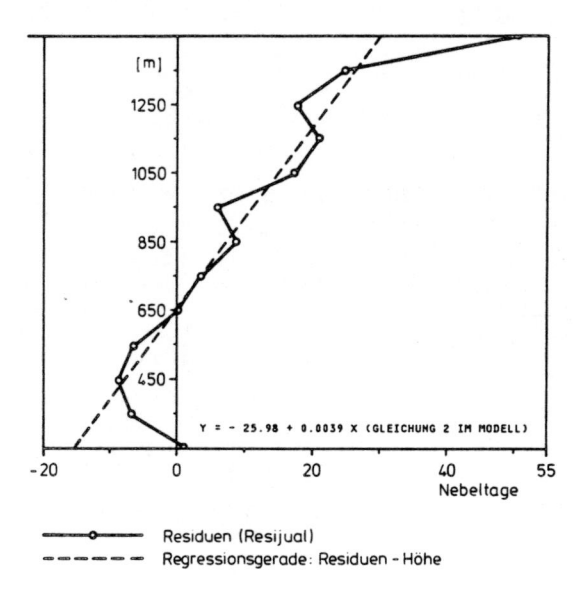

Fig. 5.5:
Höhenverteilung und Regressionsgerade der Residuen (RESIJUAL) im gesamten Untersuchungsgebiet: "Schätzwert 2".

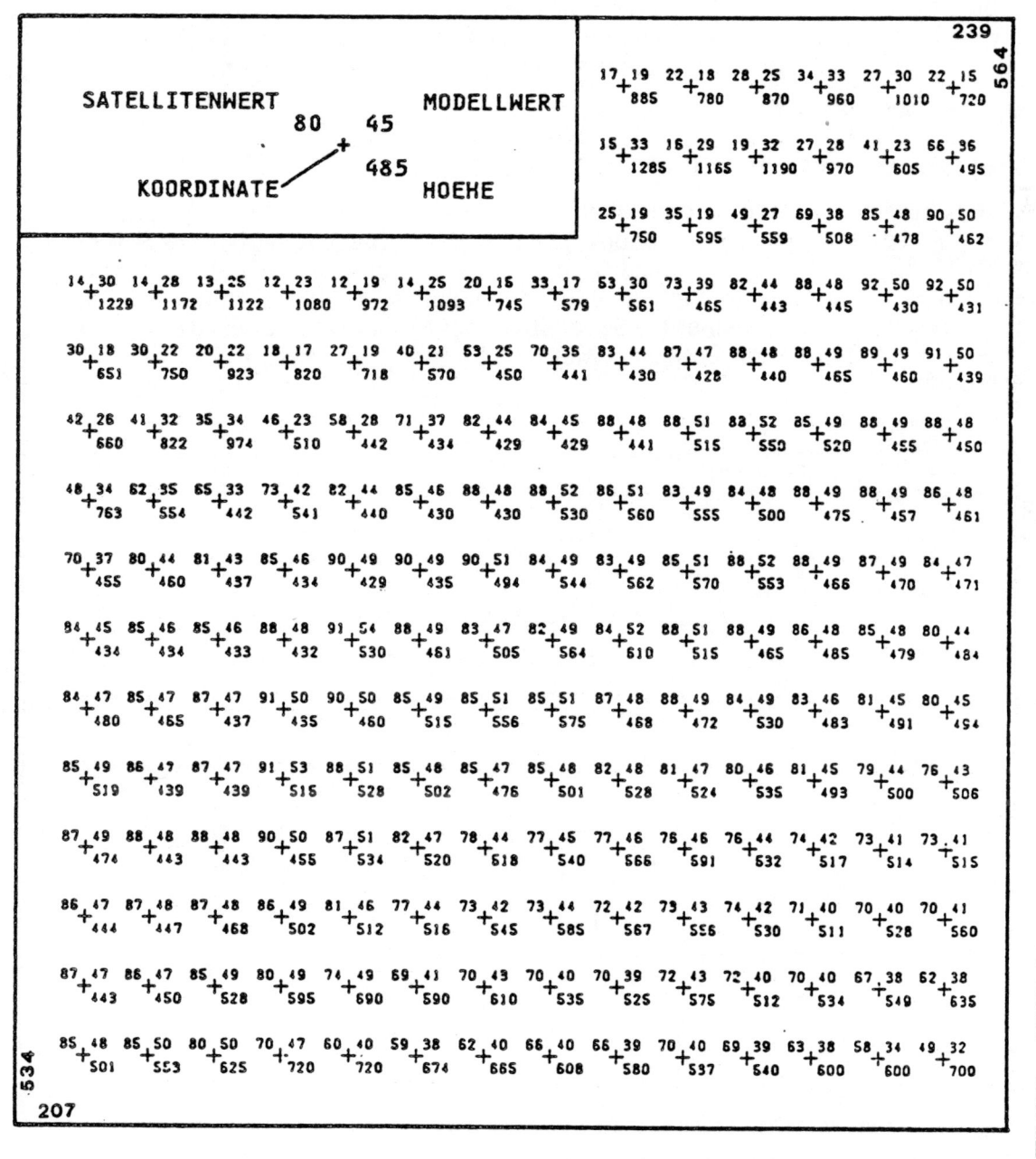

―○― Residuen (Resijual)
― ― ― Regressionsgerade: Residuen - Höhe

Fig. 5.6:   Geschätzte Nebelhäufigkeit pro 2x2 km²: "Schätzwert 1 + Schätzwert 2".

keit angegeben werden. Mit diesem Verfahren wurde es möglich, aus Stationsbeobachtungen und Satellitendaten eine kombinierte, flächendeckende Aussage der Nebelhäufigkeit herzuleiten.

Die in Fig. 5.6 berechneten Nebelhäufigkeiten mussten noch korrigiert werden. Mittels einer Klassierung der Residuen (RESHOEHE) war es möglich, eine Regionalisierung zu erhalten. Pro Region konnte sodann ein Korrekturwert (Mittelwert der Residuen pro Region) berechnet werden. Die Gleichung zur Schätzung der Nebelhäufigkeit beinhaltet demnach die folgenden Terme:

"Schätzwert 1" + "Schätzwert 2" + "Mittleres Residuum"

5.4. Ergebnis

Das Resultat der Modellberechnungen wird in Fig. 5.7 mit den effektiven Nebelhäufigkeiten verglichen. Dabei kann erkannt werden, dass sich die markanten Zonen der Nebelvorkommen auch bei der Höhenverteilung im Modell zeigen:

- Bodennebelmaximum auf 450 m ü.M.
- Nebelminimum auf 950 m ü.M.
- Zunahme der Nebelhäufigkeit ab 1150 m ü.M.

Weniger deutlich kommt im Modell die Hochnebelzone (ca. 750 m ü.M.) zum Ausdruck. Bessere Angaben liefert die Höhenverteilung der beobachteten Nebelwerte im Einzeljahr 1971/72 (Fig. 5.8). Trotzdem ist erstaunlich, zu welchem befriedigenden Resultat die theoretische Berechnung der Nebelhäufigkeit führte, obwohl nur zwei Inputgrössen (Satellitenwert, Höhe über Meer) verwendet wurden. Offenbar genügen diese beiden Grössen, um zu einer mittleren Verteilung der Nebelhäufigkeit zu gelangen.

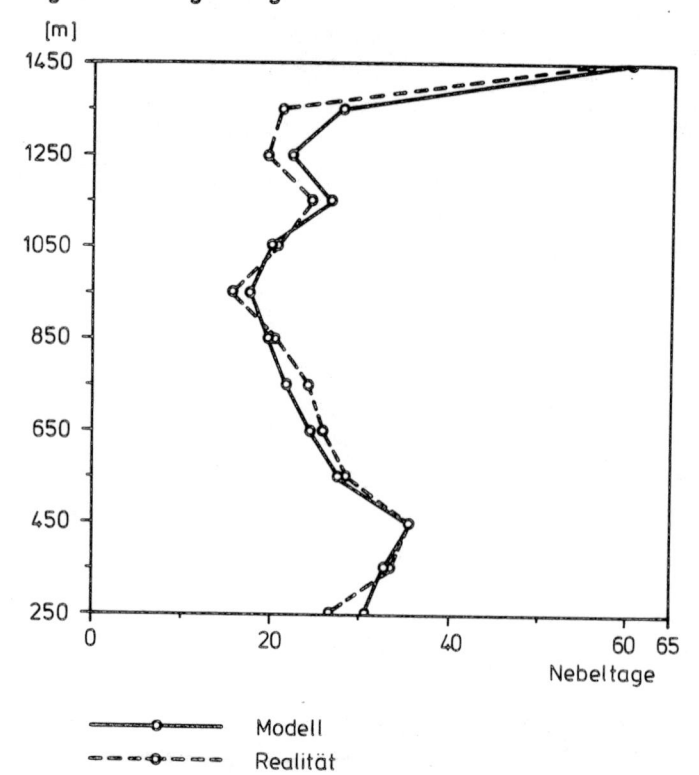

Fig. 5.7: *Mitteldarstellung der Nebelhäufigkeit. Vergleich Realität / Modell.*

Nach diesen eher theoretischen Resultaten sei auf das eigentliche Produkt dieser Nebeldatenauswertung hingewiesen. Auf Grund des befriedigenden Resultats der Modellrechnung stand nun pro 2x2 km² ein Nebelwert zur Verfügung. Diese Datendichte erlaubte, eine recht differenzierte Karte der Nebelverteilung zu erstellen (Nebelkarte).

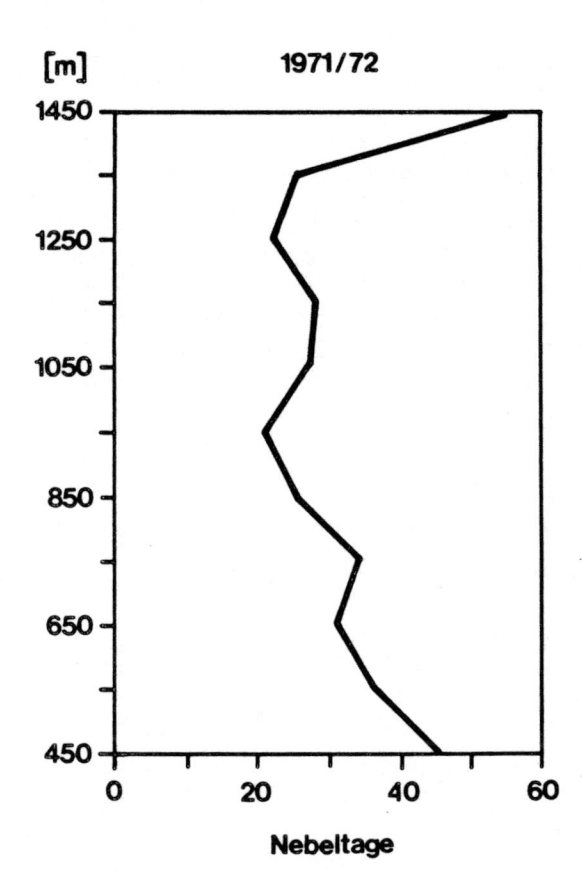

Fig. 5.8:
Höhenverteilung der Nebelhäufigkeit auf der Alpennordseite im Winterhalbjahr 1971/72 (Monate Oktober bis März). Für Intervalle von 100 zu 100 m wurde der Mittelwert dargestellt.

5.5. Kartierung der Nebelstruktur und Nebelhäufigkeit im Gebiet der Schweiz

Die Umsetzung des Resultates (Kap. 5.4.) in eine Nebelkarte Schweiz mit Angabe der Nebelstruktur und -häufigkeit erfolgte im Massstab 1:200'000. Entsprechend ihrem räumlichen Auftreten werden in der Karte drei Nebelarten ausgeschieden: Bodennebel, Hochnebel und Hangnebel. Um diese Nebelarten abgrenzen zu können, braucht es Angaben über die jeweilige Höhenlage der Nebelunter- und -obergrenzen. Für das Auffinden dieser markanten Nebelgrenzen wurden die Nebelwerte in Abhängigkeit der Meereshöhe dargestellt. Fig. 5.8 zeigt den Kurvenverlauf im Einzeljahr 1971/72. Eine Bestätigung der interessanten Tatsache, dass gegen Westen die Nebelgrenzen oft ansteigen, liefert Fig. 5.9. Es liessen sich die folgenden Nebelbereiche ausscheiden:

1. In den tiefsten Regionen unseres Landes führen die häufigen Bodennebel zu einem Nebelmaximum. Diese *Bodennebelzone* (1) steigt in der Westschweiz bis 650 m ü.M. gegenüber 550 m ü.M. in der Ostschweiz.

2. Darüber folgt eine Zone mit weniger Nebel, die als *nebelarme Zwischenzone* (2) bezeichnet wird. Jene Zone charakterisiert das Gebiet, welches zeit-

weise über dem Bodennebel oder unter dem Hochnebel liegt. Man beachte auch hier die Ost-West-Differenzierung von 100 m.

3. Im Bereich von 750 m ü.M. (Ostschweiz) und 850 m ü.M. (Westschweiz) ist ein Anstieg der Nebelhäufigkeit zu beobachten. Dieser Nebelbereich kann der *Hochnebelzone* (3) zugerechnet werden. Der Höhenunterschied ergibt sich aus der Reliefverengung im Raum Genf. Der Alpenbogen und die Jurakette stossen hier zusammen, und dies führt bei winterlichen Bisenlagen zu einem Anheben der Nebeldecke. Genetisch gesehen handelt es sich beim Boden- und Hochnebel fast ausschliesslich um Strahlungs-Advektionsnebel.

4. Über der Hochnebelzone folgt die eigentliche Nebelminimumzone. Sie lässt sich eindeutig auf der Höhe von 950 m ü.M. ansetzen und wird als *nebelarme Hangzone* (4) bezeichnet.

5. Mit zunehmender Höhe folgt ein erneuter Anstieg der Nebelhäufigkeit. Diese Zone, die *Hangnebelzone* (5), repräsentiert die wolkenverhangenen Gebirgsregionen. Der Hangnebel wird vor allem bei zyklonalem Wetter auftreten. Er kann als Mischungsnebel, als orographischer Nebel, oder als Frontnebel vorkommen. Häufig wird für diese Nebelart auch der Begriff "Schlechtwetternebel" verwendet.

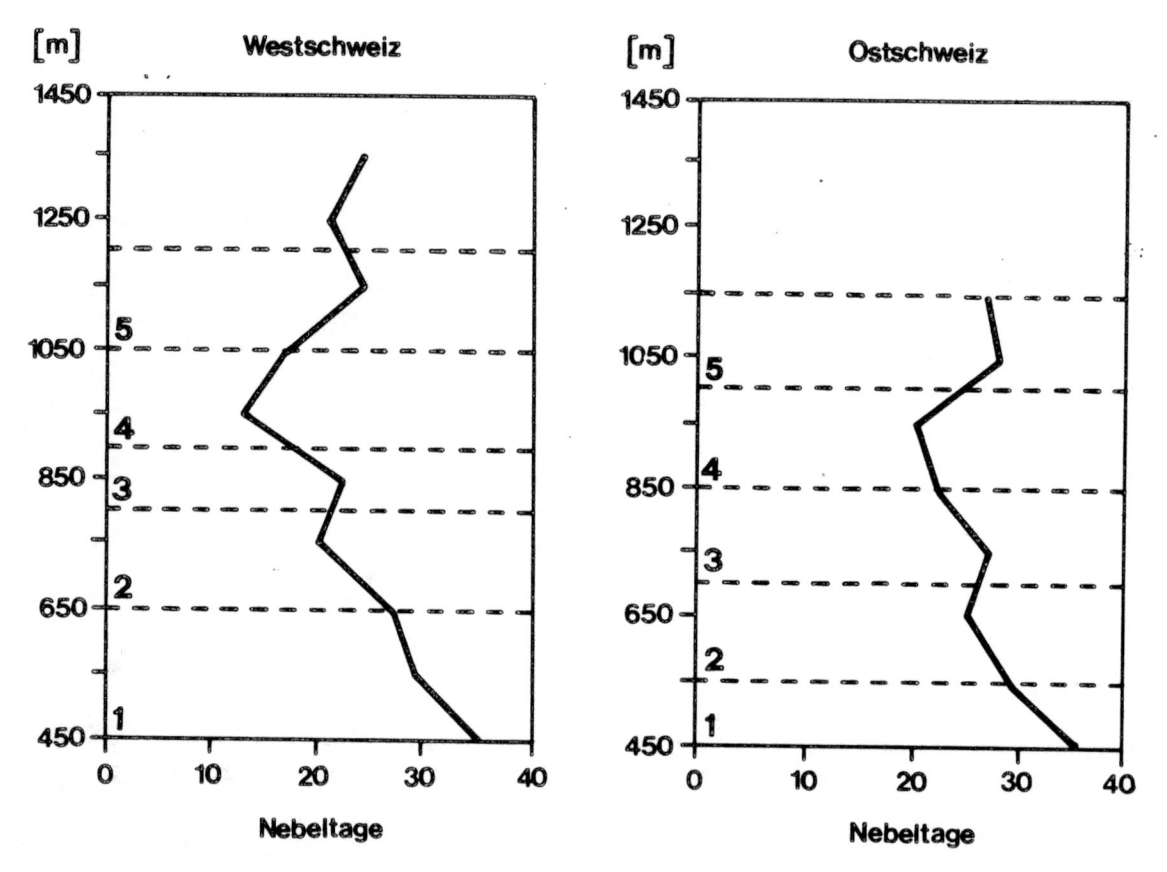

Fig. 5.9: *Höhenverteilung der Nebelhäufigkeit, aufgeteilt in West- und Ostschweiz für die Winterhalbjahre 1970/71 - 1974/75 (Monate Oktober bis März). Für die Intervalle von 100 zu 100 m wurde der Mittelwert dargestellt.*

Die Lokalisierung der markanten Nebelgrenzen in die Karte 1:200'000 erforderte einige Interpretationen. Man denke an das Auslaufen einer Nebeldecke gegen die Alpentäler zu. Die ganze Kartierung wurde auch dadurch erschwert, dass der Nebel nicht wie andere Wetterelemente (z.B. Druck, Temperatur) mit der Höhe einen linearen Verlauf aufweist. Die Sprungschichten können regional und lokal sehr stark variieren. So entstand eine Kartengrundlage 1:200'000 (Nebelart und Nebelhäufigkeit) für den Klimaatlas. Für diese Arbeit wurde die Nebelkarte Schweiz

(S. 143) auf einen kleineren Massstab umgezeichnet. Aus kartographischen Überlegungen wurden die nebelarme Zwischenzone und die Hochnebelzone zu einer einzigen Nebelzone zusammengefasst. In der Nebelkarte kommt so die Gliederung in vier Nebelbereiche klar zum Ausdruck. Das Mittellandbecken tritt als Kaltluftsammeltrog (grosse Bodennebelhäufigkeit) deutlich hervor. Die nebelreichsten Gebiete finden sich entlang des Jurasüdfusses (Solothurn - Biel - Yverdon), im zentralen Mittelland (Aarau - Muri AG - Beznau) sowie in der Ostschweiz (Winterthur - Schaffhausen - Weinfelden). Diese lehnt sich mehrheitlich dem Gewässernetz der grossen Mittellandflüsse an. Die grösseren Juralängstäler weisen ebenfalls eine recht hohe Nebelhäufigkeit auf, währenddem die Hänge und die Jurahöhen vielfach verschont bleiben. Das Nebelgeschehen der N/NW - S/SE verlaufenden Täler im Übergang Mittelland - Alpen wird durch die Mächtigkeit der Nebeldecken im Mittelland geprägt. Die Bodennebelhäufigkeit verringert sich im allgemeinen gegen den Alpenrand zu. Trockentäler im Wallis und im Bündnerland haben selten Nebel. In den Tieflagen der Südschweiz können nur vereinzelt Bodennebelereignisse beobachtet werden.

Das reich gegliederte und daher auch wettermässig stark differenzierte Gebiet der Schweiz beeinflusst die Nebelverteilung wesentlich. Die Häufigkeit der herbstlichen und der winterlichen Strahlungsnebel nimmt von einer gewissen Höhe über dem Talgrund stark ab. Je nach der Höhenlage und der Morphologie, welche die Mächtigkeit von Inversionen mitbestimmt, befindet sich die nebelarme Zwischenzone auf unterschiedlicher Meereshöhe. Einzelne Jurahöhen sowie das Voralpengebiet weisen wieder eine grössere Anzahl Nebeltage auf (Fig. 5.9). Diese Gebiete befinden sich vor allem in der Hochnebelzone. Die Nebelminimumszone folgt in der ganzen Schweiz oberhalb der Hochnebelzone. Hier treten im Mittel weniger als 10 Nebeltage pro Winterhalbjahr auf. Die untere Hangnebelzone verdeutlicht den erneuten Anstieg der Nebelhäufigkeit. Genetisch betrachtet handelt es sich beim Hangnebel um Frost-, Mischungs- oder orographische Nebel. Mangels Daten konnte das Gebiet der Schweiz nur bis 2000 m ü.M. ausgewertet werden. Im übrigen Gebiet sind noch einige Gebirgsstationen eingetragen (Arosa, Grimsel, Jungfraujoch, Weissfluhjoch), welche die markante Zunahme des Schlechtwetternebels mit der Höhe zeigen. Fig. 5.10 zeigt für je zwei Stationen pro Nebelart den monatlichen Verlauf der Nebelhäufigkeit (Boden-, Hoch- und Hangnebel). Nebst den wetterlagenabhängigen Nebelkarten und den Monatsnebelkarten stellt diese Mittelwertskarte den 2. Teil des Themas Nebel im Klimaatlas dar.

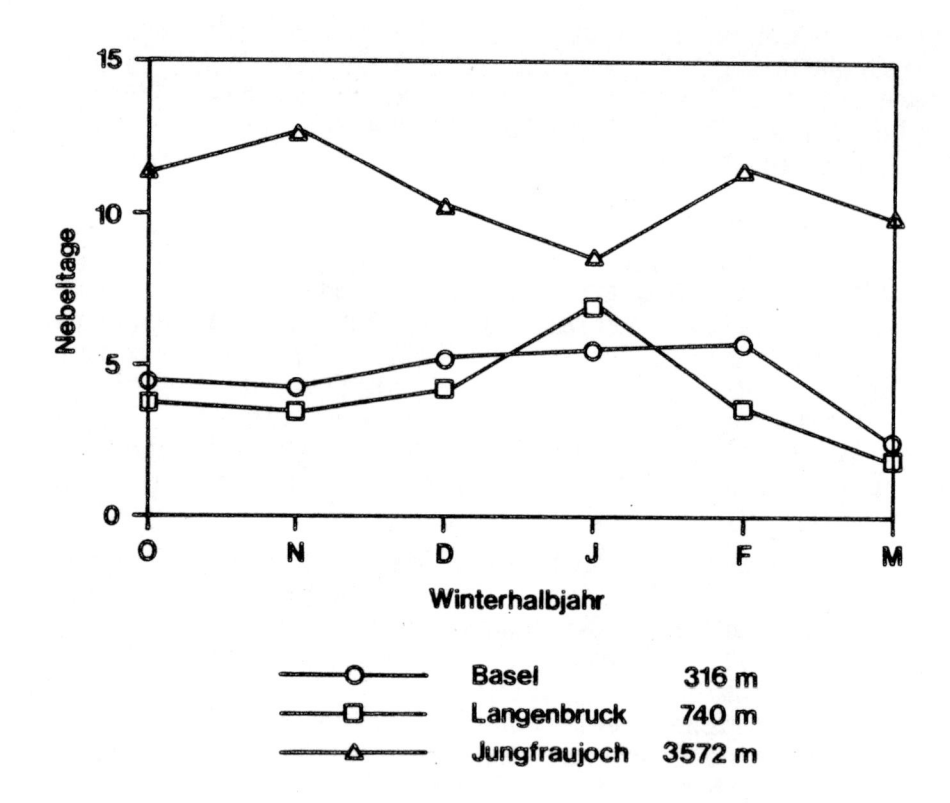

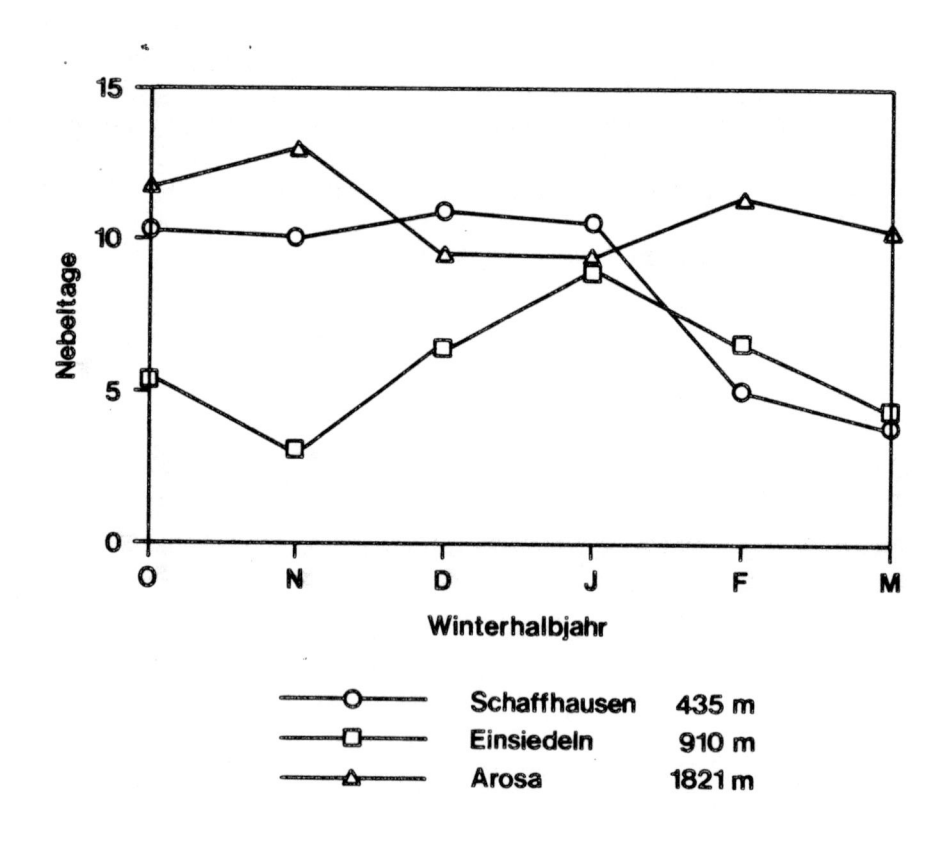

Fig. 5.10: *Darstellung der mittleren monatlichen Nebelhäufigkeit der Winterhalbjahre 1970/71 - 1974/75 (Monate Oktober bis März) für je 3 ausgewählte Stationen in der West- und Ostschweiz. Bodennebelzone: Basel, Schaffhausen; Hochnebelzone: Langenbruck, Einsiedeln; Hangnebelzone: Jungfraujoch, Arosa.*

NEBELKARTE

Art und Häufigkeit des Morgennebels, Mitteldarstellung 1970/71 bis 1974/75;
Monate Oktober bis März, Beobachtung zwischen 07.00 und 08.00 Uhr.

Stationsname Stationshöhe Nebeltage

1. Aarau	409 m	60,8
2. Arosa	1821 m	65,0
3. Basel	316 m	27,4
4. Bern	560 m	21,6
5. Bever	1710 m	19,2
6. Chur	582 m	13,4
7. Genf	420 m	29,6
8. Grimsel	1950 m	34,2
9. Jungfraujoch	3572 m	63,8
10. Lausanne	605 m	40,4
11. Locarno	366 m	30,2
12. Luzern	456 m	49,8
13. Neuenburg	485 m	27,0
14. Schaffhausen	455 m	51,4
15. Sitten	542 m	11,8
16. St. Gallen	670 m	65,4
17. Weissfluhjoch	2672 m	84,6
18. Zürich	556 m	32,6

1:1'250'000

Nebeltage

- 11 – 30
- 31 – 50 Bodennebelzone

Nebeltage

- Gebiet über 2000 m ü.M.
- Seen
- 51 – 70 Untere Hangnebelzone

F.X. TROXLER, 1988

NEBELKARTE

Art und Häufigkeit des Morgennebels, Mitteldarstellung der Winterhalbjahre 1970/71 bis 1974/75, Monate Oktober bis März, Beobachtung zwischen 07.00 und 08.00 Uhr.

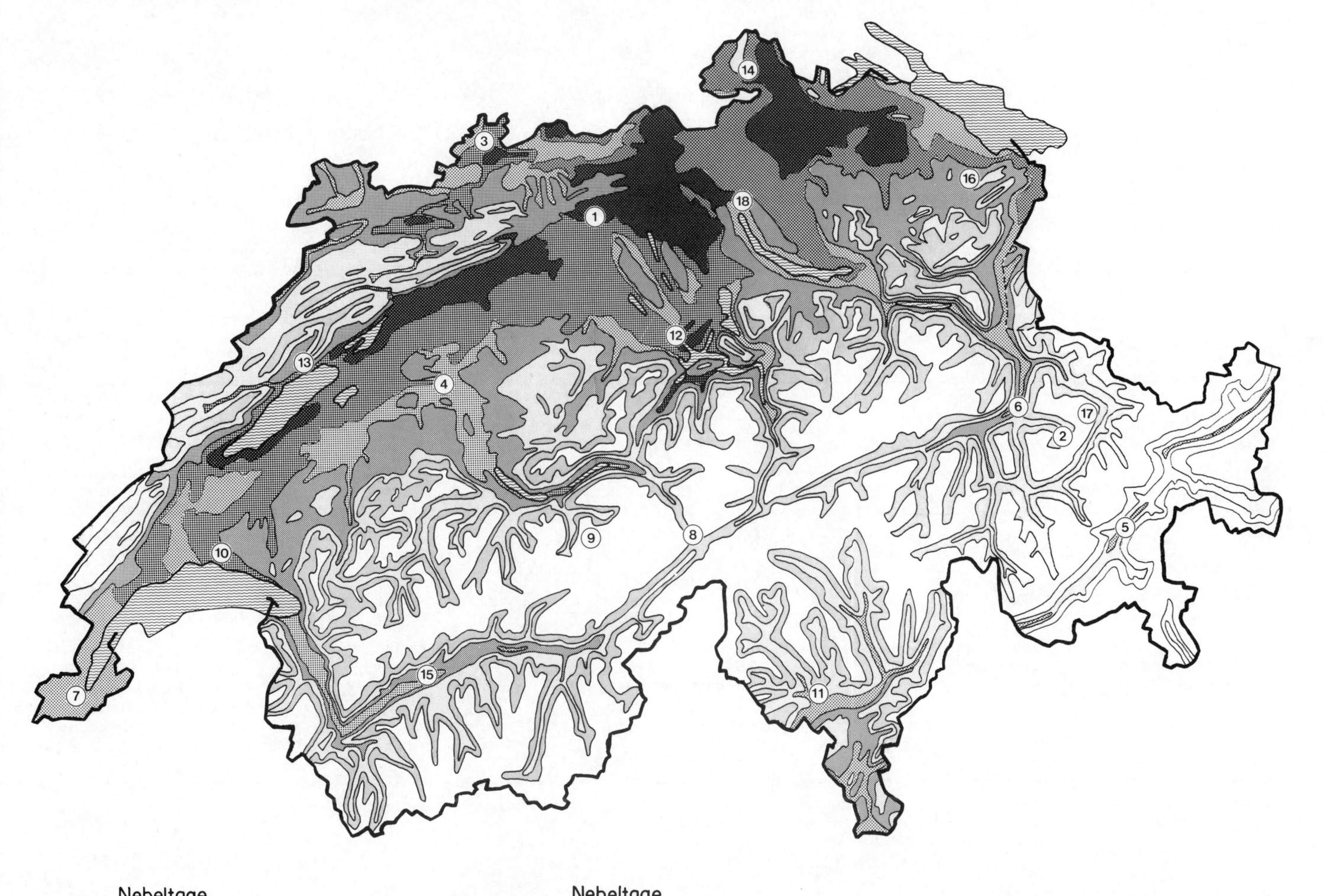

Stationsname	Stationshöhe	Nebeltage
1. Aarau	409 m	60,8
2. Arosa	1821 m	65,0
3. Basel	316 m	27,4
4. Bern	560 m	21,6
5. Bever	1710 m	19,2
6. Chur	582 m	13,4
7. Genf	420 m	29,6
8. Grimsel	1950 m	34,2
9. Jungfraujoch	3572 m	63,8
10. Lausanne	605 m	40,4
11. Locarno	366 m	30,2
12. Luzern	456 m	49,8
13. Neuenburg	485 m	27,0
14. Schaffhausen	435 m	51,4
15. Sitten	542 m	11,8
16. St. Gallen	670 m	65,4
17. Weissfluhjoch	2672 m	84,6
18. Zürich	556 m	32,6

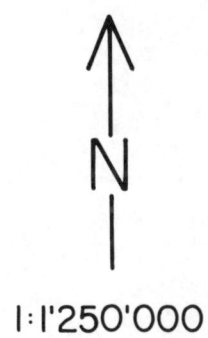

1:1'250'000

Nebeltage
- 11 – 30 ⎫
- 31 – 50 ⎬ Bodennebelzone
- 51 – 80 ⎭

Nebeltage
- 15 – 35 Nebelarme Zwischenzone Hochnebelzone
- 1 – 10 Nebelarme Hangzone
- 15 – 30 Untere Hangnebelzone

- Gebiet über 2000 m ü.M.
- Seen

F.X. TROXLER 1988

5.6. Nebelverteilung in Abhängigkeit verschiedener Wetterlagen und ihre Auswirkungen auf die Durchlüftung

In diesem Kapitel sollen die Resultate der Nebelauswertung, welche mit Hilfe von Satellitenbildern durchgeführt wurden, dargestellt werden. Längere Reihen von Wettersatellitenbildern erlauben heute eine objektive Kartierung der Nebelbedeckung zu einem bestimmten Zeitpunkt. Alle nach Wetterlagen aufgeschlüsselten Daten wurden als Mittelwertskarte der Nebelbedeckung (über sämtliche Wetterlagen) bei den obigen Ausführungen (siehe 5.2.2.) verwendet.

In ihrer Arbeit haben WANNER und KUNZ (1983) verschiedene wetterlagenabhängige Mittelkarten der Nebelbedeckung entworfen und beschrieben. Für ihre Berechnungen haben sie 94 Satellitenbilder mit einer typischen Nebelverteilung ausgewählt. Die für die Nebelverteilung (Durchlüftung) relevanten Wetterlagen werden hier kurz erläutert. Für jede Wetterlage wird zudem die Nebelverteilung in einer Karte dargestellt.

a) Hochdrucklage mit östlicher Höhenströmung ("Bisenlage")

Abgesehen vom Druckanstieg, von der Bewölkungsabnahme und der zunehmenden Ausstrahlung sind die herbstlichen Hochdrucklagen in der Initialphase (d.h. nach Kaltfrontdurchgängen) auf der Alpennordseite sehr oft durch leichte Ostwinde mit Kaltluftadvektion gekennzeichnet. Dieser Effekt verstärkt sich mit der Abkühlung der eurasiatischen Landmasse und der damit verbundenen, zunehmenden Stabilisierung der skandinavischen und der sibirischen Bodenantizyklone im Verlaufe des Winters immer mehr. Die Nebelverteilung deutet darauf hin, dass sich bei östlichen Strömungen auf der Alpennordseite ein Stau der Kaltluft einstellt, der im Schweizer Mittelland durch die Konvergenz von Jura und Alpen bei Genf zusätzlich akzentuiert wird. Durch die Zunahme der mechanischen Turbulenz innerhalb der PBL (Planetary Boundary Layer) und durch den erwähnten Stau wird die Obergrenze der Kaltluft- und Nebeldecke zum Teil massiv angehoben, und weite Teile des Schweizer Mittellandes, aber auch der Juranordseite (Raum Basel-Oberrheinische Tiefebene-Burgundische Pforte) und der Voralpen weisen eine hohe Nebelbedeckungsrate auf. Regelmässig auftretende Wiederanstiege der Nebelobergrenze sind auf "Bisenrückfälle" mit erhöhter Turbulenz zurückzuführen. Man beachte ferner, dass die Poebene bei diesen Bisenlagen in der Regel nebelfrei bleibt.

b) Windschwache Hochdrucklagen

Die im Zuge winterlicher Hochdruckepisoden häufig beobachtete Verlagerung des Hochdruckkerns in den Alpenraum, die damit verbundene Abnahme mechanisch induzierter Turbulenz, sowie die zunehmende Subsidenz führen im Schweizer Mittelland zu einem Absinken der Nebelobergrenze bis auf eine Gleichgewichtshöhe von ca. 750 m ü.M. Bei dieser Wetterlage weisen die Gebiete nördlich des Jura eine tiefere, südlich der Alpen hingegen eine höhere Bedeckungshäufigkeit auf als bei der Bisenlage.

c) Hochdrucklagen mit südlicher oder südwestlicher Höhenströmung

Beim Übergang zu südlichen Strömungsrichtungen, d.h. in der Schlussphase von Nebelperioden (Abbau des Hochs über den Alpen von Westen her), sinkt die Nebelobergrenze des Schweizer Mittellandes in der Regel stark ab (500 - 600 m ü.M.). Das Absinken wird durch das Ausfliessen der Kaltluft Richtung NE (Bodensee) und vor allem Richtung Hochrhein-Basel bewirkt. Zusätzlich wird der Vorgang durch die grossräumige Höhenströmung beschleunigt. Die Kaltluft kann auch durch die starke Subsidenz (zum Teil verbunden mit leichtem Föhn) von oben her abgebaut werden. Dieser Effekt kann sich infolge der abnehmenden Stabilität innerhalb der PBL dauernd verstärken. Die Nebelgefährdung des Mittellandes beschränkt sich bei dieser Wetterlage sehr oft auf ein schmales Band am Südfuss von Jura und Schwarzwald. Daneben weist die Oberrheinische Tiefebene eine mittlere Nebelbedeckungsrate auf.

d) Flachdrucklagen im Frühherbst und Frühling

Die Bildung und Auflösung der Kaltluft- und Nebelkörper ist ganz erheblich von der Energiebilanz abhängig. Im Frühherbst und Frühling erreicht die Nebelobergrenze bei "Schönwetter" (flache Druckverteilung, geringe Turbulenz) kaum die Höhe von 750 m ü.M. Bei dieser Wetterlage treten die eigentlichen Kernzonen der Nebelgebiete (Oberrheinische Tiefebene, Jurasüdfusslinie, tiefere Poebene) besonders hervor. Da es sich in diesem Fall in erster Linie um Strahlungsnebel handelt, kommen durch diese Nebelverteilung die Gebiete mit extremer Kaltluftgefährdung zum Vorschein. Es sind dies auch Gebiete im Voralpengebiet mit stark reduziertem Luftaustausch.

Fig. 5.11 zeigt eine Übersicht über die Häufigkeiten von Boden- oder Hochnebel im Querschnitt durch die Schweiz bei den wichtigsten Nebelwetterlagen. Im rechten Teil der Figur wurde zusätzlich der Schwankungsbereich angegeben, in dem die Nebelobergrenze des Schweizer Mittellandes bei der entsprechenden Wetterlage in der Mehrzahl der Fälle zu liegen kommt. Wir erkennen folgende Tatsachen:

- Das Mittelland (Berner Mittelland: BM) weist eindeutig die grössten Häufigkeiten an Boden- und Hochnebel auf, gefolgt von den Räumen Aaretal-Meiringen (AM: Voralpen) und Rheintal-Basel (BS). Die Jura- (JU) und Alpentäler (AT) bleiben von diesen Nebeltypen ("Schönwetternebel") zum grössten Teil verschont. Die Nebelarmut im Rhonetal (VS) sowie in den südlichen Gebieten der Schweiz (TI) bei den wichtigsten Nebelwetterlagen kommt eindeutig zum Ausdruck.

- Hochdrucklagen mit östlicher Höhenströmung ("Bise", zum Teil mit Kaltluftadvektion) verzeichnen vor allem Hochnebel mit Obergrenzen von 800 - 1400 m ü.M. (je nach den herrschenden Turbulenzverhältnissen in der PBL).

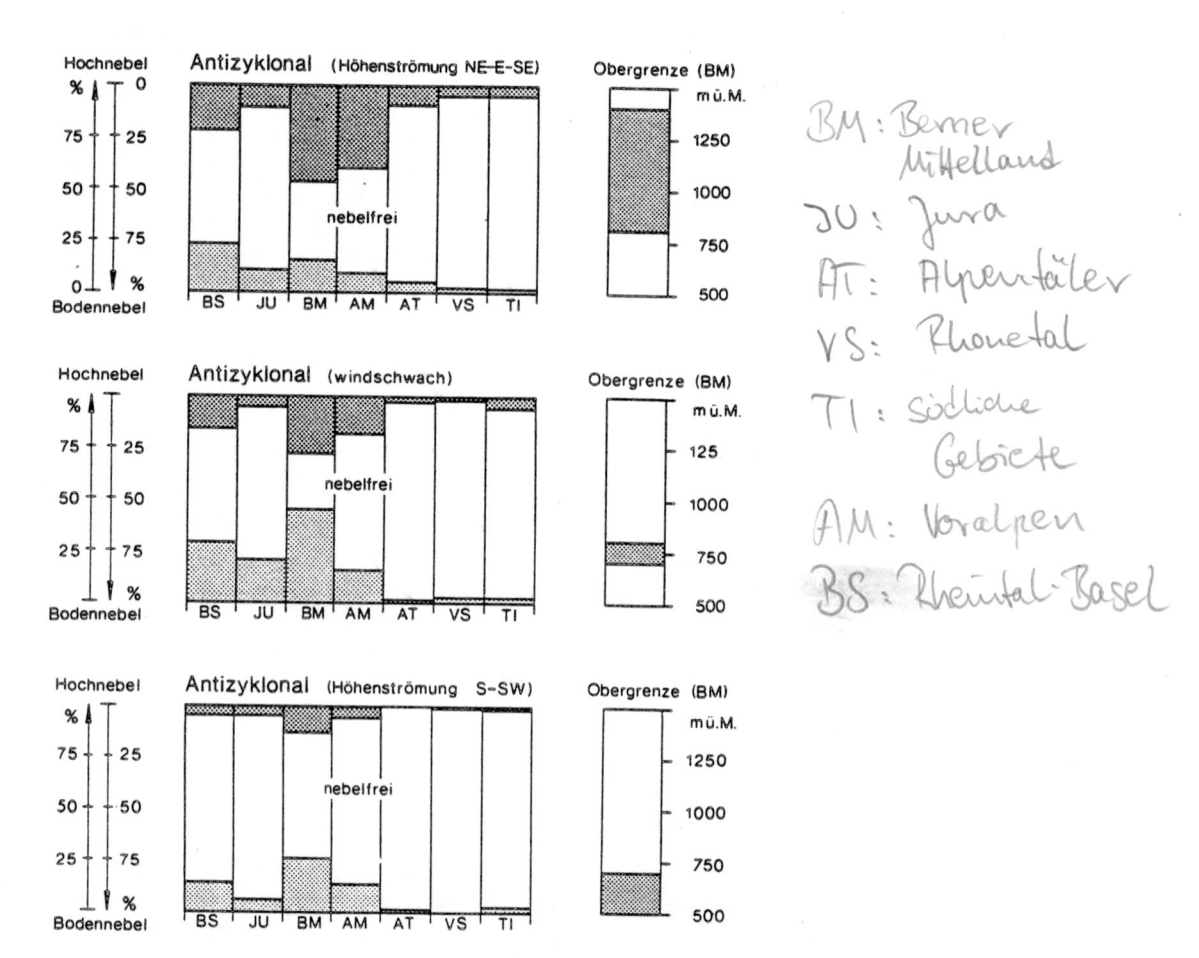

Fig. 5.11: Nebelverteilung in sieben Testgebieten quer durch die Schweiz bei den drei wichtigsten Nebelwetterlagen.

- Bei windschwachen Hochdrucklagen gleicht sich das Verhältnis zwischen Boden- und Hochnebel aus. Die Nebelobergrenzen liegen bei 700 - 800 m ü.M.
- Hochdrucklagen mit südlicher bis südwestlicher Höhenströmung (zum Teil mit schwacher Warmluftadvektion) weisen in der Regel tiefliegende Nebelobergrenzen (500 - 700 m ü.M.) und demzufolge Bodennebel auf.

Abkürzungen

MIP5: Mittlere Anzahl Nebeltage pro Station der unvollständigen 5-jährigen Beobachtungsreihe 1970/71 - 1974/75

MIP_v5: Mittlere Anzahl Nebeltage der vollständigen 5-jährigen Beobachtungsreihe 1970/71 - 1974/75

SATMIT: Mittlere Nebelbedeckung in % der verwendeten Satellitenbilder und zwar jener $2 \times 2\ km^2$ Rasterwert, in dem sich die Station befindet

RESIJUAL: Residuen aus der Beziehung MIP_v5(SATMIT) für die Region Jura bis Nordalpenkamm; beobachtete minus theoretische Nebelhäufigkeit

RESHOEHE: Residuen aus der Beziehung RESIJUAL(HOEHE) für die Region Jura bis Nordalpenkamm; effektives minus theoretisch berechnetes Residuum

SMA: Schweizerische Meteorologische Anstalt

Literatur

Schirmer H., 1974: Methodischer Beitrag zur Kartierung der Nebelverhältnisse in Gebirgsgebieten. Zbornik Meteoroloskih i Hidroloskih Radova, Nr. 5, 277-281.

SMA, Annalen der Schweiz. Meteorologischen Anstalt Zürich, 1955 - 1984.

Stumm W., L. Sigg, J. Zobrist und A. Johanson, 1985: Nebel als Träger konzentrierter Schadstoffe. Neue Zürcher Zeitung, 16. Januar, Nr. 12, Zürich.

Troxler F.X., 1987: Nebelkartierung Schweiz. Stations- und Satellitendaten als Grundlage. Diplomarbeit geogr. Inst. Universität Bern, 106 p.

Wanner H. und S. Kunz, 1983: Klimatologie der Nebel und Kaltluftkörper im schweizerischen Alpenvorland mit Hilfe von Satellitenbildern. Arch. Met. Geoph. Biokl. B33, 31-56.

Wanner H., 1979: Zur Bildung, Verteilung und Vorhersage winterlicher Nebel im Querschnitt Jura - Alpen. Geogr. Bernensia G7, 240 p.

Weber O., 1975: Nebel/Sichtweiten. Beitrag zu einem Kommissionsbericht französischer, deutscher und schweizerischer Strassenfachorgane, Arbeitsbericht der SMA Nr. 50, Zürich.

MITTELKARTEN DER NEBELBEDECKUNG

Hochdrucklagen mit östlicher Höhenströmung – „Bisenlage"

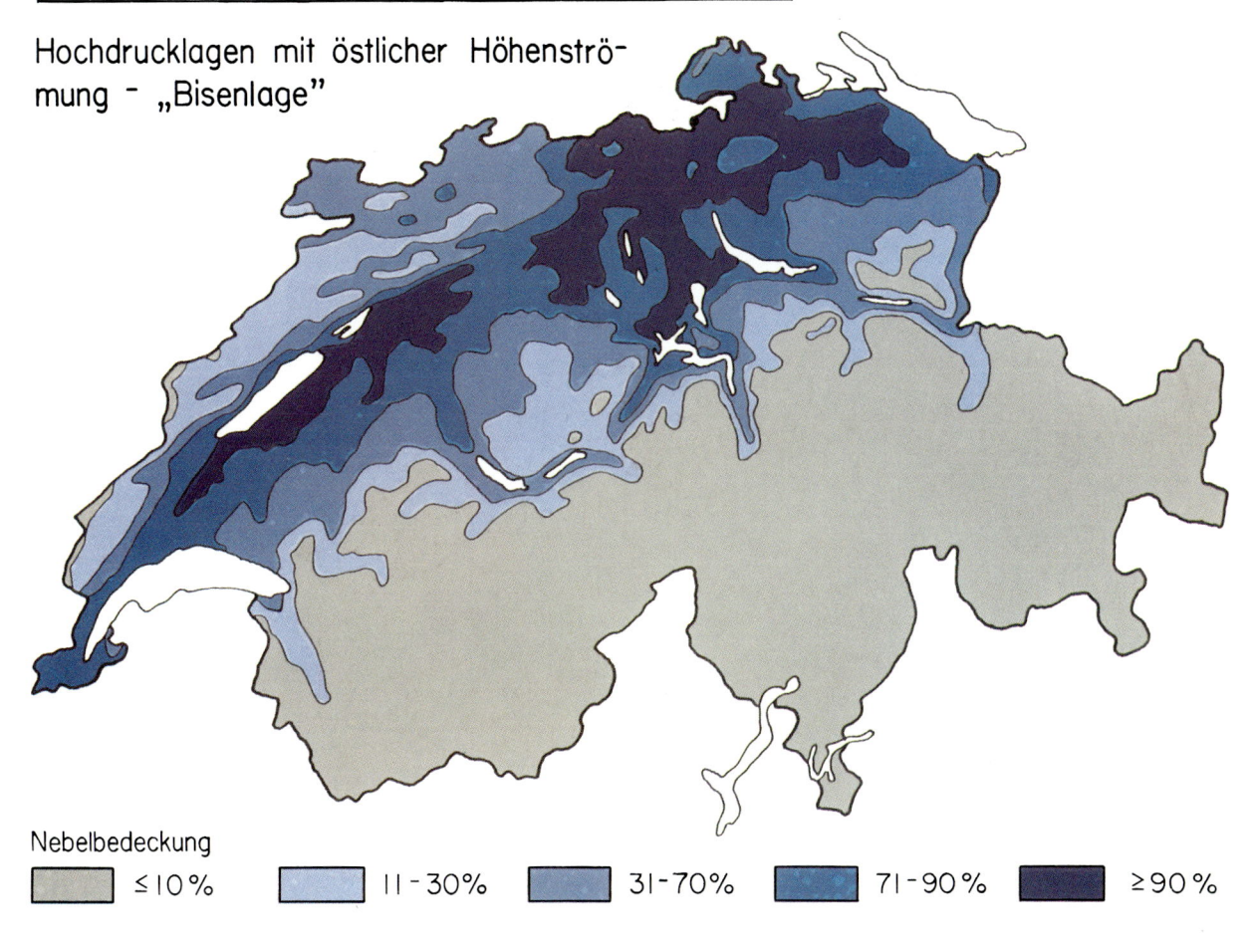

Nebelbedeckung: ≤10% | 11–30% | 31–70% | 71–90% | ≥90%

Windschwache Hochdrucklage

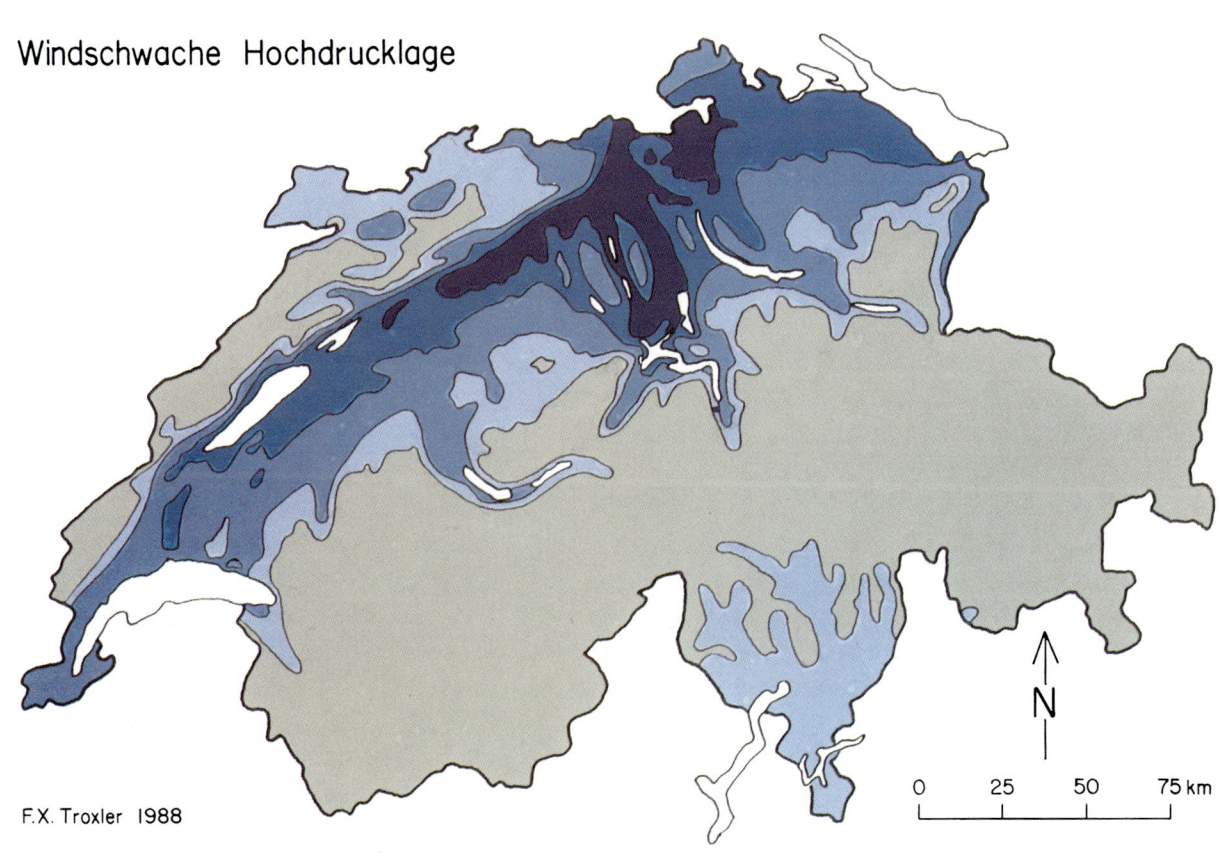

F.X. Troxler 1988

MITTELKARTEN DER NEBELBEDECKUNG

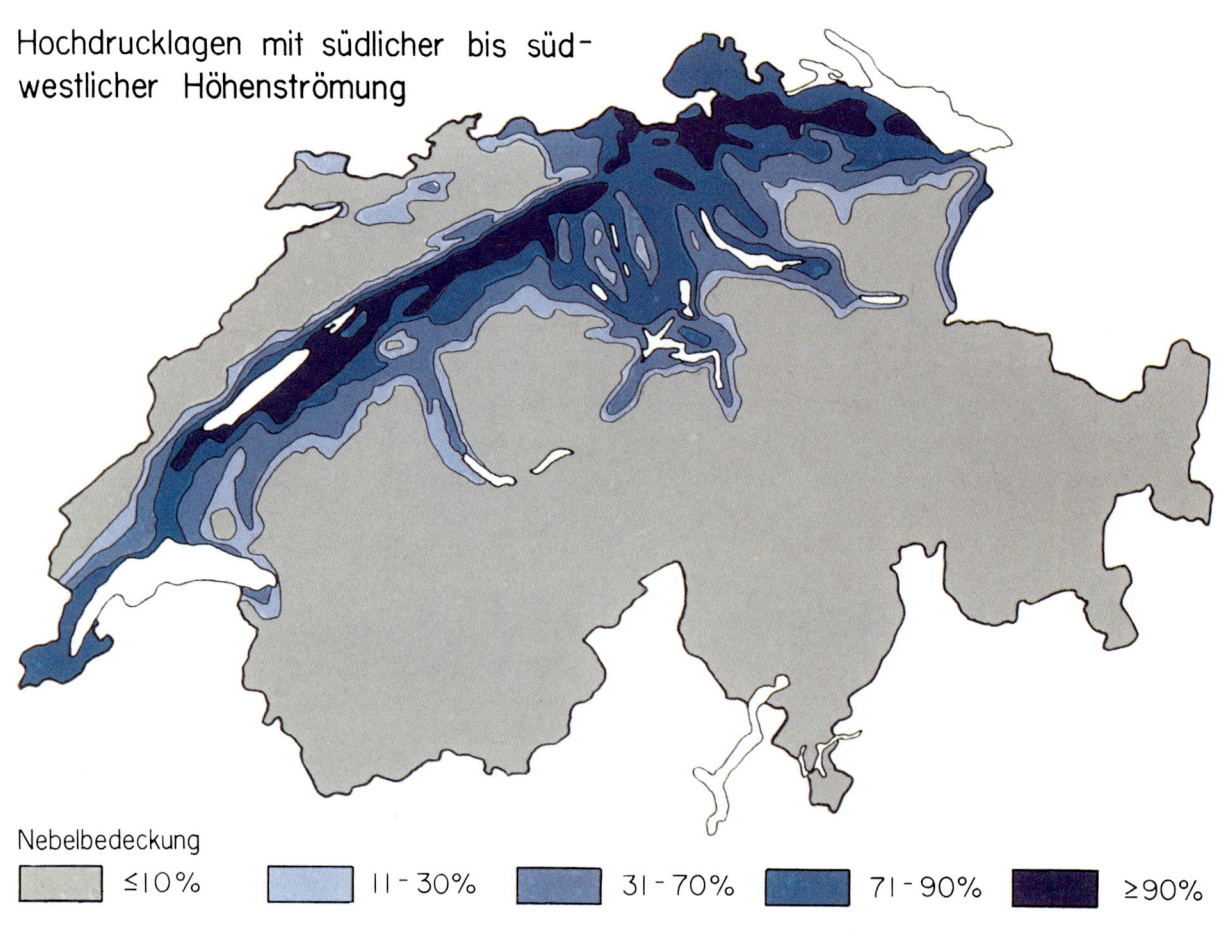

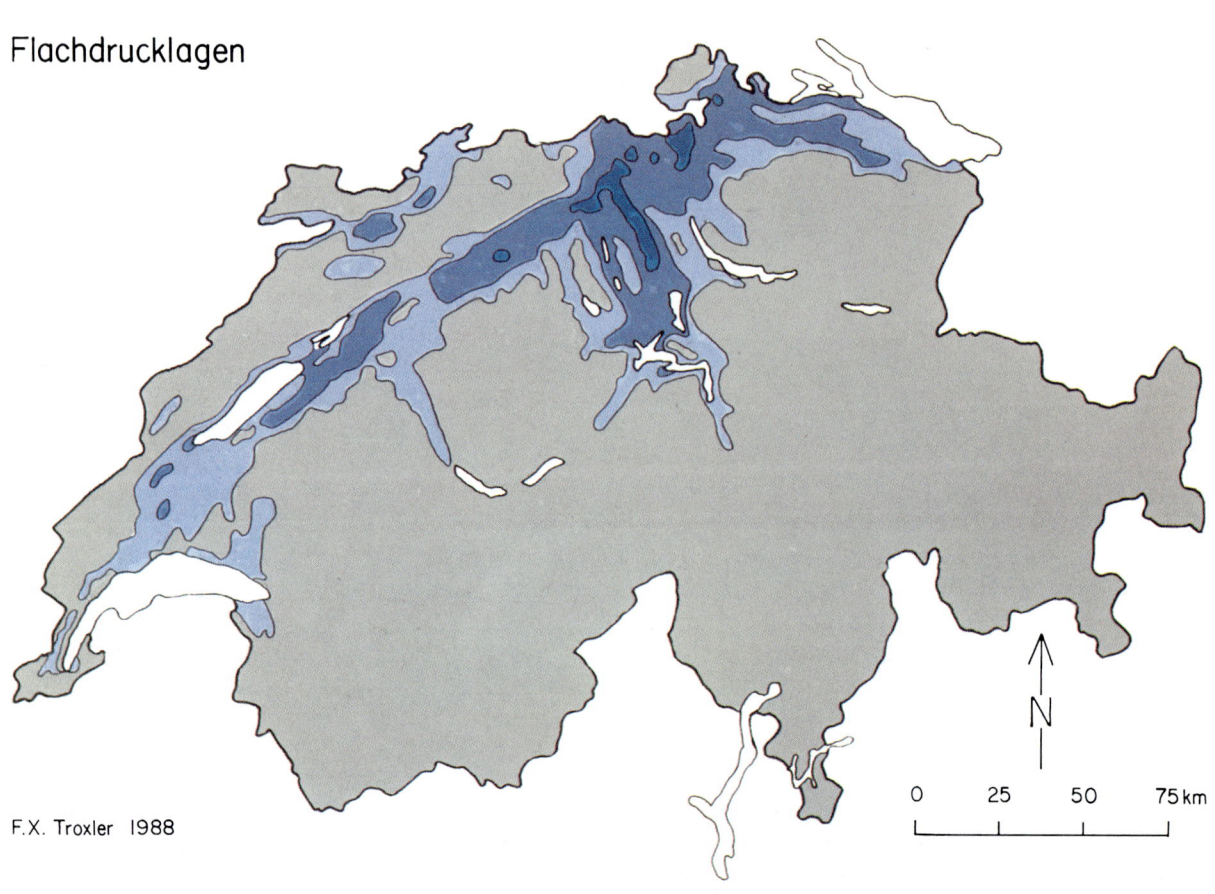

Hochdrucklagen mit südlicher bis südwestlicher Höhenströmung

Nebelbedeckung
- ≤10%
- 11-30%
- 31-70%
- 71-90%
- ≥90%

Flachdrucklagen

F.X. Troxler 1988

6. Zusammenfassung

Die vorliegende Studie "*Zur Durchlüftung der Täler und Vorlandsenken der Schweiz*" ging von der Zielsetzung aus, klimatologische und meteorologische Grundlagen bereitzustellen, welche bei aktuellen und zukünftigen Studien zur Ausbreitung von Luftfremdstoffen benützt werden können. Insbesondere sollten die Resultate bei der Beurteilung typischer Immissionsmuster und bei der Diskussion relevanter Waldschadenfaktoren als Basisinformation dienen. Skalenmässig stand deshalb die Betrachtung gesamtschweizerischer (oder mesoskaliger) Strukturen und Prozesse im Vordergrund. Dabei war speziell auf die komplizierte topographische Struktur der Schweiz und die damit verbundene thermische und mechanische Beeinflussung der grossräumigen Felder von Druck, Temperatur, Feuchte und Wind einzugehen. Thematisch wurde eine Konzentration auf vier wichtige Teilaspekte der Ausbreitungsklimatologie angestrebt:

- Klassifikation der Ausbreitungsverhältnisse
- Windklimatologie
- Durchführung typischer Wetterlagen-Fallstudien
- Erfassung der räumlichen Nebelverteilung

Im ersten Teil werden die Schwierigkeiten diskutiert, welche bei der *Aufstellung ausbreitungsbezogener Wetterlagensysteme* auftreten. Als besonders anspruchsvoll erweist sich der Versuch, die Ausbreitungsverhältnisse über einem grösseren Gebiet (Schweizer Mittelland) zu klassieren. Folgende Parameter wurden auf ihre Aussagekraft geprüft: Inversionshöhen, Mächtigkeit und Temperaturgradient der Inversion, Dauer von Inversionslagen, Windrichtung und -stärke auf dem 850hPa-Niveau. Für eine begrenzte Region (Biel) wird ein empirisches System vorgeschlagen, welches die Ausbreitungsverhältnisse auf der Basis der lokalen Strömungs- und Schichtungsmuster klassiert. Diese beiden Ausbreitungsparameter werden für jede Wetterlage stündlich bestimmt. Danach wird der Tag in drei typische Abschnitte (2. Nachthälfte und Morgen / Tag / Abend und 1. Nachthälfte) unterteilt, für die die räumlichen Strömungs-Schichtungsmuster bildlich dargestellt werden können. Die Resultate des Klassifikationsverfahrens sollen aufzeigen, mit welchem Detaillierungsgrad gearbeitet werden muss, wenn ein Ausbreitungs- und Immissionsfeld objektiv beurteilt werden soll.

Der zweite Teil dieser Studie befasst sich mit den *klimatologischen Aspekten des Windfeldes* über der Schweiz. Dabei wird von der Fragestellung ausgegangen, ob eine Stationstypisierung aufgrund des Windverhaltens und der Topographie vorgenommen und allenfalls gar zu einer Regionalisierung erweitert werden kann. Während zum ersten Aspekt recht vielversprechende Resultate vorliegen, mehren sich bei der Regionalisierung die Probleme. Hier erweisen sich die analysierten Zeitreihen als zu kurz, um statistisch gesicherte Aussagen zu machen. Eine Messnetzverdichtung durch Augenbeobachtungen und weitere Messstationen kann nicht für klimatologische Aussagen genutzt werden, wenngleich dieser Datensatz verfeinerte Fallstudien zur Dynamik des bodennahen Windfeldes ermöglicht. Immerhin können Besonderheiten des Windverhaltens klar herausgearbeitet werden, wie die Ergebnisse der Studien zur Weibull-Verteilung und zum Windwechselindex zeigen.

Neben der Windklimatologie soll auch die Diskussion von interessanten "Einzelfällen" mithelfen, zu einem vertieften Verständnis des Windgeschehens zu gelangen. Von den fünf ausgeführten *Fallstudien* für die Wetterlagen Bise, Kaltfrontdurchgang, Föhn, Westlage und windschwache Hochdrucklage erweisen sich vor allem die ersten drei als spannend, weil sie einzelne Besonderheiten aufweisen, wie zum Beispiel die topographisch bedingte Störung der Winddrehung bei Frontdurchgang, die NE-Winde in Basel bei Bise, der Kaltluftsee im Mittelland bei Föhn. Der Einfluss der Topographie tritt dabei insgesamt deutlich zutage, ebenso der Tagesgang. Letzterer kann bei jeder Wetterlage zu erheblichen lokalen Modifikationen führen. Die Arbeiten zeigen aber gleichzeitig die Grenzen einer zweidimensionalen Betrachtung auf und verweisen auf die Notwendigkeit zusätzlicher Messungen in der Vertikalen.

Die *Analyse der räumlichen Nebelverteilung* wird in zwei Teilen vorgenommen: Erstens wird eine flächendeckende Analyse der Nebelarten und Nebelhäufigkeiten (Morgennebel) vorgenommen. Dabei werden die punktuell vorliegenden Häufigkeitsangaben an 310 Stationen mit Hilfe von Satellitendaten (Angabe der Nebelbedeckung) in den Raum extrapoliert. Die dadurch entstandene Schweizer Nebelkarte zeigt eine klare Gliederung in vier Nebelzonen:

- Bodennebelzone
- nebelarme Zwischen- und Hochnebelzone
- nebelarme Hangzone
- untere Hangnebelzone

Zweitens werden vier wetterlagenabhängige Karten der Nebelbedeckung über der Schweiz präsentiert. Sie wurden mit Hilfe einer Auswahl von typischen Satellitenbildern erstellt und zeigen die klare Abhängigkeit der Antizyklonalnebel des Winterhalbjahres vom subsynoptischen Druck- und Stromfeld.

Summary

The present study on "*The ventilation of the valleys and basins in Switzerland*" began with the object of preparing a climatological and meteorological basis that could be used for topical and future studies on air pollutant dispersion. In particular the results should serve as basic information in the context of the examination of typical immission patterns as well as in the discussion of relevant factors of forest disease. With regard to the scales, the examination of structures and processes of the whole of Switzerland (or meso-scale) was well to the fore. For that reason special emphasis had to be put on the complex topographic structure of Switzerland and the related thermal and mechanical influence on large scale fields of pressure, temperature, humidity and wind. Thematically, concentration was centred on four important aspects of dispersion climatology:

- Classification of the dispersion situation
- Wind climatology
- The implementation of typical weather-type related case studies
- Recording of the spatial fog distribution.

In the first part the difficulties that arise by *establishing dispersion related weather type systems* are discussed. The attempt to classify the dispersion situation within a more extended region (Swiss Midlands) proved to be especially demanding. The following parameters were examined with respect to their evidence: inversion height; thickness and temperature gradient of inversions; duration of inversion situations; wind direction and strength on the 850 hPa level. For a restricted region (Biel-Bienne) an empirical system is proposed which classifies the dispersion situation on the basis of local flow and stratification patterns. These two parameters have to be determined hourly for each weather type. Following that, each day is separated into three typical sections (2nd half of the night and morning / day / evening and 1st half of the night) for which the spatial flow and stratification patterns can be figured. The results of the classification procedure should point out to what degree of detail one has to work to objectively describe the dispersion and immission field.

The second part of this study deals with *climatological aspects of the wind field* over Switzerland. It begins with the question as to whether a characterisation of stations can be achieved on the basis of its wind pattern and topography, and whether this could even be extended to a regional representation. While the first aspect shows quite promising results, problems with the regionalization become more serious. Here, the analysed time series proved to be too short for statistically significant conclusions. A condensation of the meteorological network with the aid of visual observations and additional measurement stations cannot be used for climatological statements. However, the dataset itself makes refined case studies on the dynamics of the near-surface windfield possible. Even so particularities of the wind behaviour can clearly be worked out, as the results of the studies on the Weibull distribution and on the wind persistence index show.

Alongside wind climatology, the discussion of interesting single cases should help to bring a more thorough understanding of the wind field. Of the five implemented *case studies* for the weather types - bise (northeasterly winds), cold front passage, foehn, west, and high pressure situation, the first three proved to be of special interest, because they showed some particularities such as the topographical perturbation of the wind rotation at the frontal passage, north-easterly winds in Basel during bise situations, and the cold air pool in the Middleland during foehn. The influence of the topography is clearly revealed, as well as the diurnal cycle. The latter can lead to substantial local modifications of the meteorological fields in any weather situation. The study shows at the same time the limits of a two dimensional examination and refers to the necessity of additional measurements in the vertical.

The *analysis of the spatial distribution of fog* is carried out in two parts: Firstly, an area covering analysis of fog types and frequencies (morning fog) is presented. The frequency distributions of 310 stations are extrapolated to space with the aid of satellite data (information on fog coverage). The thus generated Swiss fog map shows a clear division into four fog zones:

- surface fog zone
- intermediate zone of sparse fog and elevated fog (stratus)
- fog-free slope zone
- lower up-slope fog zone

Secondly, four weather-type-dependent maps of fog coverage in Switzerland are presented. They were constructed by means of a choice of typical satellite images and show a clear dependency of anticyclonic fog during the winter half of the year on the subsynoptic pressure and flow field.

Anhang 1

Verzeichnis der in der Untersuchungsperiode September/Oktober 1981 in Betrieb stehenden Stationen und ihrer topographischen Typisierung.

Abkürzungen: (vgl. Kap. 3.2.3e)

L: Merkmale der Lage
g = Gipfellage
h = Hanglage
e = Ebene
t = Tallage
p = Passlage

U: Merkmale der Umgebung
f = freies Feld
s = Siedlung
w = Waldrand

TR: Talrichtung [1..360°]

dh: maximale Höhendifferenz zur Station [m]

HN: Hangneigung [%]

Exp: Exposition [1..360°]

XX,YY: Koordinaten [hm]

H.ü.M: Höhe über Meer [m]

Nummer	Station	L	U	TR	dh	HN	Exp	XX	YY	H.ü.M
11301	Basel-Binningen	e	s	0	80	0	0	6109	2656	317
11302	Rünenberg	g	s	0	390	0	0	6333	2538	610
11402	Rheinfelden	t	s	50	360	0	0	6275	2682	272
11403	Unterbözberg	h	w	40	270	4	110	6530	2593	514
11501	Basel	e	s	0	90	0	0	6110	2673	278
11503	Laufenburg	t	s	70	400	0	0	6460	2673	322
11504	Basel	e	s	0	90	0	0	6109	2676	275
11505	Schweizerhalle	e	s	0	370	0	0	6175	2645	294
11507	Biel-Benken	t	s	90	370	0	0	6058	2620	330
11508	Basel	e	s	0	90	0	0	6109	2673	273
11509	Kaisten	e	s	0	290	0	0	6449	2664	352

Nummer	Station	L	U	TR	dh	HN	Exp	XX	YY	H.ü.M
11510	Liestal	t	s	130	330	0	0	6220	2593	327
11511	Döttingen	t	f	180	360	0	0	6595	2674	377
11512	Basel	e	s	0	170	0	0	6130	2680	290
11513	Gempen	e	f	0	380	0	0	6180	2580	718
11514	Basel-Petersplatz	e	s	0	90	0	0	6110	2680	258
11515	Muttenz	e	s	0	470	0	0	6155	2635	290
11516	Möhlin	e	s	0	320	0	0	6302	2676	310
11701	Reuenthal	h	w	90	210	25	360	6577	2736	427
11702	Kleindöttingen	e	s	0	310	0	0	6603	2694	321
11703	Giebenach	t	f	120	290	0	0	6232	2640	335
11704	Effingen	t	w	100	330	0	0	6506	2587	471
12301	Fahy	e	f	0	50	0	0	5625	2527	597
12401	Les Rangiers	h	w	90	380	7	180	5834	2482	857
13301	La Chaux-de-Fonds	t	s	50	250	0	0	5531	2152	1019
13401	Le Brassus	t	w	50	470	0	0	5019	1560	1075
13402	La Brevine	t	s	70	270	0	0	5367	2035	1042
13501	Le Cret du Locle	t	s	50	230	0	0	5504	2144	1046
14301	Chasseral	g	f	0	0	0	0	5713	2203	1620
14401	Delemont	t	s	90	580	0	0	5933	2452	416
14402	Mont Soleil	h	s	60	480	14	150	5662	2231	1184
14403	Langenbruck	t	f	150	390	0	0	6246	2442	738
14501	Chaumont	g	f	0	0	0	0	5625	2083	1148
14502	Belprahon	t	s	80	680	0	0	5975	2368	625
14801	Delemont	t	s	90	580	0	0	5934	2452	416
21301	La Dole	g	f	0	0	0	0	4971	1424	1675
21302	Geneve-Cointrin	e	s	0	40	0	0	4986	1223	416
21303	Pully	h	s	110	380	7	205	5408	1516	462
21304	Changins	e	s	0	170	0	0	5073	1392	430
21402	Montreux-Clarens	h	s	150	1090	14	220	5585	1436	408
21501	Lausanne	t	s	110	380	0	0	5377	1509	373
21502	Epalinges	h	s	120	340	6	50	5405	1548	710
21503	Geneve	t	s	40	50	0	0	5071	1269	408
21504	Geneve	e	f	0	90	0	0	5103	1213	516
21505	Geneve	e	f	0	60	0	0	4931	1162	426
21506	Le Mont	e	s	0	320	0	0	5381	1578	710
21802	Lausanne	h	s	60	250	4	200	5390	1533	605
21901	Ecublens	e	s	0	200	0	0	5329	1530	400
22301	Payerne	e	f	0	210	0	0	5621	1847	491
22302	Neuchatel	h	s	60	690	5	140	5632	2056	487
22303	La Fretaz	g	w	0	410	0	0	5342	1881	1202
22403	Bochuz (Orbe)	e	s	0	200	0	0	5321	1762	437
22405	Chaumont	g	f	0	0	0	0	5650	2112	1141
22406	Biel	e	s	0	620	0	0	5864	2194	434
22501	Port	e	s	0	650	0	0	5856	2185	444
22502	Wavre	e	s	0	710	0	0	5682	2084	475
22503	Payerne	e	f	0	200	0	0	5588	1873	447
22504	Nidau	h	s	40	100	6	140	5853	2152	510
22505	Orbe	e	s	0	200	0	0	5321	1762	438
22507	Sugiez	e	s	0	210	0	0	5750	2010	442
22901	Merzligen	e	s	0	650	0	0	5848	2198	445
22902	Twann	h	s	60	950	15	140	5786	2161	435
23401	Fribourg	e	s	0	260	0	0	5752	1798	633
23402	Plaffeien	t	s	180	800	0	0	5889	1757	850
23701	Fribourg	e	s	0	160	0	0	5785	1840	624
23702	Fribourg	e	s	0	120	0	0	5773	1826	667
24301	Napf	g	w	0	0	0	0	6381	2060	1406

Anhang 1   157

Nummer	Station	L	U	TR	dh	HN	Exp	XX	YY	H.ü.M
24302	Bern-Liebefeld	e	s	0	380	0	0	5986	1975	567
24402	Menzberg	h	f	90	340	25	180	6424	2096	1035
24404	Langnau i.E.	t	s	120	410	0	0	6268	1987	702
24405	Huttwil	t	s	110	280	0	0	6306	2182	639
24502	Mühleberg	t	f	110	230	0	0	5877	2023	586
24503	Langnau	h	w	70	500	13	350	6270	1980	700
24504	Menzberg	h	f	90	340	25	180	6423	2097	1046
24801	Bern-Belpmoos	e	f	0	440	0	0	6047	1959	510
24901	Innerberg	h	s	90	260	11	180	5905	2051	720
25301	Wynau	t	f	50	150	0	0	6264	2339	416
25302	Luzern	e	s	0	600	0	0	6655	2099	456
25303	Buchs-Suhr	e	s	0	390	0	0	6484	2484	389
25402	Zugerberg	e	f	0	560	0	0	6833	2185	979
25403	Balmberg	g	f	0	0	0	0	6077	2349	1078
25404	Oeschberg	e	s	0	140	0	0	6130	2196	482
25406	Olten	e	s	0	520	0	0	6345	2437	416
25407	Aarau-Unterentfelden	e	s	0	230	0	0	6458	2461	410
25501	Luzern	e	s	0	360	0	0	6660	2110	438
25503	Villnachern	t	s	60	400	0	0	6551	2578	361
25505	Würenlingen	t	s	0	230	0	0	6594	2657	473
25701	Aarau	e	s	0	410	0	0	6448	2487	369
25702	Starrkirch-Wil	e	s	0	490	0	0	6367	2442	446
25702	Scherz	e	f	0	300	0	0	6564	2561	427
25703	Engelberg SO	g	f	0	0	0	0	6377	2429	700
25704	Inwil	g	f	0	0	0	0	6725	2168	840
25706	Schinznach-Dorf	h	f	100	430	3	100	6527	2565	375
25801	Oeschberg-Koppigen	e	s	0	140	0	0	6130	2197	483
25901	Luzern	e	s	0	360	0	0	6629	2131	443
25902	Zuchwil	e	s	0	260	0	0	6090	2280	440
25903	Solothurn	e	s	0	930	0	0	6081	2290	463
26301	Zürich-Kloten	e	f	0	170	0	0	6823	2592	432
26302	Schaffhausen	t	s	180	240	0	0	6887	2828	437
26303	Zürich SMA	h	s	140	160	6	230	6851	2481	569
26304	Wädenswil	h	s	300	310	9	40	6938	2308	463
26305	Tänikon	e	s	0	350	0	0	7105	2598	538
26306	Reckenholz	e	s	0	170	0	0	6814	2536	443
26402	Lohn SH	e	s	0	190	0	0	6921	2899	623
26404	Hallau	e	s	0	180	0	0	6765	2836	441
26406	Winterthur	e	f	0	210	0	0	7000	2591	495
26407	Zürich Reckenholz	e	s	0	170	0	0	6814	2535	443
26409	Wernetshausen	h	f	160	430	7	250	7080	2389	690
26410	Rapperswil	e	s	0	110	0	0	7050	2313	412
26412	Üetliberg	t	s	320	330	0	0	6792	2441	810
26501	Ennetbaden	t	s	110	440	0	0	6660	2590	415
26502	Frauenfeld	e	s	0	250	0	0	7082	2683	404
26503	Trasadingen	t	s	30	260	0	0	6746	2796	402
26504	Pfungen	h	s	90	190	6	350	6906	2633	449
26505	Oberehrendingen	h	f	60	380	9	330	6680	2600	488
26506	Wallisellen	e	s	0	190	0	0	6871	2524	490
26507	Gossau	e	s	0	140	0	0	6994	2404	473
26508	Illnau	e	s	0	200	0	0	6968	2516	540
26509	Zürich	e	s	0	250	0	0	6831	2490	450
26511	Wallisellen	e	s	0	210	0	0	6879	2528	470
26512	Rapperswil	e	s	0	200	0	0	7050	2320	420
26701	Winterthur	e	s	0	210	0	0	6970	2608	475
26801	Zürich-Tiefenbrunnen	t	s	150	290	0	0	6849	2447	408

Nummer	Station	L	U	TR	dh	HN	Exp	XX	YY	H.ü.M
26802	Lägern	g	w	0	0	0	0	6723	2595	847
26901	Oberrieden	h	s	150	450	6	70	6861	2365	470
26902	Baden	e	s	0	210	0	0	6633	2563	497
27301	Säntis	g	f	0	0	0	0	7441	2349	2500
27302	St. Gallen	t	f	50	360	0	0	7479	2546	664
27403	Ebnat-Kappel	t	s	120	810	0	0	7268	2364	629
27404	Stein AR	h	s	320	520	10	250	7440	2493	787
27501	Wattwil	g	w	0	350	0	0	7232	2403	600
27502	Bazenheid	t	f	180	230	0	0	7229	2537	613
27503	St. Gallen	t	s	180	320	0	0	7425	2520	680
27504	Herisau	e	s	0	180	0	0	7395	2506	786
27505	Stein	h	f	50	480	7	330	7430	2480	827
27901	Degersheim	t	s	50	370	0	0	7325	2483	810
28301	Güttingen	e	f	0	120	0	0	7384	2740	440
28401	Heiden	t	s	30	310	0	0	7581	2569	814
28403	Haidenhaus	e	f	0	300	0	0	7179	2785	702
28501	Bottighofen	t	s	110	150	0	0	7332	2786	408
28502	Romanshorn	e	s	0	50	0	0	7455	2695	418
28503	Wald	h	s	0	290	9	40	7551	2537	1000
28801	Bad Horn	e	s	0	500	0	0	7530	2624	398
28802	Altenrhein	e	s	0	560	0	0	7594	2619	398
29301	Vaduz	t	s	180	740	0	0	7577	2217	463
29402	Altstätten SG	h	s	50	720	6	120	7587	2501	474
29501	Oberriet	e	s	0	180	0	0	7610	2430	421
29502	Heerbrugg	e	s	0	390	0	0	7660	2530	410
29503	Sevelen	t	s	180	1750	0	0	7556	2207	560
29801	Oberriet	g	w	0	1010	0	0	7601	2419	551
29802	Eggen-Lachen	g	w	0	0	0	0	7620	2560	933
31301	Aigle	t	s	160	1010	0	0	5601	1306	381
31302	Montana	h	s	50	1320	13	140	6036	1292	1508
31303	Zermatt	h	f	20	1980	18	120	6243	976	1638
31304	Ulrichen	t	f	50	1550	0	0	6667	1508	1345
31305	Sion	t	s	70	1720	0	0	5922	1186	481
31306	Visp	t	f	90	2240	0	0	6312	1280	640
31401	Fey	h	s	60	1680	18	330	5870	1152	780
31402	Saas Almagell	t	s	180	2150	0	0	6400	1049	1670
31403	Grächen	h	s	30	1670	14	300	6308	1160	1617
31405	Ried/Lötschental	t	f	60	2450	0	0	6282	1403	1480
31406	Turtmann	t	f	90	2950	0	0	6190	1271	637
31407	Montana	h	s	50	1320	13	140	6035	1291	1495
31409	Vernayaz	t	s	140	2330	0	0	5689	1092	461
31410	Monthey	t	f	150	1200	0	0	5640	1232	400
31411	Le Sepey	h	f	160	1080	14	250	5707	1356	1267
31801	Orsieres	t	f	20	1820	0	0	5768	968	935
31802	Monthey	t	s	140	2330	0	0	5640	1233	395
31901	Visp	t	s	90	1750	0	0	6345	1272	650
32301	Moleson	g	f	0	0	0	0	5677	1552	1972
32401	Chateau-d'OEx	h	s	80	1420	6	160	5769	1472	957
32402	Broc Usine	t	s	180	1220	0	0	5747	1621	688
32403	Gstaad-Grund	t	f	20	1270	0	0	5870	1429	1084
32501	Broc	t	s	180	1220	0	0	5747	1618	680
33301	Interlaken	t	f	170	1650	0	0	6331	1691	578
33302	Adelboden	h	s	30	1440	7	110	6094	1490	1325
33401	Guttannen	t	s	310	2220	0	0	6552	1675	1058
33402	Meiringen	t	s	120	1660	0	0	6570	1750	630
33502	Unterbach	t	f	90	2130	0	0	6522	1769	578

Nummer	Station	L	U	TR	dh	HN	Exp	XX	YY	H.ü.M
33503	Guttannen	t	s	310	2220	0	0	6651	1674	1060
33504	Erlenbach	h	s	80	1430	11	150	6088	1679	760
34301	Altdorf	t	s	340	1960	0	0	6910	1917	451
34302	Engelberg	t	s	100	1680	0	0	6742	1861	1018
34402	Andermatt	t	s	60	1490	0	0	6885	1653	1442
34403	Göschenen	t	s	20	1870	0	0	6877	1690	1111
34404	Schwyz (Ibach)	e	s	0	1450	0	0	6910	2071	450
34405	Engelberg	t	s	100	1680	0	0	6741	1859	1018
34406	Sarnen	t	s	30	1420	0	0	6615	1936	479
34501	Bürglen	t	s	30	1330	0	0	6561	1849	750
34801	Flüelen	t	s	160	1780	0	0	6902	1944	446
34802	Isleten	t	s	180	1730	0	0	6881	1969	445
35301	Glarus	t	s	340	2430	0	0	7238	2106	470
35401	Elm	t	s	180	2070	0	0	7321	1980	962
35402	Oberiberg	t	s	40	1130	0	0	7020	2107	1089
35403	Einsiedeln	t	s	20	660	0	0	6997	2203	910
36301	Chur-Ems	t	s	50	1740	0	0	7595	1932	556
36302	Disentis	t	s	70	1780	0	0	708	1738	1180
36303	Hinterrhein	t	f	60	1430	0	0	7339	1540	1619
36304	Davos	t	s	40	1120	0	0	7835	1875	1592
36404	Bivio	t	s	140	1310	0	0	7698	1488	1770
36405	Alvaneu	h	s	80	1730	7	130	7687	1488	1770
36406	Arosa	h	s	30	930	10	100	7707	1832	1847
36407	Chur	t	s	80	1620	0	0	7590	1912	556
36408	Schiers	t	f	90	1170	0	0	7704	2051	654
36409	Vättis	t	s	30	1870	0	0	7526	1973	958
36410	Bad Ragaz	t	f	140	1730	0	0	7569	2094	498
36502	Sagogn	h	s	60	1250	7	170	7385	1837	785
36801	Plantahof-Landquart	t	s	180	1280	0	0	7617	2034	530
36802	Fläscherberg	h	w	130	1510	9	230	7560	2123	940
36803	Arosa	h	s	30	930	10	100	7708	1835	1821
37301	Samedan - St. Moritz	t	s	40	1390	0	0	7872	1560	1706
37302	Scuol	t	s	70	1880	0	0	8171	1864	1298
37401	Bever	t	s	50	1220	0	0	7878	1583	1712
37402	Sils Maria	t	s	60	1360	0	0	7789	1450	1802
37403	St. Moritz	t	s	40	1330	0	0	37843	1524	1833
37406	S. Maria/Müstair	t	s	50	1580	0	0	8287	1653	1390
41401	Piotta	t	f	100	1740	0	0	6949	1525	1016
41402	Olivone	h	s	180	1970	10	270	7154	1541	912
41403	Grono	t	s	60	1840	0	0	7316	1235	380
41404	Bosco-Gurin	t	s	90	1360	0	0	6811	1300	1505
41501	Osogna-Stazione	t	f	160	2470	0	0	7197	1285	262
42301	Locarno-Magadino	e	f	0	1690	0	0	7112	1135	198
41302	Locarno-Monti	h	s	70	1490	14	150	7042	1144	380
43301	Lugano	t	s	170	1240	0	0	7179	959	276
43302	Stabio	e	s	0	550	0	0	7160	780	353
43401	Lugano	t	s	180	1240	0	0	7179	9595	276
43402	Monte-Bre	g	w	0	0	0	0	7198	965	910
44401	Simplon Dorf	h	s	140	2500	9	60	6475	1161	1495
45401	Löbbia	t	f	10	1820	0	0	7708	1384	1420
46301	Robbia	t	f	20	2380	0	0	8019	1362	1078
47401	Buffalora	t	w	110	1200	0	0	8164	1702	1968
47501	Buffalora	t	w	110	1200	0	0	8165	1702	1968
51301	Pilatus	g	f	0	0	0	0	6619	2034	2110
52301	Jungfraujoch	p	f	0	590	0	0	6419	1553	3576
52401	Grimsel Hospiz	t	f	80	1220	0	0	6684	1582	1965

Nummer	Station	L	U	TR	dh	HN	Exp	XX	YY	H.ü.M
52501	Guttannen-Grimsel	t	f	80	1280	0	0	6685	1582	1912
53301	Grand St. Bernard	p	f	0	570	0	0	5792	797	2479
53401	Grande Dixence	t	f	180	1330	0	0	5972	1035	2162
53402	Mauvoisin	t	f	160	2030	0	0	5925	946	1841
55000	Gösgen	t	s	60	550	0	0	6398	2462	385
55301	Gütsch	h	f	60	670	18	160	6901	1675	2284
55401	Tierfehd/Linthal	t	f	20	2300	0	0	7177	1931	812
55501	Tierfehd	t	f	20	2300	0	0	7178	1931	810
56301	San Bernardino	t	w	160	1350	0	0	7341	1473	1638
56302	Weissfluhjoch	g	f	0	0	0	0	7806	1896	2667
56501	Davos-Dorf EISLF	g	f	0	0	0	0	7806	1896	2693
57301	Corvatsch	h	f	0	150	7	20	7832	1435	3299
57401	Ospizio Bernina	t	f	130	1350	0	0	7984	1429	2256
58301	Cimetta	g	w	0	0	0	0	7044	1175	1648
61000	Mühleberg	t	f	100	350	0	0	5870	2020	470
64000	Leibstadt	t	f	60	260	0	0	6559	2726	340

Literatur

Lindenmann M., 1986: Windströmungen über der Schweiz während Hochdrucklagen. Eine Fallstudie. Hausarbeit GIUB, 29 p.

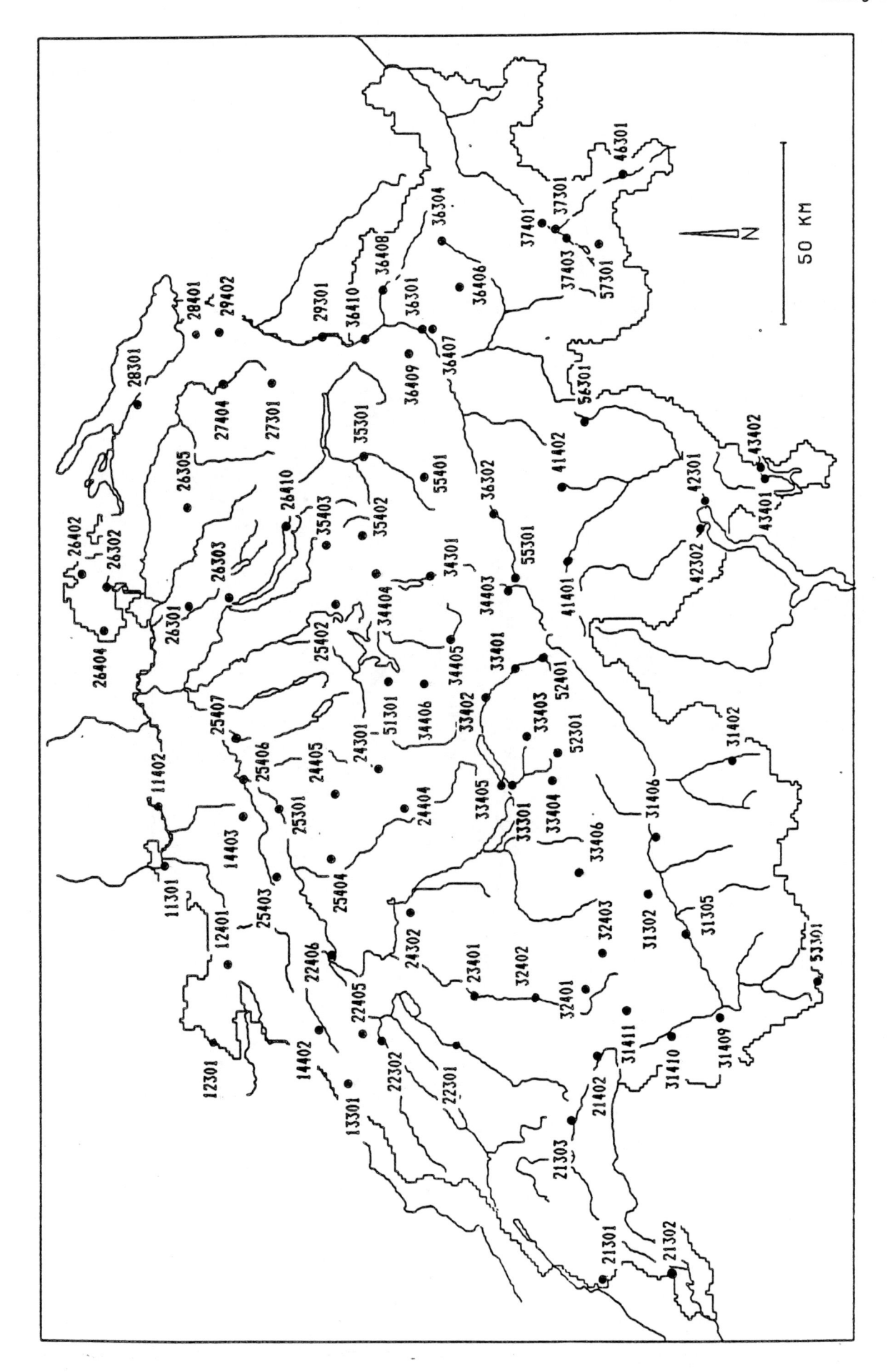

Fig. A1:   Stationen für Druck-, Temperatur- und Feuchtedaten (aus LINDENMANN, 1986).

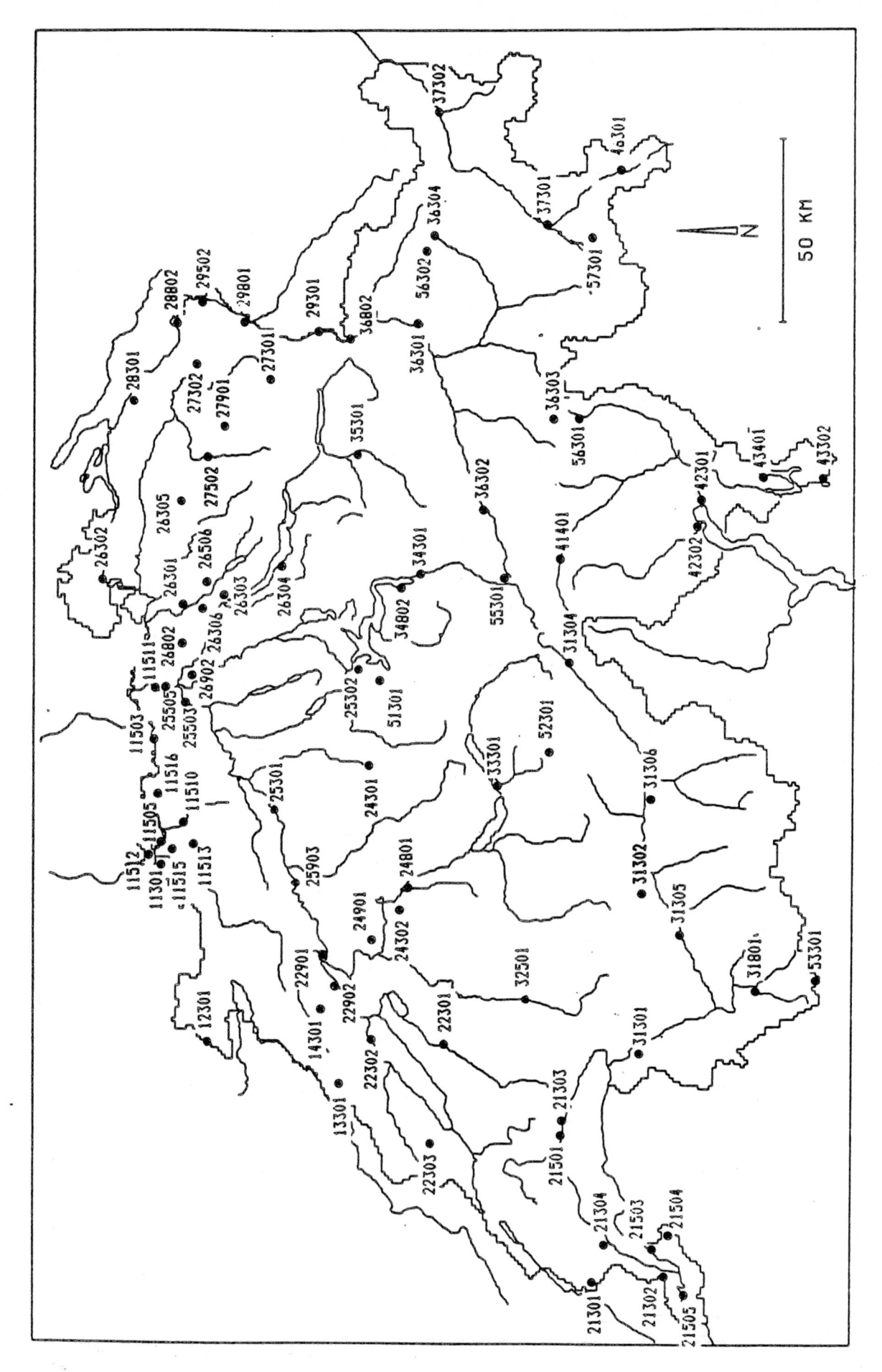

Fig. A2: Stationen für Winddaten (aus LINDENMANN, 1986).

GEOGRAPHICA BERNENSIA

Arbeitsgemeinschaft GEOGRAPHICA BERNENSIA
Hallerstrasse 12
CH-3012 Bern

GEOGRAPHISCHES INSTITUT
der Universität Bern

			Sfr.
A		AFRICAN STUDIES	
A	1	WINIGER Matthias (Editor): Mount Kenya Area - Contributions to Ecology and Socio-economy. 1986 ISBN 3-906290-14-X	20.--
A	2	SPECK Heinrich: Mount Kenya Area. Ecological and Agricultural Significance of the Soils - with 2 maps. 1983 ISBN 3-906290-01-8	20.--
A	3	LEIBUNDGUT Christian: Hydrogeographical map of Mount Kenya Area. 1 : 50'000. Map and explanatory text. 1986 ISBN 3-906290-22-0	28.--
A	4	WEIGEL Gerolf: The soils of the Maybar/Wello area. Their potential and constraints for agricultural development. A case study in the Ethiopian Highlands. 1986 ISBN 3-906290-29-8	18.--
A	5	KOHLER Thomas: Land use in transition. Aspects and problems of small scale farming in a new environment: The example of Laikipia District, Kenya. 1987 ISBN 3-906290-23-9	28.--
A	6	FLURY Manuel: Rain-fed agriculture in the Central Division (Laikipia District, Kenya). Suitability, constraints and potential for providing food. 1987 ISBN 3-906290-38-7	20.--
A	7	BERGER Peter: Rainfall and agroclimatology of the Laikipia Plateau, Kenya. 1989 ISBN 3-906290-46-8	1989
B		BERICHTE UEBER EXKURSIONEN, STUDIENLAGER UND SEMINARVERANSTALTUNGEN	
B	1	AMREIN Rudolf: Niederlande - Naturräumliche Gliederung, Landwirtschaft Raumplanungskonzept. Amsterdam, Neulandgewinnung, Energie. Feldstudienlager 1976. 1979	5.--
B	6	GROSJEAN Georges (Herausgeber): Bad Ragaz 1983. Bericht über das Feldstudienlager des Geographischen Instituts der Universität Bern. 1984 ISBN 3-906290-18-2	10.--
B	7	Peloponnes. Feldstudienlager 1985. Leitung/Redaktion: Attinger R., Leibundgut Ch., Nägeli R. 1986 ISBN 3-906290-30-1	21.--
G		GRUNDLAGENFORSCHUNG	
G	1	WINIGER Matthias: Bewölkungsuntersuchung über der Sahara mit Wettersatellitenbilder. 1975	10.--
G	3	JEANNERET François: Klima der Schweiz: Bibliographie 1921 - 1973; mit einem Ergänzungsbericht von H. W. Courvoisier. 1975	10.--
G	6	JEANNERET F., VAUTHIER Ph.: Kartierung der Klimaeignung für die Landwirtschaft der Schweiz. / Levé cartographique des aptitudes pour l'agriculture en Suisse. 1977. Textband Kartenband	20.-- 36.--
G	7	WANNER Heinz: Zur Bildung, Verteilung und Vorhersage winterlicher Nebel im Querschnitt Jura - Alpen. 1978	10.--

			Sfr.
G 8	Simen Mountains-Ethiopia, Vol. 1: Cartography and its application for geographical and ecological Problems. Ed. by Messerli B. and Aerni K. 1978		10.--
G 9	MESSERLI B., BAUMGARTNER R. (Hrsg.): Kamerun. Grundlagen zu Natur und Kulturraum. Probleme der Entwicklungszusammenarbeit. 1978		15.--
G 11	HASLER Martin: Der Einfluss des Atlasgebirges auf das Klima Nordwestafrikas. 1980.	ISBN 3-26004857 X	15.--
G 12	MATHYS H. et al.: Klima und Lufthygiene im Raume Bern. 1980		10.--
G 13	HURNI H., STAEHLI P.: Hochgebirge von Semien-Aethiopien Vol. II. Klima und Dynamik der Höhenstufung von der letzten Kaltzeit bis zur Gegenwart. 1982		10.--
G 14	FILLIGER Paul: Die Ausbreitung von Luftschadstoffen - Modelle und ihre Anwendung in der Region Biel. 1986	ISBN 3-906290-25-5	20.--
G 15	VOLZ Richard: Das Geländeklima und seine Bedeutung für den landwirtschaftlichen Anbau. 1984	ISBN 3-906290-10-7	27.--
G 16	AERNI K., HERZIG H. E. (Hrsg.): Bibliographie IVS 1982. Inventar historischer Verkehrswege der Schweiz. (IVS). 1983		250.--
G 16	id. Einzelne Kantone (1 Ordner + Karte)		je 15.--
G 17	IVS Methodik		in Vorbereitung
G 19	KUNZ Stefan: Anwendungsorientierte Kartierung der Besonnung im regionalen Massstab. 1983	ISBN 3-906290-03-4	10.--
G 20	FLURY Manuel: Krisen und Konflikte - Grundlagen, ein Beitrag zur entwicklungspolitischen Diskussion. 1983	ISBN 3-906290-05-0	5.--
G 21	WITMER Urs: Eine Methode zur flächendeckenden Kartierung von Schneehöhen unter Berücksichtigung von reliefbedingten Einflüssen. 1984 ISBN 3-906290-11-5		20.--
G 22	BAUMGARTNER Roland: Die visuelle Landschaft - Kart. der Ressource Landschaft in den Colorado Rocky Mountains (U.S.A.). 1984	ISBN 3-906290-20-4	28.--
G 23	GRUNDER Martin: Ein Beitrag zur Beurteilung von Naturgefahren im Hinblick auf die Erstellung von mittelmassstäbigen Gefahrenhinweiskarten (Mit Beispielen aus dem Berner Oberland und der Landschaft Davos). 1984 ISBN 3-906290-21-2		36.--
G 25	WITMER Urs: Erfassung, Bearbeitung und Kartierung von Schneedaten in der Schweiz. 1986	ISBN 3-906290-28-X	21.--
G 26	BICHSEL Ulrich: Periphery and Flux: Changing Chandigarh Villages. 1986 ISBN 3-906290-32-8		18.--
G 27	JORDI Ulrich: Glazialmorphologische und gletschergeschichtliche Untersuchungen im Taminatal und im Rheintalabschnitt zwischen Flims und Feldkirch (Ostschweiz/Vorarlberg). 1987	ISBN 3-906290-34-4	28.--
G 28	BERLINCOURT Pierre: Les émissions atmosphériques de l'agglomération de Bienne: une approche géographique. 1988	ISBN 3-906290-40-9	24.--
G 29	ATTINGER Robert: Tracerhydrologische Untersuchungen im Alpstein. Methodik des kombinierten Tracereinsatzes für die hydrologische Grundlagenerarbeitung in einem Karstgebiet. 1988	ISBN 3-906290-43-3	21.--
G 30	WERNLI Hans Ruedi: Zur Anwendung von Tracermethoden in einem quartärbedeckten Molassegebiet. 1988	ISBN 3-906290-48-4	21.--
G 31	ZUMBUEHL Heinz J.: Katalog zum Sonderheft Alpengletscher in der kleinen Eiszeit. Mit einer C-14-Daten-Dokumentation von Hanspeter HOLZHAUSER. 1988 ISBN 3-906290-44-1 Ergänzungsband zum Sonderheft "Die Alpen", 3. Quartal, 1988 (siehe Weitere Publikationen)		5.--

Sfr.

G 32 RICKLI Ralph: Untersuchungen zum Ausbreitungsklima der Region Biel. 1988
ISBN 3-906290-49-2   20.--

G 33 GERBER Barbara: Waldflächenveränderungen und Hochwasserbedrohung
im Einzugsgebiet der Emme. 1989   ISBN 3-906290-55-7   1989

G 34 ZIMMERMANN Markus: Geschiebeaufkommen und Geschiebe-Bewirtschaftung.
Grundlagen zur Abschätzung des Geschiebehaushaltes im Emmental. 1989
ISBN 3-906290-56-5   1989

P   GEOGRAPHIE FUER DIE PRAXIS

P 2   UEHLINGER Heiner: Räumliche Aspekte der Schulplanung in ländlichen Siedlungs-
gebieten. Eine kulturgeographische Untersuchung in sechs Planungsregionen
des Kantons Bern. 1975   10.--

P 3   ZAMANI ASTHIANI Farrokh: Province East Azarbayejan - IRAN, Studie zu einem
raumplanerischen Leitbild aus geographischer Sicht. Geographical Study for
an Environment Development Proposal. 1979   10.--

P 4   MAEDER Charles: Raumanalyse einer schweizerischen Grossregion. 1980   10.--

P 5   Klima und Planung 79. 1980   10.--

P 7   HESS Pierre: Les migrations pendulaires intra-urbaines à Berne. 1982   10.--

P 8   THELIN Gilbert: Freizeitverhalten im Erholungsraum. Freizeit in und
ausserhalb der Stadt Bern - unter besonderer Berücksichtigung freiräum-
lichen Freizeitverhaltens am Wochenende. 1983
ISBN 3-906290-02-6   10.--

P 9   ZAUGG Kurt Daniel: Bogota-Kolumbien. Formale, funktionale und strukturelle
Gliederung. Mit 50-seitigem Resumé in spanischer Sprache. 1984
ISBN 3-906290-04-2   10.--

P 12 KNEUBUEHL Urs: Die Entwicklungssteuerung in einem Tourismusort.
Untersuchung am Beispiel von Davos für den Zeitraum 1930 - 1980. 1987
ISBN 3-906290-08-5   25.--

P 13 GROSJEAN Georges: Aesthetische Bewertung ländlicher Räume. Am Beispiel
von Grindelwald im Vergleich mit anderen schweizerischen Räumen und in
zeitlicher Veränderung. 1986   ISBN 3-906290-12-3   35.--

P 14 KNEUBUEHL Urs: Die Umweltqualität der Tourismusorte im Urteil der
Schweizer Bevölkerung. 1987   ISBN 3-906290-35-2   12.50

P 15 RUPP Marco: Stadt Bern: Entwicklung und Planung in den 80er Jahren.
Ein Beitrag zur Stadtgeographie und Stadtplanung. 1988
ISBN 3-906290-07-7   30.--

P 16 MESSERLI B. et al.: Umweltprobleme und Entwicklungszusammenarbeit.
Entwicklungspolitik in weltweiter und langfristig ökologischer Sicht.
Red.: B. Messerli, T. Hofer. 1988   ISBN 3-906290-39-5   10.--

P 17 BAETZING Werner: Die unbewältigte Gegenwart als Zerfall einer traditions-
trächtigen Alpenregion. Sozio-kulturelle und ökonomische Probleme der Valle
Stura di Demonte (Piemont) und Perspektiven für die Zukunftsorientierung.
1988   ISBN 3-906290-42-5   30.--

P 18 GROSJEAN Martin et al.: Photogrammetrie und Vermessung - Vielfalt und
Praxis. Festschrift Max Zurbuchen. 1989   ISBN 3-906290-51-4   1989

P 19 Bodennutzungswandel im Kanton Bern 1951 - 1981. Leitung: M. Winiger. 1989
ISBN 3-906290-54-9   1989

P 20 FURGER M. et al.: Zur Durchlüftung der Täler und Vorlandsenken der Schweiz.
Resultate des Nationalen Forschungsprogrammes 14. 1989
ISBN 3-906290-57-3   1989

S	**GEOGRAPHIE FUER DIE SCHULE**	**Sfr.**
S 4	AERNI Klaus et al.: Die Schweiz und die Welt im Wandel. Teil I: Arbeitshilfen und Lernplanung (Sek.-Stufe I + II). 1979	8.--
S 5	AERNI Klaus et al.: Die Schweiz und die Welt im Wandel. Teil II: Lehrerdokumentation. 1979	28.--
	S 4 und S 5: Bestellung richten an: Staatl. Lehrmittelverlag, Güterstr. 13, 3008 Bern	
S 6	AERNI K. et al.: Geographische Praktika für die Mittelschule - Zielsetzung und Konzepte.	in Vorbereitung
S 7	BINZEGGER R., GRUETTER E.: Die Schweiz aus dem All. Einführungspraktikum in das Satellitenbild. 1981 (2. Aufl. 1982)	10.--
S 8	AERNI K., STAUB B.: Landschaftsökologie im Geographieunterricht. Heft 1. 1982	9.--
S 9	GRUETTER E., LEHMANN G., ZUEST R., INDERMUEHLE O., ZURBRIGGEN B., ALTMANN H., STAUB B.: Landschaftsökologie im Geographieunterricht. Heft 2: Vier geographische Praktikumsaufgaben für Mittelschulen. (9. - 13. Schuljahr) - Vier landschaftsökologische Uebungen. 1982	12.--
S 10	STUCKI Adrian: Vulkan Dritte Welt. 150 Millionen Indonesier blicken in die Zukunft. Unterrichtseinheit für die Sekundarstufe II. 1984 ISBN 3-906290-15-8	
	nur noch: Schülerheft	1.--
	Klassensatz Gruppenarbeiten	5.--
S 11	AERNI K., THORMANN G.: Lehrerdokumentation Schülerkarte Kanton Bern. 1986 ISBN 3-906290-31-X	9.--
S 12	BUFF Eva: Das Berggebiet. Abwanderung, Tourismus - regionale Disparitäten. Unterrichtseinheit für die Sekundarstufe II. 1987 ISBN 3-906290-37-9	
	Lehrerheft	20.--
	Schülerheft	2.--
	Gruppenarbeiten	10.--
	Tonband	7.--
S 13	POHL Bruno: Software- und Literaturverzeichnis. Computereinsatz im Geographieunterricht. 1988 ISBN 3-906290-41-7	18.--
S 14	DISLER Severin: Das Berggebiet - Umsetzung für die Mittelschule am Beispiel der Regionen Napf und Aletsch. 1989. ISBN 3-906290-50-6	1989
S 15	POHL Bruno: Der Computer im Geographieunterricht. 1989 ISBN 3-906290-52-2	1989

U	**SKRIPTEN FUER DEN UNIVERSITAETSUNTERRICHT**	
U 8	GROSJEAN Georges: Geschichte der Kartographie. 1984 (2. Auflage) ISBN 3-906290-16-7	32.--
U 17	MESSERLI B., BISAZ A., LAUTERBURG A.: Entwicklungsstrategien im Wandel. Ausgewählte Probleme der Dritten Welt. Seminarbericht. 1985	10.--
U 18	LAUTERBURG A. (Hrsg.): Von Europa Lernen? - Beispiele von Entwicklungsmustern im alten Europa und in der Dritten Welt. 1987 ISBN 3-906290-33-6	22.50
U 19	AERNI K., GURTNER A., MEIER B.: Geographische Arbeitsweisen - Grundlagen zum propädeutischen Praktikum I. 1988 ISBN 3-906290-45-X	22.--
U 20	AERNI K., GURTNER A., MEIER B.: Geographische Arbeitsweisen - Grundlagen zum propädeutischen Praktikum II. 1989 ISBN 3-906290-53-0	1989
U 21	MAEDER Charles: Kartographie für Geographen I. Allgemeine Kartographie. 1988 ISBN 3-906290-47-6	16.--